U0098525
圖解
中國第一謀略
素書
黃石公【原著】
唐譯【編譯】
者，符先天之脈，合玄元之體，
人則為心，在事則為機，冥而無象，微而難窺，
密而不可測，筆之於書，大地之秘泄矣。
面：深度挖掘、剖析每一句話的真正內涵，多方面地介紹素書。
解：精選300多幅插圖和大量圖解，圖文並茂地展示素書魅力。
懂：將素書原文以譯文搭配歷史典故來解說，讓讀者輕鬆讀懂。
此，理身、理家、理國，可也！
史記》：「讀此，則為王者師矣！」
書》由秦漢奇人黃石公所著，這部奇書只有六章，共一百三十二句、一千三百三十六字。
其博大精深的智慧與謀略，在為人、處事、職場、管理等方面運用的出神入化。
傳，張良得此書，遂輔佐劉邦，成就霸業。

國家圖書館出版品預行編目資料

圖解：素書/黃石公作；唐譯編譯-- 一版，-- 臺北市
：海鴿文化，2020.12
面； 公分. －－（文瀾圖鑑；54）
ISBN 978-986-392-336-7（平裝）

1. 素書 2. 注釋

592.0951 109017826

書　　名　圖解：素書

作　　者：黃石公
編　　譯：唐譯
美術構成：騾賴耙工作室
封面設計：斐類設計工作室
發 行 人：羅清維
企畫執行：林義傑、張緯倫
責任行政：陳淑貞

出　　版：海鴿文化出版圖書有限公司
出版登記：行政院新聞局局版北市業字第780號
發 行 部：台北市信義區林口街54-4號1樓
電　　話：02-27273008
傳　　真：02-27270603
信　　箱：seadove.book@msa.hinet.net

總 經 銷：創智文化有限公司
住　　址：新北市土城區忠承路89號6樓
電　　話：02-22683489
傳　　真：02-22696560
網　　址：www.booknews.com.tw

香港總經銷：和平圖書有限公司
住　　址：香港柴灣嘉業街12號百樂門大廈17樓
電　　話：（852）2804-6687
傳　　真：（852）2804-6409

出版日期：2021年01月01日　二版一刷
　　　　　2022年04月15日　二版五刷

定　　價：450元
郵政劃撥：18989626　戶名：海鴿文化出版圖書有限公司

前言

追《素書》之根源，我們還得從一位神龍見首不見尾的高深隱士（黃石公）說起。黃石公，秦漢時期人，生於西元前292年，卒於西元前195年，文學家、思想家、軍事家、政治家，對神學和天文地理也有深入的了解。《史記‧留侯世家》中說，黃石公為了躲避秦世的戰亂，隱居東海下邳。他雖然隱居起來，但心繫國家、百姓，為了能安定國家、百姓，他將自己的才能、抱負融入平生所學編寫成書，為後世人統軍用兵、治理國家提供了重要的思想與方法。

而張良未遇黃石公之前，原本只是個有勇無謀、意氣用事的江湖人士（秦始皇二十九年，張良和一名大力士潛伏在博浪沙這個地方，尋機刺秦。遺憾的是由於距離太遠，沒能成功，卻要亡命天涯）。然而一次特殊的「圯橋相遇」，在張良是邂逅，在黃石公卻是預謀。黃石公故意將鞋拋於橋下，令張良撿鞋又穿鞋，還算是「孺子可教矣」，並將一卷書（《素書》）遞給了他，告之：「讀此則為王者師矣。」張良揭開了《素書》，獲得的是「修身、治國、平天下」的大法寶——唯有「忍」，才有好處！

後來事實證明，奇書《素書》助張良興劉滅項，功成身退，全得益於「忍」字。勾踐忍下了被俘的屈辱，臥薪嘗膽得

以滅掉吳國；韓信忍受了胯下之辱，最後成為一代赫赫有名的大將；蘇武忍辱負重在北海放羊，十九年之後得以回到家鄉。可見，「忍」是因為一個人有博大的心胸，能承載下寬宏的道義，「忍」是提升一個人心性的關鍵。

由張良得《素書》後的徹底改變，可見《素書》具有人間極高妙的智慧，且具有很強的實用性及操控性。但凡一個有心性的人，熟讀此書並活學活用，定能使自己的心智大開，事業蒸蒸日上。

這部奇書只有六章，共一百三十二句，但每句話內蘊深邃。鑑此，在編輯出版這部古籍時，特意為每句話取用一個通俗易懂的小標題，採取逐句翻譯的方式，完全從大眾閱讀的角度，深度挖掘、剖析每一句話的真正內涵。同時為了加深讀者對原文的理解，圍繞《素書》的每個核心觀點穿插了精彩的歷史典故，並採用精美、豐富的手繪圖解形式，在使讀者對人生的至深謀略能夠透徹理解的同時，為其揭示出做人的道理，就如這一紙素絹，用五個字表達即「道、德、仁、義、禮」。正如《素書》所記載：「夫欲為人之本，不可無一焉。」無論何人，其成功與失敗，很大程度上取決於對這五個字的正確把握上。

今日，我們有幸領略到該書的至高謀略。即使是一般人讀了之後，也能闖出一番轟轟烈烈的事業。

前言

原始章第一

正道章第二

求人之志章第三

本德宗道章第四

遵義章第五

安禮章第六

原始章第一

【注曰】道不可以無始。

【王氏曰】原者，根。原始者，初始。章者，篇章。此章之內，先說道、德、仁、義、禮，此五者是為人之根本，立身成名的道理。

【釋評】天道、德行、仁愛、正義、禮制，這五者從總體上概括了東方文明總體思想的原始理論，是人的立身之本。即使是自然規律也無法完全體現古人所謂「道」的精微玄妙；即使用文明禮貌也不足闡明「德」的瑰偉高超。授天道，彰德行，濟世以仁，處事以義，待人以禮，可謂是修身治國的起點。

做人的五種基本品德

夫道、德、仁、義、禮，五者一體也。

【注曰】離而用之則有五，合而渾之則為一；一所以貫五，五所以衍一。

【王氏曰】此五件是教人正心、修身、齊家、治國、平天下的道理；若肯一件件依著行，乃立身、成名之根本。

【譯文】天道、德行、仁愛、正義、禮制，這五者是一體的。

【釋評】道、德、仁、義、禮，本質上是一體的，都是人性中美好的一面。天道即是自然，五者合一也正是人與自然的合一，即天人合一。也就是說，人的所作所為要符合自然規律才行。這五者是天性更是人性，是一個人立身處世的根本。

儒、釋、道三教以及其他用於治國強兵的思想體系，都將「道」與「德」作為改造世界的根本。老子說：「由於世風日下，導致人們距離天道原有的和諧與完美越來越遠。人們喪失了天生的淳樸與自然。虛偽、偽裝成了人們必備的道具。因而聖人才不得不使用『道德』教育人們。當道德教育也無法產生作用的時候，聖人只好提倡『仁愛』。當世人的仁愛之心也漸漸淡薄的時候，就只能呼籲『正義』的力量，當正義感也喪失殆盡之後，就不得不用法規性的『禮制』來制約民眾了。」

做人的五種基本品德

一個人具有道、德、仁、義、禮這五種品德，就可以了解國家興衰的規律，明白成敗的道理，時機合適時，就可以治世濟民，建立功業。

●道、德、仁、義、禮之間的關係

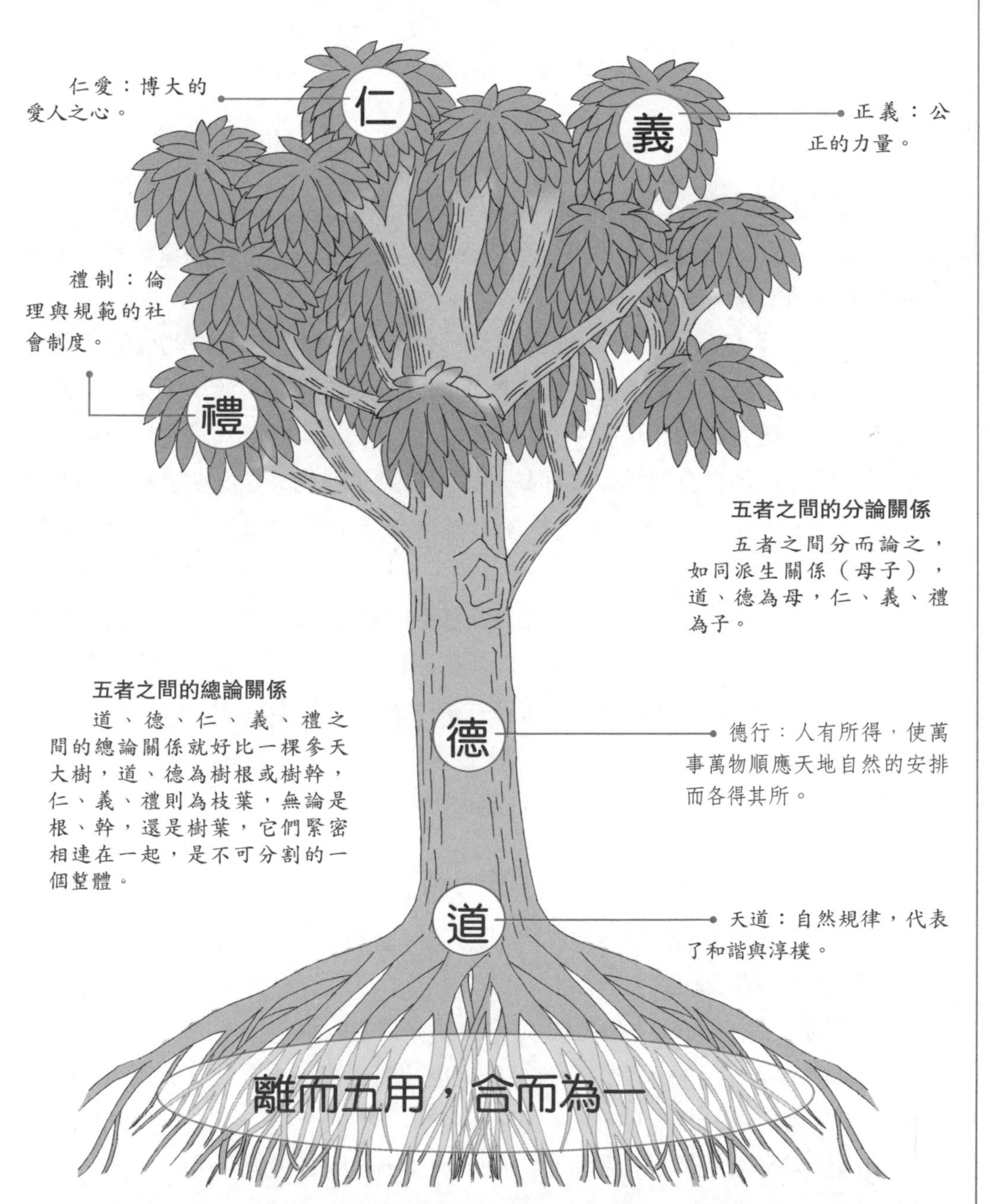

因此，道、德、仁、義、禮，這五者是天道因時勢的變化而權變使用的結果，只不過是一而為五、五而為一的不同解釋而已。

道、德、仁、義、禮這五者，由高到低代表了天道的演化，都是難能可貴的品德。雖然隨著物質文明的發展，天道越來越向低等級演化，人與人之間功利心越來越大，但只要我們能遵守好「禮」這一級別，就能夠創造美好的社會。

經典故事賞析

聖人孔子

孔子是春秋末期偉大的思想家和教育家，儒家思想的創始人，集中華上古文化之大成。孔子被後人尊稱為「至聖先師、萬世師表」，其儒家思想對中國和東亞等地區影響深遠。

孔子上承天道廣播德行，建立了以「仁」、「禮」為基礎的儒家思想。他主張「德治」或「禮治」的治國方略，即用道德和禮教來治理國家。這體現了孔子的人道精神和禮制精神。「仁者愛人」，愛是人類最高的主旨，從古至今任何時代、任何社會都適用。而秩序和制度則是建立人類文明社會的基本要求。孔子所推崇的「仁愛」和「秩序」精神正是中國古代社會政治思想的精華。

孔子所謂的「義」是一種社會道德規範，也是一種道德標杆，就像一杆天平一樣，衡量著是非曲直。而所謂的「利」指人們對物質利益的謀求。在對待「義」、「利」兩者的關係上，孔子往往把「義」擺在首要地位。

孔子是華夏上古文化的集大成者，也是集道、德、仁、義、禮於一身的聖人。他身上的偉大品德值得我們後人瞻仰和學習。

苛政猛於虎

有一天，孔子和他的弟子路過泰山旁邊，看到一個婦女在墳墓前哭得很傷心，於是讓子路過去詢問。

子路問：「從您的哭聲裏聽出好像有許多傷心的事。」

婦女回答：「是的。以前我公公被老虎咬死了，後來我的丈夫也被老虎咬死了，如今我的兒子也死於虎口了。」

孔子上前不解地問：「那你們一家為什麼不離開這裏呢？」

儒家學說

儒家學說，起源於東周春秋崇奉孔子學說的學派。其學派崇尚「禮樂」和「仁義」，提倡「忠恕」和「中庸」之道。主張「德治」、「仁政」，重視倫理關係。

●儒家學說的中心思想

儒家學說

孔子有關「仁」的思想結構包括孝、悌、忠、禮、知、勇、恭等內容。其中「孝」與「悌」是仁學思想體系的支柱。「禮」是社會的生活準則和道德規範，對人民的精神素質、文明修養有著重要的作用。

●儒家學說的政治主張

苛政猛於虎

孔子提出「德治」，「為政以德，譬如北辰，居其所而眾星共（拱）之」（《論語·為政》）；孟子提出施「仁政」，「君行仁政，斯民親其上，死其長矣」（《孟子·梁惠王下》）。表達的都是儒家的政治主張。這則小故事，形象地說明了「苛政猛於虎」的道理，發人深省。

婦女回答：「在這裏沒有苛政。官府不在這裏收重稅。」

孔子對子路說：「子路你要記住，苛政真的比凶猛的老虎還要可怕！」

道法自然

道者，人之所蹈，使萬物不知其所由。

【注曰】道之衣被萬物，廣矣，大矣。一動息，一語默，一出處，一飲食。大而八紘之表，小而芒芥之內，何適而非道也？仁不足以名，故仁者見之謂之仁；智不足以盡，故智者見之謂之智；百姓不足以見，故日用而不知也。

【王氏曰】天有晝夜，歲分四時。春和、夏熱、秋涼、冬寒；日月往來，生長萬物，是天理自然之道。容納百川，不擇淨穢。春生、夏長、秋盛、冬衰，萬物榮枯各得所宜，是地利自然之道。人生天、地、君、臣之義，父子之親，夫婦之別，朋友之信，若能上順天時，下察地利，成就萬物，是人事自然之道也。

【譯文】天道，就是人們自然而然所遵從的，但並不知道它究竟是什麼。

【釋評】道就是最高的自然法則和規律。大到無邊際的宇宙，小到纖細的草籽內核，都體現著道的存在。不僅如此，包括我們在日常生活中的衣食住行，動靜休止，言談儀表，也都包含著道。這也就是所謂的「天人合一」。

我們遵循道，也就是遵循自然規律和法則。逆道而行的人終將失敗。

經典故事賞析

無為而治

漢初統治者鑑於秦亡的教訓及漢初社會經濟的殘敗，瞭解到要取得一個相對穩定和持續發展的政治局面，就必須努力緩和階級問題，與民休息，實行無為而治。因此漢初統治者將黃老之術中的無為而治、節欲崇儉、與民休息的觀念轉化成一系列有利於社會經濟發展的政策。這些政策的實施，使漢初社會經濟迅速得到復甦與發展。

漢初實行無為而治的幾位皇帝生活都十分儉樸，其中最具代表性的是漢文帝。他在位二十三年間，宮殿、車騎、服飾等都沒有增加。漢文帝總是身穿最普通的衣服，連所寵幸的慎夫人也沒有一件華麗的衣服。在營建自己的陵墓

道法自然

萬物皆在宇宙整體中存在，一言談、一動作，舉步無不踐行著「道」，實行著「道」。所以，道與物的關係，如同水與波的關係，水即波，波即水，水波一體。道即物，物即道，道物不二。

●「道」與萬物的關係

●「道」的存在形式

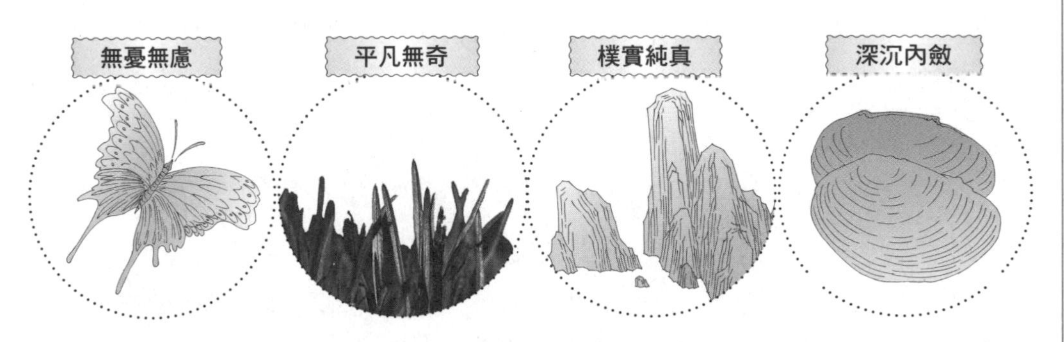

道的本身是中虛真空的，但看上去又是虛無縹緲的，而實質用起來卻又奇妙無比，它是天地萬物的本原。

時，漢文帝還明確告訴後人不許修建高大的陵墓，不得以金銀作裝飾，陪葬品都用瓦器。

正是認識到了暴秦滅亡的原因，漢初幾位皇帝實行無為而治、與民休息的政策，才造就了日後強大的漢帝國。

以德服人，順其自然

德者，人之所得，使萬物各得其所欲。

【注曰】有求之謂欲。欲而不得，非德之至也。求於規矩者，得方圓而已矣；求於權衡者，得輕重而已矣。求於德者，無所欲而不得。君臣父子得之，以為君臣父子；昆蟲草木得之，以為昆蟲草木。大得以成大，小得以成小。邇之一身，遠之萬物，無所欲而不得也。

【王氏曰】陰陽、寒暑運在四時，風雨順序，潤滋萬物，是天之德也。天地草木各得所產，飛禽、走獸，各安其居；山川萬物，各遂其性，是地之德也。講明聖人經書，通曉古今事理。安居養性，正心修身，忠於君主，孝於父母，誠信於朋友，是人之德也。

【譯文】德，就是人有所得，使世間萬物都遵循天地自然的安排而各得其所。

【釋評】關於「德」，《易經》的解釋是「贊助天地之化育」，儒家的解釋是「博施濟眾」。也就是說，所謂的「德」，就是效法「天道」，恩澤天下，使廣大民眾各得其所，各得其位，各盡其才。也就是「老有所終，壯有所用，幼有所長，鰥寡孤獨廢疾者皆有所養」這一古代聖賢理想中的境界。施展「德」，對別人來說是使之得其所欲；對自己來說，則體現為一種崇高偉大的道德品德。

經典故事賞析

王莽篡漢

西元前二二年，王莽二十四歲開始做官，辦事認真、待人恭敬。三十歲，王莽被封為新都侯、騎都尉、光祿大夫侍中。西元前八年，三十八歲的王莽被舉薦為大司馬之位。之後成帝病死，太子哀帝即位，母親定陶丁皇后派的外戚

大道為「一」，珞珞如石

「一」是什麼？「一」在這裏就是「氣」。「氣」就是「道」的物質形態，因此，每個物種所有得「一」，都是得「道」的意思。這就是說，萬物得了「氣」才是得「道」，才能具備各自的「德」。

●道與「一」的關係

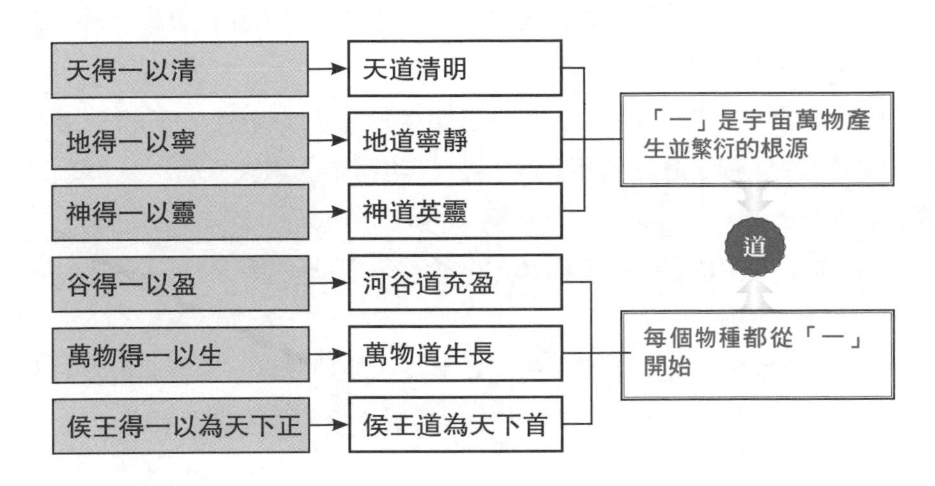

●順者昌，逆者亡

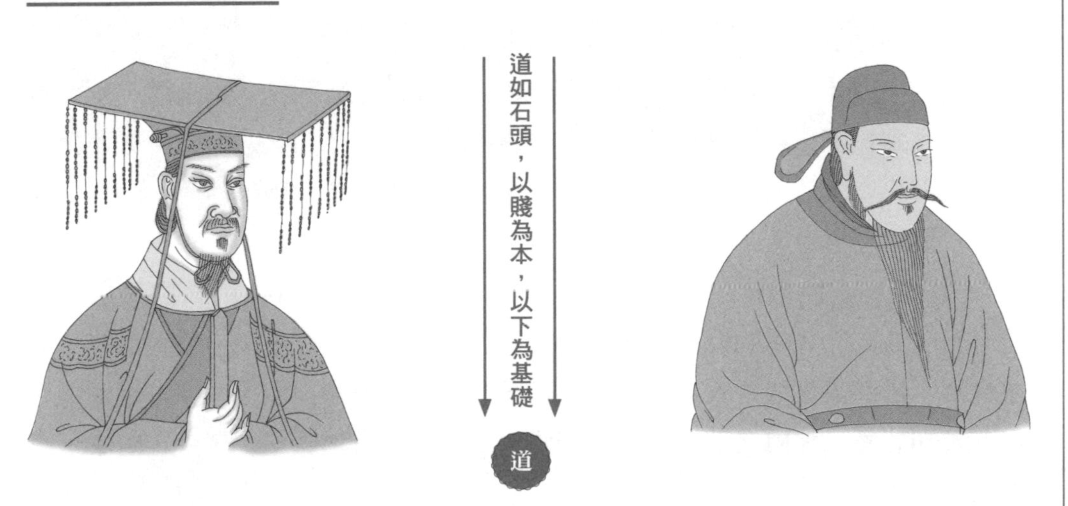

自古以來，君王愛以「寡」、「孤」自稱，有道的聖君其品德猶如梅花一般，受盡苦難，才能成就自己。

得勢。王莽不得不請辭下臺，退居到新野，閉門讀書。

在此期間他的兒子王獲殺死了家奴，王莽就逼子自殺償命，他靠這一舉動博得人們的好感。在西元前二年，王莽獲得允許回京居住，第二年哀帝病死，太皇太后王政君收玉璽，召王莽入朝掌大權。王莽上臺後清除丁傅外戚勢力，擁立平帝。

此後王莽繼續巧施恩惠，收買人心。平帝死後立孺子嬰為皇太子，只有兩歲。在王莽的授意下，太皇太后根據群臣的意見，叫王莽代天子朝政，稱「假皇帝」。臣民則稱之為「攝皇帝」。

王莽為假皇帝後，地方上出現起兵反對王莽的事件。王莽一邊派人平叛，一邊急於稱帝。最終利用讖緯巫言成功稱帝，國號「新」。開創了篡奪帝位的先河。

王莽做了皇帝後想要有所作為，但其改革太過理想，而且步伐太快，朝令夕改，最終無果而終。

西元十七年，全國上下發生蝗災和旱災，飢民遍野。王莽非但沒有開倉賑民，反而叫百姓煮草根為糧，導致大規模農民起義，最終身首異處。

仁者愛人

仁者，人之所親，有慈慧惻隱之心，以遂其生成。

【注曰】仁之為體如天，天無不覆；如海，海無不容；如雨露，雨露無不潤。慈慧惻隱，所以用仁者也。非親於天下，而天下自親之。無一夫不獲其生。《書》曰：「鳥、獸、魚、鱉咸若。」《詩》曰：「敦彼行葦，牛羊勿踐履。」其仁之至也。

【王氏曰】己所不欲，勿施於人。若行恩惠，人自相親。責人之心責己，恕己之心恕人。能行義讓，必無所爭也。仁者，人之所親。恤孤念寡，周急濟困，是慈慧之心；人之苦楚，思與同憂，我之快樂，與人同樂，是惻隱之心。若知慈慧、惻隱之道，必不肯妨誤人之生理，各遂藝業、營生、成家、富國之道。

【譯文】仁，就是對別人擁有親愛之心，慈慧惻隱之心，願意幫助別人。

【釋評】「仁」是儒家思想的核心，本義是指人與人之間相親相愛的倫理

違背大道必然招致死亡

逆道也就是違背了自然的規律，其結果是不言而喻的。違背大道必然會招致死亡。

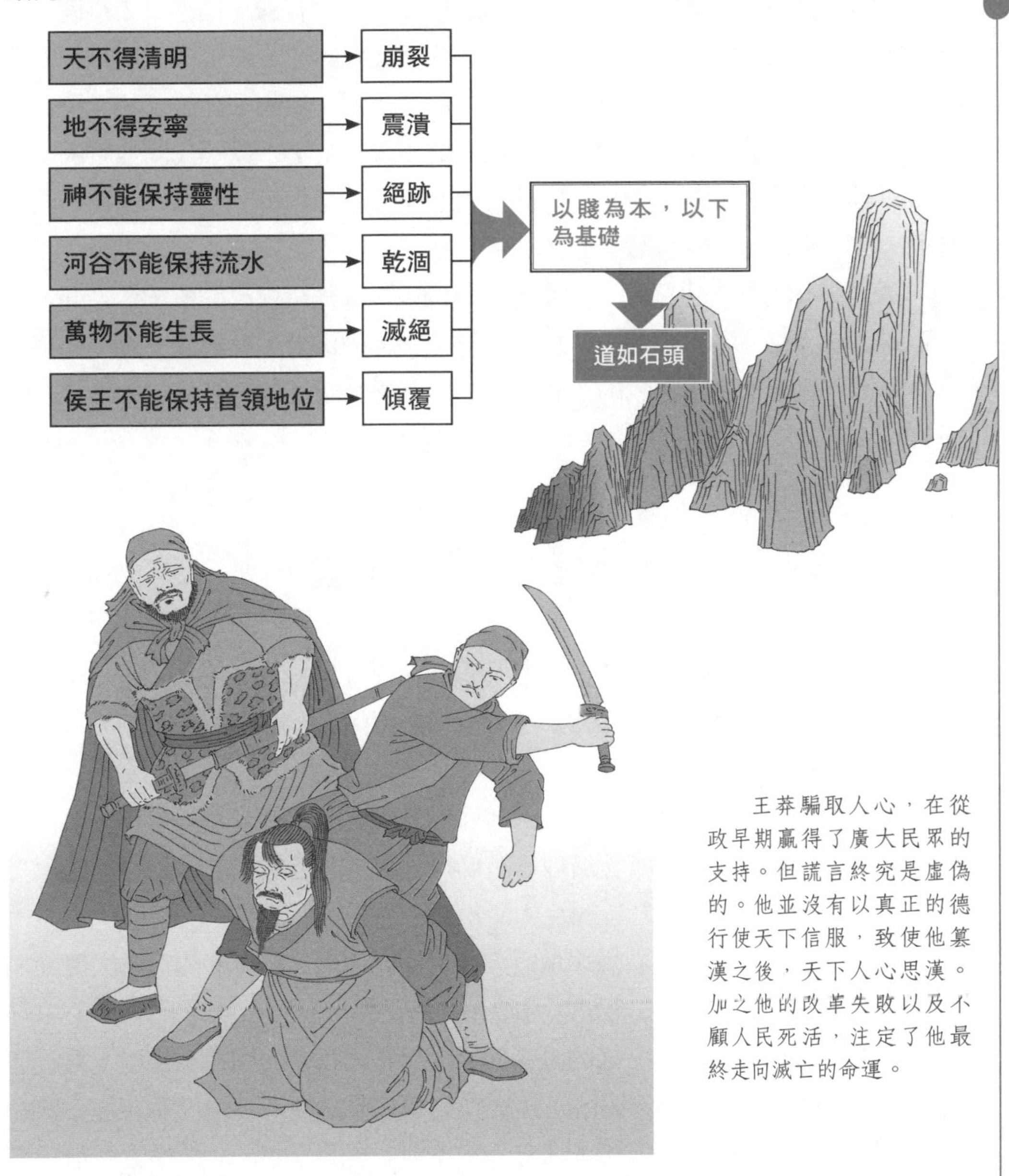

王莽騙取人心，在從政早期贏得了廣大民眾的支持。但謊言終究是虛偽的。他並沒有以真正的德行使天下信服，致使他篡漢之後，天下人心思漢。加之他的改革失敗以及不顧人民死活，注定了他最終走向滅亡的命運。

關係。正所謂「仁者愛人」，擁有「仁」的「仁者」都有著一顆愛人的心，常存利人利物的奉獻之念，胸懷使天下人民、世間萬物各遂其願的偉大志向。

放歸小鹿

戰國時期，在魯國，有一次孟孫氏帶領隨從外出打獵，捕獲一隻小鹿，孟孫氏便將小鹿交給秦西巴帶回去。秦西巴帶著小鹿回家，路上有一隻母鹿緊隨其後並且號叫不止，秦西巴看到這種場面於心不忍，便將小鹿放了。孟孫氏回到家裏找不到小鹿，就問秦西巴，秦西巴回答說放走了，孟孫氏問他原因，秦西巴回答：「我看母鹿緊隨我不離開，實在不忍心牠們母子分離，就把小鹿放走了。」孟孫氏聽完後就把秦西巴趕走了。

過了三個月後，孟孫氏又把秦西巴召回來，讓他給自己的孩子做老師。有人看到了就非常不理解，問孟孫氏這是為何，孟孫氏說：「他連一隻小鹿都不忍心傷害，難道他會傷害我的孩子嗎？」這就是秦西巴以純真樸實的本性打動別人的故事。

大義者，賞善罰惡

義者，人之所宜，賞善罰惡，以立功立事。

【注曰】理之所在，謂之義；順理決斷，所以行義。賞善罰惡，義之理也；立功立事，義之斷也。

【王氏曰】量寬容眾，志廣安人；棄金玉如糞土，愛賢善如思親；常行謙下恭敬之心，是義者人之所宜道理。有功好人重賞，多人見之，也學行好；有罪歹人刑罰懲治，多人見之，不敢為非，便可以成功立事。

【譯文】義，就是人在做事情時一定要符合情理，對於善的行為要獎勵，惡的行為要懲罰，從而建立起豐功偉績。

【釋評】如果說「仁」指的是人與人之間相親相愛的關係，那麼「義」則指的是人們日常的行為規範要公正，要符合標準。當權者手中握有管理公眾的權力，擁有執法的權力。當權者唯有公正不阿、賞罰分明，才能樹立威信，鞏固人心，從而使國家興盛發達。

仁者無敵於天下

孟子所謂「仁者無敵於天下」，一個人能夠達到「仁」的境界，天下沒有任何困難能夠難住他。為人做事，懷著一顆仁愛之心去體貼關心別人，不僅能獲得較好的人際關係，更為以後進一步的發展積累下深厚的資源與福澤。

●秦西巴放歸小鹿

唐太宗李世民處事重大義

唐太宗建立江山後，對眾功臣論功行賞。許多武將為了爭功，鬧得是不可開交。李神通（唐太宗的叔叔）尤其不滿。他對唐太宗說：「臣當初在長安起兵，高舉反隋大旗。與房玄齡、杜如晦這些人相比，自然我的功勞大。他們從未上過戰場，只不過抄抄寫寫罷了，如今功勞卻排在我的前面，我肯定不服。」太宗聽後說：「當初起兵反隋時，叔叔率先領兵起義，不過也是為了保全自己的身家性命。竇建德攻占函谷關以東時，叔叔最終全軍覆沒；劉黑闥再次舉兵反叛時，叔叔又慘遭大敗。雖然房玄齡、杜如晦他們從不上戰場，但是他們為戰爭出了許多奇謀妙計，這些計策實在是關係到整個國家的安危。若論功行賞，自然就排在叔叔的前面了。作為我個人來講，叔叔顯然是我最親的人，但是我也不能徇私，讓你和功臣並駕齊驅。」此件事後，那些爭功的大將為唐太宗的無私大義無不心服口服，還相互勸慰：「皇上真是公正無私，對淮安王也不存在絲毫偏私，我們哪裏敢不安分呢？」

婦人之仁

西楚霸王項羽以愛護軍士、尊重人才聞名。但他的這種「仁」卻是典型的婦人之仁。韓信初次見劉邦時曾經非常精準地向劉邦分析過項羽這個人。

韓信說：「項王待人恭敬慈愛，說話溫文爾雅。士兵生病了，項王流著淚把自己的食物分給士兵吃，可是當他應該封賞功臣時，大印都由方的摸成圓的了，還捨不得給。項王的這種仁慈就是婦人之仁。」

韓信的言外之意是說，項羽這個人看上去對人很好，實際上十分小氣自私，只是願意施捨些小恩小惠，真正應當封賞的功臣卻不封賞。項羽這麼做就是賞罰不明。項羽賞罰不明，就難以真正地鞏固人心。當他和手下的將領們離心離德時，距離失敗也就不遠了。

西元前203年，楚漢爭霸戰爭到了最為殘酷的階段。劉邦被項羽團團圍困在滎陽城裏。劉邦十分憂慮，這時陳平獻上反間計。劉邦聽從陳平的計策後從倉庫中撥出四萬斤黃金，買通了楚軍的一些將領。這些將領就散布謠言說：「在項王的將領中，亞父范增和鐘離昧的功勞最大，項王卻不讓他們稱王。他們二人已經和漢王約定好一同消滅項羽，然後分占項羽的土地。」

西楚霸王項羽婦人之仁

項羽待人恭敬慈愛，說話溫文爾雅。士兵生病了，項羽流著淚把自己的食物分給士兵吃。可是當他應該封賞功臣時，大印都由方的摸成圓的了，還捨不得給。項羽的這種仁慈就是婦人之仁。

●自然無為的高深德性

●垓下之戰定乾坤

西元前202年，劉邦、韓信、劉賈、彭越、英布五路大軍於垓下完成了對十萬楚軍的合圍。韓信親自率領三十萬大軍與楚軍接戰，楚軍大敗。垓下之戰是楚漢相爭中決定性的戰役，它既是楚漢相爭的終結點，又是漢王朝繁榮強盛的起點。它結束了秦末混戰的局面，奠定了漢王朝四百年基業。

范增和鐘離昧的功勞的確很大，項羽也的確沒有封賞二人。這一點項羽也很清楚。但他非但沒有趕快封賞他們，反而對二人產生了懷疑。從此以後，任何重大事情項羽也不再和鐘離昧商量。就連對亞父范增，項羽都變得很不客氣起來。

隨後，陳平又用一條反間計使項羽更加不信任范增。范增一氣之下告老還鄉，而且氣得背上生了一個毒瘡，不久死去。

就這樣，因為賞罰不明以及疑心太重，導致項羽自廢雙臂，他距離滅亡也就不遠了。

真正的統帥都擁有大仁大義，這樣的統帥必能賞罰分明。其統領的軍隊，軍士和將領們才能牢牢地團結在一起，這樣的軍隊才能取得最終的勝利。這也是起初戰無不勝的項羽，最後兵敗自殺的原因。

君子彬彬有禮

禮者，人之所履，夙興夜寐，以成人倫之序。

【注曰】禮，履也。朝夕之所履踐而不失其序者，皆禮也。言、動、視、聽，造次必於是，放、僻、邪、侈，從何而生乎？

【王氏曰】大抵事君、奉親，必當進退；承應內外，尊卑須要謙讓。恭敬侍奉之禮，晝夜勿怠，可成人倫之序。

【譯文】禮，就是人們要遵守的規範。只有每時每刻遵守踐行，才能保持人們之間倫理道德的秩序。

【釋評】「禮」是規範社會行為的道德準則，大到國家，小到家庭，我們每一個人的言行舉止都涉及「禮」。國家與社會的集體活動，個人的飲食起居，都要遵循規定的禮儀規範。只有這樣，人與人之間的關係才能和諧、融洽，社會秩序才能井井有條，百姓才能安居樂業。

君子如何安身立命

孔子對於君子的要求很高，事事都要符合「禮」，做到不偏不倚，時刻注意修身，提高自身的道德修養。

●君子安身立命

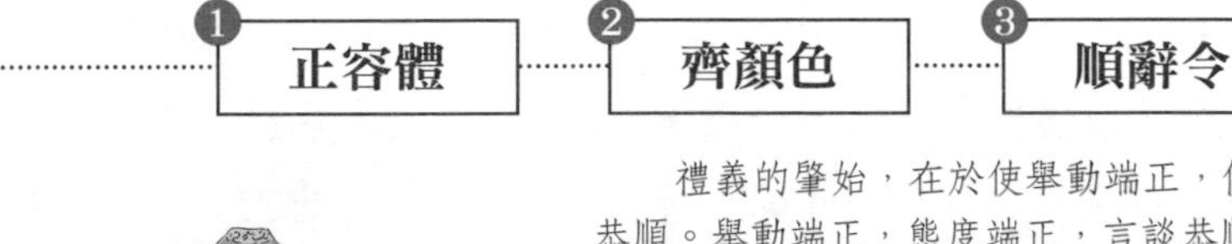

禮義的肇始，在於使舉動端正，使態度端正，使言談恭順。舉動端正，態度端正，言談恭順，然後禮義才算齊備。所謂「足容重」是指腳步穩重，不要輕舉妄動；「手容恭」不是指慢吞吞地動作，而是指無事可做時，手要端莊握住，不要亂動；「目容端」是指目不斜視，觀察事物時要專注；「口容止」是要求在說話、飲食以外的時間，嘴不要亂動；「聲容靜」是指振作精神，不要發出打飽嗝或吐唾液的聲音；「頭容直」是要求昂首挺胸，不要東倚西靠；「氣容肅」是指呼吸均勻，不出粗聲怪音；「立容德」是指不倚不靠，保持中立，表現出道德風範；「色容莊」是指氣色莊重，面無倦意。

●做事要講究尺度

為人處世講求一個度，不夠或過度都不符合孔子「中庸」的思想。

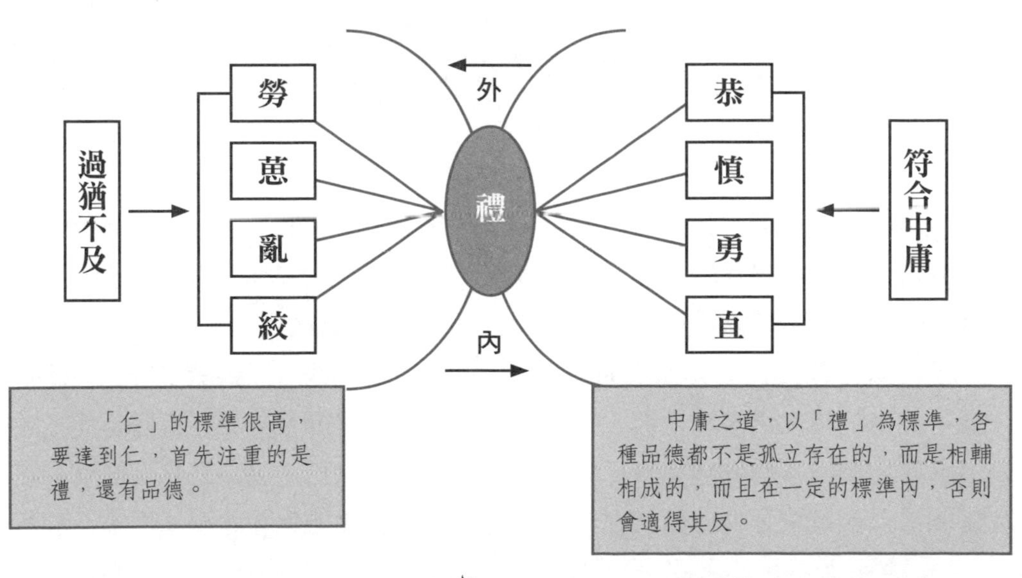

「仁」的標準很高，要達到仁，首先注重的是禮，還有品德。

中庸之道，以「禮」為標準，各種品德都不是孤立存在的，而是相輔相成的，而且在一定的標準內，否則會適得其反。

叔孫通的故事

叔孫通是被秦始皇徵召的文學博士。秦二世即位後，陳勝吳廣起義，二世召集當時只剩下的三十餘名博士，問有人造反是不是真的。這些人馬上借題發揮，把天下亂象說了一遍，二世面有怒色。只有叔孫通知道二世自大愚蠢，而且其極好面子，就說：「不過是些小毛賊，不足為患。」二世聽了很高興，下令讓人查處那些說造反實情的博士們，對叔孫通反倒大大嘉賞。叔孫通看到這些，知道秦王朝沒有希望了，便回到館中收拾行李，帶著他的一百多個弟子投奔了漢王劉邦。在投奔劉邦後，他只是把那些出身強盜的強壯之人推薦給劉邦，其他弟子都罵他。叔孫通知道後，對弟子們說：「漢王現在在打天下，你們一幫文人，能打仗嗎？現在還沒有我們讀書人能做的事，你們忍耐一時，我不會忘記大家的。」果然，劉邦建立漢朝後，大臣們在議事的時候沒有規矩，場面混亂，劉邦為此很是擔憂。叔孫通看時機已到，就建議劉邦制定禮法。隨後，叔孫通帶領弟子用了幾個月的時間規劃並演習了「朝班」禮制，接著把漢高祖劉邦請出坐朝。劉邦聽到下面傳來「吾皇萬歲萬歲萬萬歲」的朝拜聲，看到如此氣派的場面時，眉開眼笑，情不自禁地說：「我今天才知道做皇帝的尊貴，也知道了讀書人的用處。」馬上任命叔孫通為太常，跟隨叔孫通的那些儒生們也都一一得到了提拔和賞賜。

韓嫣無禮招來殺身之禍

漢武帝時期的寵臣有韓嫣和李延年。

武帝做膠東王時，韓嫣同其一起學習書法，兩人相互友愛。武帝後來當了太子，越發親近韓嫣。韓嫣善於諂媚，武帝即位後，想要征討匈奴，韓嫣就第一個練習使用匈奴的兵器，因為這個緣故，他的地位越來越尊貴，武帝將他的官職升至上大夫。韓嫣甚至常常和武帝住在一起，同臥同起。

有一次，漢都王劉非進京朝拜武帝，武帝下詔，他可以跟隨皇帝到上林苑打獵。武帝的車駕還沒有出發，武帝先派韓嫣乘坐副車，帶著上百個騎兵，去觀察野獸的情況。韓嫣驅使車馬狂奔，漢都王遠遠望見，以為是皇上前來，便讓隨從都躲避起來，自己趴伏在路旁拜見。韓嫣卻策馬急馳而過，根本不搭理

叔孫通

叔孫通又名叔孫何，西漢初期儒家學者，漢族，舊魯地薛（今山東棗莊薛城北）人。曾協助漢高祖制定漢朝的宮廷禮儀，先後出任太常及太子太傅。

●叔孫通棄秦投漢

二世自大愚蠢，叔孫通知道秦王朝沒有希望了，帶著一百多個弟子投奔漢王劉邦。

在投奔劉邦後，他把那些出身強盜的強壯之人推薦給劉邦，幫漢王打天下。

劉邦建立漢朝後，大臣們在議事時沒有規矩，場面混亂。叔孫通看時機已到，就建議劉邦制定禮法。

叔孫通

●叔孫通「朝班」禮制

後世對叔孫通的作為亦有不同看法。司馬遷稱讚叔孫通因時而變，為大義而不拘小節，稱叔孫通為「漢家儒宗」。司馬光則指責叔孫通制定禮樂只為逞一時之功，結果使古禮失傳；又認為他對漢惠帝建原廟的建議是教導漢惠帝文過飾非。

漢都王。

韓嫣過去後，漢都王才知道車上坐的是韓嫣。他十分憤怒，哭著對太后說：「請允許我把封國歸還朝廷，回到皇宮當個值宿警衛，和韓嫣一樣。」太后由此懷恨韓嫣。由於韓嫣侍奉皇上，可以隨意出入永巷（皇宮裏通往內宮的巷道），但是他做過的惡事最終被太后知道。太后大怒，派使者命令韓嫣自殺。武帝替他向太后謝罪，太后不肯接受，韓嫣只好領命，自殺而死。

心性修持大道生

夫欲為人之本，不可無一焉。

【注曰】老子曰：「失道而後德，失德而後仁；失仁而後義，失義而後禮。」失者，散也。道散而為德，德散而為仁；仁散而為義，義散而為禮。五者未嘗不相為用，而要其不散者，道妙而已。老子言其體，故曰：「禮者，忠信之薄而亂之首。」黃石公言其用，故曰：「不可無一焉。」

【王氏曰】道、德、仁、義、禮，此五者是為人，合行好事；若要正心、修身、齊家、治國，不可無一焉。

【譯文】一個人想要在社會上立足，這五種範疇的道德皆須具備，一樣也不能丟。

【釋評】大家都知道孔子曾經說過「三十而立」，但究竟立什麼，恐怕就只有少數人知道了。所謂「立」，指的是立德、立身、立言。一個人首先要修德，也就是立德。修德之後才能在社會上站穩腳跟，獨立生活，也就是立身。站穩腳跟後，還要所有作為，也就是立言。

處理事情要講權謀，不然難以成功。要以道德為基礎，以權謀為方法。只講道德，不用權謀，就會寸步難行。只用權謀，不講道德，終究會失敗，遭人唾棄。

經典故事賞析

從孫悟空到鬥戰勝佛

《西遊記》裏的孫悟空是家喻戶曉的人物，他是天產石猴，因而他本身蘊含著一種天道。他在花果山上和群猴們一起生活了好幾百年，在這幾百年中孫

舉賢任能，為政以德

用道德改變人的思想，舉賢能發展國家，這是孔子的為政思想。孔子不主張用武力解決問題，希望以禮治國，這種思想貫穿整個為政思想。

●親賢臣，遠小人

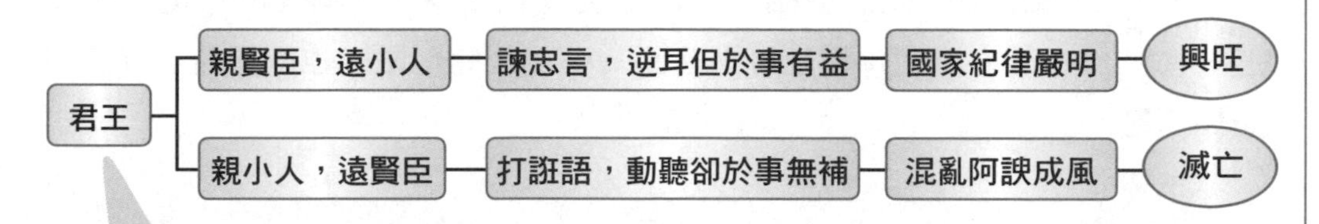

君王要親賢臣，遠小人，才能使國家紀律嚴明，多聽多借鑑，兼聽則明，偏聽則暗。親小人，則使國家一片混亂，最終走向滅亡。

孔子主張國家要選拔正直的良才，使正直的人掌權。對於那些行為不正的人，不能使他們手中握權。親賢臣，遠小人，才能使百姓信服。這種「任人唯賢」的思想具有積極的價值。薦舉賢才、選賢用能，這是孔子德治思想的重要元素。

●韓嫣受寵

寵，是寵愛、寵幸的意思。恃寵而驕，也是許多人會犯的錯誤，面對榮寵他們只看到高官厚祿，而不懂得收斂，才最終自害其身。

當漢武帝還是膠東王時，韓嫣是他的伴讀，後劉徹即位，對韓嫣百般寵信。

韓嫣得寵後，恃寵而驕，受眾從詬病，不知收斂。最終把自己推上了不歸路。

悟空和群猴們生活得無憂無慮，快快樂樂，這正是一種無為而治的體現，也就是德治的體現。孫悟空師從菩提老祖後，學得了一身的本領，變得仗力欺人，因此被如來佛祖扣押在五行山下。

唐僧救出孫悟空後教給了他什麼是「仁」，用仁來規範他的行為。在取經的路上，孫悟空打抱不平，行俠仗義，充分體現了「義」。

經歷重重磨難，到達靈山後，悟空也真正接受了「禮」的規範。至此道、德、仁、義、禮在孫悟空身上合而為一。因此孫悟空也就具備了成佛的品德基礎。

明盛衰，知進退

賢人君子，明於盛衰之道，通乎成敗之數；審乎治亂之勢，達乎去就之理。故潛居抱道，以待其時。

【注曰】盛衰有道，成敗有數；治亂有勢，去就有理。道猶舟也，時猶水也；有舟楫之利而無江河以行之，亦莫見其利涉也。

【王氏曰】君行仁道，信用忠良，其國昌盛，盡心而行；君若無道，不聽良言，其國衰敗，可以退隱閒居。若貪愛名祿，不知進退，必遭禍於身也。能審理、亂之勢，行藏必以其道，若達去、就之理，進退必有其時。參詳國家盛衰模樣，君若聖明，肯聽良言，雖無賢輔，其國可治；君不聖明，不納良言，儔遠賢能，其國難理。見可治，則就其國，竭立而行；若難理，則退其位，隱身閒居。有見識賢人，要省理亂道理、去就動靜。君不聖明，不能進諫、直言，其國衰敗。事不能行其政，隱身閒居，躲避衰亂之亡；抱養道德，以待興盛之時。

【譯文】賢人都能掌握盛衰成敗的道理，認清治世亂世的形勢，通曉出世退隱的道理。

【釋評】興衰有規律，成敗有定數。如果機會到來，乘勢而行，就能位極人臣；乘勢而動，就能建立蓋世奇功。但如果遭逢不到這樣的機會，就只能默守正道，甘於隱伏。一旦時機成熟時一展身手，成就大業。

禮賢下士，胸懷天下

海因為處於百川之下，所以才會浩瀚無窮；而有道的聖君，唯有禮賢下士，才可以獲得賢者異士的輔佐而成就功業。

●姜太公釣魚，願者上鉤

姜太公在渭水之濱直鉤垂釣等待賢德的君主到來，而周文王為求賢才親身前往。周文王最終在姜尚的輔佐之下，成為歷史上的一代聖君。

經典故事賞析

抱道待時的諸葛亮

諸葛亮，字孔明，琅邪郡陽都縣（今山東省臨沂市沂南縣）人，三國時期著名的政治家、軍事家。東漢末年，政治黑暗，正值十常侍弄權，天下一片混亂，諸葛亮的叔父諸葛玄恰好出任豫章（今江西省南昌市）太守，諸葛亮姐弟四人跟隨叔父到豫章避難，長兄諸葛瑾只身逃往江東謀生。不到一年，諸葛玄

諸葛亮抱道待時

●三顧茅廬

劉備「三顧茅廬」，使諸葛亮非常感動，並答應劉備出山相助。劉備尊諸葛亮為軍師，對關羽、張飛說：「我之有孔明，猶魚之有水也！」諸葛亮初出茅廬，就幫劉備打了不少勝仗，為劉備奠定了蜀漢的根基。

歷史評價

司馬徽：「儒生俗士，豈識時務？識時務者在乎俊傑。此間自有臥龍、鳳雛。」

楊洪：「西土咸服諸葛亮能盡時人之器用也。」

馬良：「尊兄應期贊世，配業光國，魄兆遠矣。夫變用雅慮，審貴垂明，於以簡才，宜適其時。若乃和光悅遠，邁德天壤，使時閑於聽，世服於道，齊高妙之音，正鄭、衛之聲，並利於事，無相奪倫，此乃管弦之至，牙、曠之調也。」

司馬懿：「諸葛亮真乃神人，吾不如也！」

康熙帝：「諸葛亮雲：鞠躬盡瘁，死而後已。為人臣者，唯諸葛亮能如此耳。」

被軍閥趕出南昌，後來只好帶著親人到荊州投奔劉表。但是沒過多久，諸葛玄便去世了。此時，諸葛亮的姐姐已成家，諸葛亮只好與弟弟來到隆中（荊州南陽郡鄧縣），蓋了幾間草堂，開墾了幾畝土地，過起了隱居的日子，這一年，諸葛亮十七歲。隱居隆中後，諸葛亮邊耕種，邊求學，用大量時間博覽群書，刻苦攻讀諸子百家。經過多年的潛心鑽研，諸葛亮不但上知天文，下知地理，而且通曉兵法戰術。雖然是隱居，但他十分關注天下大事，常自比春秋時期的齊國名相管仲和戰國時期的燕國名將樂毅。

諸葛亮在隆中隱居時，結識了一批飽學有志的青年才俊，如博陵崔州平，潁川徐庶、石韜，汝南孟建，襄陽龐統等。他們經常聚會，縱論天下大事，暢談個人抱負。有一次，諸葛亮對石韜、徐庶、孟建三人說：「你們三人去做官，將來可至刺史、太守。」三個人問諸葛亮自己會怎樣，諸葛亮笑而不答，可見他的雄心壯志更在三位朋友之上。另外，諸葛亮還結交了兩位長者，即襄陽龐德公和潁川司馬徽，此二人對諸葛亮的才華十分了解。有一次龐德公對司馬徽說：「諸葛亮為臥龍，龐統為鳳雛。」司馬徽對此比喻深表贊同。

諸葛亮是幸運的，他在隆中隱居了十年，二十七歲時終於遇到了值得自己輔佐的明君——劉備。但更多的隱者，卻是終其一生也找不到合乎心意的出仕機會，比如陶淵明。

不為五斗米折腰

陶淵明是東晉後期的大詩人、文學家。他身處東晉末期，當時朝政日益腐敗，官場黑暗。陶淵明生性淡泊，關心百姓疾苦，有著「猛志逸四海，騫翮思遠翥」的偉大志向，懷著「大濟蒼生」的願望，出任江州祭酒。由於看不慣官場上的那一套惡劣作風，不久就辭職回家了。

陶淵明最後一次做官，是義熙元年。那一年，陶淵明在朋友的勸說下，再次出任彭澤縣令。到任八十一天後，碰到潯陽郡派遣督郵來檢查公務。潯陽郡的督郵劉雲，以凶狠、貪婪而遠近聞名，他每年兩次以巡視為名向轄縣索要賄賂，每次都是滿載而歸，否則就栽贓陷害。陶淵明不肯為五斗米折腰，於是毅然辭去官職，與妻兒歸隱田園，怡情於山水之間。

隱逸詩人之宗

陶淵明被稱為「隱逸詩人之宗」。他的創作開創了田園詩一體，為我國古典詩歌開創了一個新的境界。

●陶淵明的田園生活

歷史評價

陶淵明去世後，他的至交好友顏延之，為他寫下《陶徵士誄》，給了他一個「靖節」的謚號。顏延之在誄文中褒揚了陶淵明一生的品德和氣節。梁朝的昭明太子蕭統，對陶淵明的詩文異常推崇，愛不釋手。蕭統親自為陶淵明編集、作序、作傳。《陶淵明集》是中國文學史上第一部文人專集，意義十分重大。蕭統在《陶淵明集序》中，稱讚「其文章不群，辭采精拔，跌宕昭彰，獨超眾類，抑揚爽朗，莫如之京」。

陶淵明二十九歲才出仕為官，三十九歲的時候，不願為五斗米折腰，退隱田園，過著悠閒的生活。

抓住機遇，施展才華

若時至而行，則能極人臣之位；得機而動，則能成絕代之功；如其不遇，沒身而已。

【注曰】養之有素，及時而動；機不容發，豈容擬議者哉？

【王氏曰】君臣相遇，各有其時。若遇其時，言聽事從，立功行正，必至人臣相位。如魏徵初事李密之時，不遇明主，不遂其志，不能成名立事；遇

唐太宗聖德之君，言聽事從，身居相位，名香萬古，此乃時至而成功。事理安危，明之得失；臨時而動，遇機地而行。輔佐明君，必施恩布德；理治國事，當以恤軍、愛民；其功足高，同於前代賢臣。不遇明君，隱跡埋名，守分閒居；若是強行諫諍，必傷其身。

【譯文】聖賢之人如果能遇良機，則能施展自身的抱負，便能位極人臣，建立不世之功；如果得不到好的機遇，就不出來做官，怡情於山水之間。

【釋評】當機遇來臨時，不要讓機遇擦肩而過。良好的機遇往往能施展自身的才華，建立豐功偉績。假如機遇遲遲不到，最多不能兼濟天下，但還可獨善其身。

經典故事賞析

謀聖張良

張良出身於貴族世家，祖父和父親連任韓國五任宰相。到了張良的時代，韓國已是國力衰微，最終被秦朝所滅。秦朝滅韓國後，張良失去了繼承先輩事業的機會，同時也喪失了多年來家族顯赫榮耀的地位，因此他心裏埋著亡國亡家的仇恨，並立志反秦。

張良來到東方找到倉海君，並和他一起制定了刺殺秦始皇的行動計劃。張良的弟弟病死了，他也不下葬，而是散盡家資，花重金找到一個大力士，並為大力士打造了一支重達一百二十斤的大鐵錘。

西元前218年，秦始皇再一次東巡。張良得知後就和大力士一起埋伏在秦始皇到陽武縣的必經之地——博浪沙。但秦始皇有很多相同的座駕，分不清哪一個是秦始皇所乘坐的。張良就指揮大力士朝車隊中間的那輛車砸去，結果沒有擊中秦始皇所乘坐的車。

張良至此隱姓埋名逃到下邳，韜光養晦。在此期間他結識了隱士黃石公，黃石公授予其《素書》。張良日夜品讀《素書》，仰觀天下大事，最終成為深明韜略，足智多謀的大智之人。

秦二世元年七月，陳勝、吳廣在大澤鄉率領八百平民揭竿起義，舉兵反秦。隨後，各地接連爆發反秦起義，反秦抗爭風起雲湧。韜光養晦多年的張良，自然不會放過這個絕佳的機會，得機而動，順勢而起。張良聚集人馬加入反秦抗爭，此後他遇明主劉邦，二人一見而故，互為知己。張良投明主，反映了他在反秦複雜的抗爭形勢中具有清醒的頭腦和獨到的眼光。至此，張良深得劉邦器重，他的聰明才智才有機會得到充分的發揮。

張良為劉邦出謀劃策，最終幫助劉邦滅秦滅楚，建立大漢王朝，也因此成為一代「謀聖」。張良抓住了時代的契機，順勢而行，才得以取得如此大的成就。

隱市修德

是以其道足高，而名重於後代。

【注曰】道高則名隨於後而重矣。

【王氏曰】識時務、曉進退，遠保全身，好名傳於後世。

【譯文】能夠明達天道，使自己的德行達到很高的境界，同樣可以名垂千古。

【釋評】人的生命是有限的，漫漫時空卻是無限的。機遇有的時候並不會出現，命運有的時候總喜歡和人開玩笑。因而歷史上總會出現德才超群但終生懷才不遇的高人。例如，孔子厄於陳、蔡，感慨而發：「吾道非耶？吾為何如此？」墨子救宋，但宋人都不讓墨子進城避雨。

經典故事賞析

功成身退的張良

張良之「奇」，頗有一種「超然拔俗」、「閒雲野鶴」的氣象。張良的氣質，在「王者之師」以外還有「方外之士」的味道；張良的行動，往往攜帶著一個超世俗的世界作為背景，這使他與劉邦手下那些以建功立業、裂土封侯為最高人生目標的將士謀臣似乎大異其趣。綜觀張良一生，他為漢王朝平定天下出謀劃策，以「明修棧道，暗度陳倉」之計，令漢軍得以脫困，為與項羽爭天下打下根基；又勸止劉邦封六國之後為王，止住了民心的暗湧；鴻門宴前拉攏項梁，保住了劉邦的性命；幾次為劉邦挽回軍心；為劉邦確立太子，避免了奪嗣的危機；鴻溝議和後，力諫劉邦乘項羽依約退兵之機追擊楚軍，勿使縱虎歸山……功勳之巨，恐不讓蕭何、韓信。封侯時，他自甘退讓，婉拒萬戶侯，只受留縣一地，劉邦封其為留侯。

歷代君王在打江山時，正是用人之際，他會瞭解人才的重要性，人才在此時會得到尊重和重視。然而，一旦乾坤已定，君主們便擔心昔日的功臣會「功

張良功成身退

萬事萬物其實是相對而生的，有了相互之間的對比才能顯現出好壞、善惡以及美醜。老子提倡聖人以「無為」的方式來有所施為，功成而不據為己有，無所謂也就不會在乎失去。就如張良幫助漢高祖奪得天下，面對高官厚祿，他只選擇了小小的留侯，避免了和其他開國元勳一樣身首異處。這也正是「無為」的處世之道。

●假託神道，明哲保身

張良

（？-前189年），字子房，傳為漢初城父（今河南寶豐東）人。漢高祖劉邦的謀臣，秦末漢初時期傑出的政治家、軍事家，漢王朝的開國元勳之一，「漢初三傑」（張良、韓信、蕭何）之一。

❽假託神道，明哲保身

❼勸都關中，諫封雍齒

❻慮撫韓彭，兵圍垓下

❺下邑奇謀，畫箸阻封

❹明修棧道，暗度陳倉

❸諫主安民，鬥智鴻門

❷降宛取嶢，佐策入關

❶反秦復韓，圯上受書

圯橋匍匐取履，子房蘊帝師之智

張良雖是文弱之士，不曾揮戈迎戰，卻以軍謀家著稱。他一生反秦扶漢，功不可滅；籌劃大事，事畢竟成。歷來史家無不傾墨書載他那深邃的才智，極口稱讚他那神妙的權謀。

懷德懷刑，求其在己

張良自漢高祖入都關中，天下初定後他就以身體不適為藉口，不再上朝。封功論賞的時候，他放棄了高官厚祿，僅僅做了一個小小的留侯。

●君子心懷天下

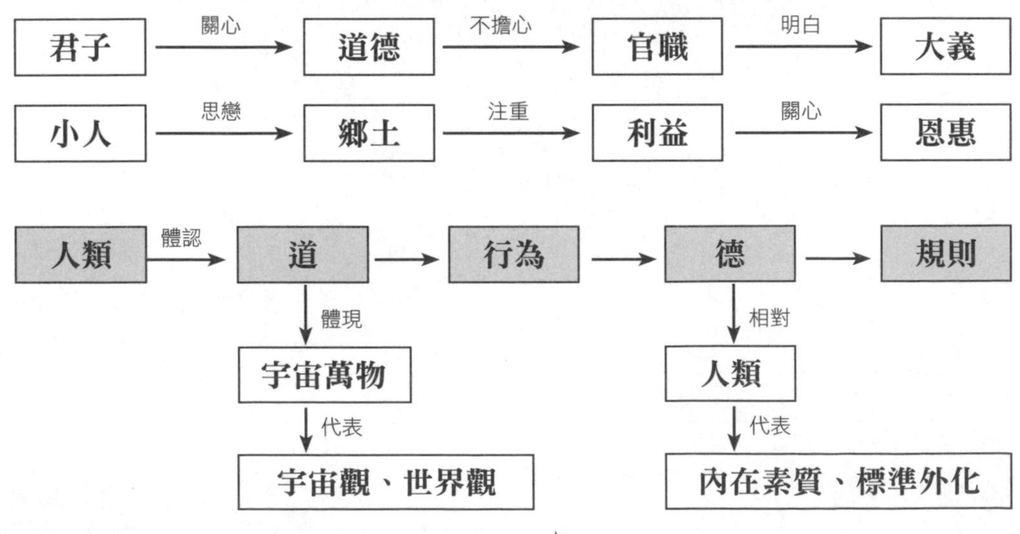

高蓋主」，「卸磨殺驢」則是必然的。歷史上開國功臣大多結局悲慘，善始善終者能有幾人呢？

有道是「伴君如伴虎」，劉邦的疑心極大，張良陪伴皇帝左右還能夠自保，這確實是一大奇跡！張良為什麼能夠在危機重重的宮廷抗爭中得以善始善終呢？一言以蔽之，「功成，名就，身退，天之道也」。在功成名就之後，和其他人截然不同的是，張良這位功勳卓著的開國元勳卻激流勇退，稱病不上朝，過起了閉門謝客的隱居生活。

在封侯之初，張良便向劉邦表示，從此以後想學習「辟穀」（「辟穀」就是不進食）、「輕身」之術，遺世獨立，不食人間煙火，以求修道成仙。此後，張良便藉口體弱多病，逐漸淡出官場，不再過問政事。誠然，張良的這些作為都是表面現象，是其「明哲保身」之舉。劉邦是個什麼樣的人，張良早就了然於心。故而功成名就之後，張良見好就收，聰明地「拍屁股走人」，去學道，去遊冶，逐漸「名正言順」地從官場中退出，張良之韜略不可謂不佳，也正是他的「深諳天道」才使其有個善始善終的結局。

當初，張良曾勸韓信功成身退，可惜的是韓信不聽勸告。直到人頭落地之前，韓信才悟透張良的苦心，發出了那句流傳千古的哀嘆：「狡兔死，走狗烹；飛鳥盡，良弓藏；敵國破，謀臣亡。」豈不哀哉！

正道章第二

【注曰】道不可以非正。

【王氏曰】不偏其中，謂之正；人行之履，謂之道。此章之內，顯明英俊、豪傑，明事順理，各盡其道，所行忠、孝、義的道理。

【釋評】天道之體用，既已心領神會，那麼為人處世就要順天道而行。順之者昌，逆之者亡。有德君子如有凌雲之志，就應當德、才、學皆備。信義才智，胸襟氣度，缺一不可。如此者，便是人中龍鳳，世間俊傑。這才是做人的正道。

用德行感染人

德足以懷遠。

【注曰】懷者，中心悅而誠服之謂也。

【王氏曰】善政安民，四海無事；以德治國，遠近咸服。聖德明君，賢能良相，修德行政，禮賢愛士，屈己於人，好名散於四方，豪傑若聞如此賢義，自然歸集。此是德行齊足，威聲伏遠道理。

【譯文】品德高尚的人足可以使遠方的人前來歸附。

【釋評】德行高尚的人，往往具有巨大的魅力，周圍的人會被他這種品德魅力所感召。孔子曾說：「遠人不服，則修文德以來之。」

高尚的德行也是一種力量，是一種看不見的精神力量，而這種力量往往比武力更強大。武力只能使人屈服，卻不能使人真心折服。武力的屈服終究會遭到反抗，德行的折服則會帶來和睦與尊重。

經典故事賞析

季札掛劍

季札，春秋時吳王壽夢第四子，人稱「延陵季子」。延陵季子奉命往西去訪問晉國，途中他佩帶著寶劍順便拜訪了徐國的國君。徐國國君是一位喜歡收藏寶劍的君主，他看到延陵季子的寶劍就借來觀賞，觀賞完畢後，雖然嘴上沒

季札掛劍的品性所在

誠信是人們追求的高尚品德之一，是值得人們秉持的。

●季札掛劍

延陵季子看到徐國國君十分喜歡自己的寶劍，因為身擔出使重任，所以沒有將劍贈給徐君。後來出使返回後，才知徐君已死，於是將劍掛在了徐君的墳墓上，以表示自己的誠信。

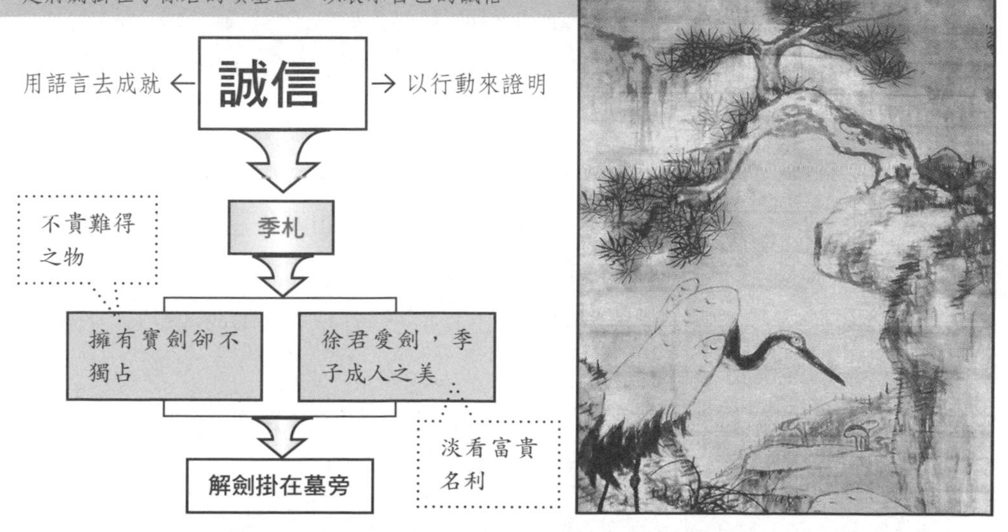

有說什麼，但他的神色卻透露出對寶劍深深的喜愛之情。延陵季子因為有出使晉國的任務，就沒有當場將寶劍獻給徐國國君，但是在他的心裏已經將寶劍許給徐君了。

季子出使晉國的日子裏，總是會想起這件事。後來他要回國了，途經徐國卻得到徐君客死楚國的消息。延陵季子便解下寶劍將它送給新繼位的徐國國君。隨從人員阻止他說：「這是吳國的寶物，不是用來作贈禮的。」延陵季子說：「我不是贈給他的，前些日子我經過這裏，徐國國君觀賞我的寶劍，雖然他嘴上沒有說什麼，但是他的臉色透露出對這把寶劍極度的喜愛之情。我當時因為有出使晉國的任務，就沒有將寶劍獻給他。雖是這樣，但在我心裏早就把寶劍贈送給他了。如今他死了，就不將寶劍進獻給他，這樣做是在欺騙我自己的良心。因為愛惜寶劍就使自己的良心變得虛偽，品性廉潔的人是不會這樣做的。」於是他解下寶劍送給了剛繼位的徐國國君。但是新繼位的徐國國君說：「先君並沒有留下遺命來，我不敢輕易接受您的寶劍。」

延陵季子就把寶劍掛在了前徐國國君的墳墓邊，然後離開。他的行為得到了徐國人的讚美，他們是這樣來歌唱延陵季子的：「延陵季子兮不忘故，脫千金之劍兮帶丘墓。」

以誠待人

信足以一異，義足以得眾。

【注曰】有行有為，而眾人宜之，則得乎眾人矣。

【王氏曰】天無信，四時失序；人無信，行止不立。人若志誠守信，乃立身成名之本。君子寡言，言必忠信，一言議定再不肯改議、失約。有得有為而眾人宜之，則得乎眾人心。一異者，言天下之道一而已矣，不使人分門別戶。賞不先於身，利不厚於己；喜樂共用，患難相恤。如漢先主結義於桃園，立功名於三國；唐太宗集義於太原，成事於隋末，此是義足以得眾道理。

【譯文】為人誠信，就能夠使眾人的意見得到統一；做事情符合道義，就能夠得到眾人的擁護。

【釋評】以誠待人才能取得人們的信任，才能得到眾人的擁護。一個國家，一個企業，想要生存，領導者都必須牢記這一點。

做人做事不要過於較真和固執，只要做到認真和真誠，就可以打動別人了，這樣才有利於交往。

●曾鞏以誠待人

經典故事賞析

曾鞏真誠待人

曾鞏是宋朝的一位大詩人。他為人正直寬厚，襟懷坦蕩，對朋友一貫有什麼說什麼，直來直去。他和宋代改革家王安石在年輕的時候就是好朋友。

王安石二十五歲那年，當上了淮南判官，他從淮南請假去臨川看望祖母，還專程去拜見曾鞏。曾鞏十分高興，非常熱情地招待了他，後來還特地贈詩給王安石，回憶相見時的情景。

有一次神宗皇帝召見曾鞏，並問他：「你與王安石是布衣之交，王安石這個人到底怎麼樣呢？」曾鞏不因為自己與王安石多年的交情而隨意抬高他，而是客觀直率地回答：「王安石的文章和行為確實不在漢代著名文學家揚雄之下，不過他為人過吝，終比不上揚雄。」

宋神宗聽了這番話，感到很驚異，又問道：「你和王安石是好朋友，為什麼這樣說他呢？據我所知，王安石為人輕視富貴，你怎麼說是『吝』呢？」

曾鞏回答說：「雖然我們是朋友，但朋友並不代表不能提到對方的缺點。王安石勇於作為，而『吝』於改過。我所說的『吝』是指他不善於接受別人的批評意見而改正自己的錯誤，並不是說他貪惜財富啊！」

宋神宗聽後稱讚道：「此乃公允之論。」更加欽佩曾鞏的為人正直、敢於批評。

君子之約

太史慈是東漢末年的名將，他曾輾轉來到江東投奔劉繇，但他並沒有得到劉繇的重用，只被劉繇派遣到前線去偵察軍情。太史慈與一騎卒來到神亭時遇到了小霸王孫策，當時孫策身邊跟著十三個從騎，是韓當、宋謙、黃蓋等勇將。但太史慈仍然上前邀鬥，指著孫策說：「你敢和我單挑嗎？」於是孫策就和太史慈一對一單挑。孫策刺倒太史慈的馬，從而搶得太史慈背上的手戟，太史慈則扯下了孫策的頭盔。兩家的兵騎隨後趕來，孫策和太史慈這才作罷。孫策和太史慈二人單挑，真可謂英雄對英雄。算起來也是出於英雄相惜之情。

後來劉繇被孫策擊敗，引軍逃走。太史慈則來到涇縣，建立屯府，繼續頑抗，但最後還是被孫策俘虜。英雄惺惺相惜，孫策決定收攬太史慈。劉繇敗亡之後，手下仍有一萬多士兵沒有投降，太史慈於是接受孫策命令前往安撫。那時孫策軍中的將領們都認為太史慈會藉機逃走，不再回來。然而孫策懷著一顆赤誠之心，堅信太史慈會信守諾言。二人更約定以六十日為期限。太史慈果然在期限之內帶著降卒返回。建安十一年太史慈逝世。太史慈在去世前曾歎息道：「丈夫生世，當帶三尺之劍，以升天子之階。今所志未從，奈何而死乎！」

正是因為孫策以誠待人，太史慈才真心歸順，信守必行。

信守諾言

太史慈被劉繇派遣到前線偵察軍情，遇到身邊跟著十三個從騎的孫策，太史慈上前要和孫策單挑，孫策也言出必行，二人一對一單挑。

●英雄相惜，君子之約

太史慈真心歸順，信守必行。

太史慈帶兵返回

太史慈於是接受孫策命令前往安撫未投降的士卒。那時孫策軍中的將領們都認為太史慈會藉機逃走，不再回來。然而孫策懷著一顆赤誠之心，堅信太史慈會信守諾言。二人更約定以六十日為期限。太史慈果然在期限之內帶著降卒返回。

人中之俊

才足以鑑古，明足以照下，此人之俊也。

【注曰】嫌疑之際，非智不決。

【王氏曰】古之成敗，無才智，不能通曉今時得失；不聰明，難以分辨是非。才智齊足，必能通曉時務；聰明廣覽，可以詳辨興衰。若能參審古今成敗之事，便有鑑其得失。天運日月，照耀於晝夜之中，無所不明；人聰耳目，聽鑑於聲色之勢，無所不辨。居人之上，如鏡高懸，一般人之善惡，自然照見。在上之人，善能分辨善惡，別辨賢愚；在下之人，自然不敢為非。

能行此五件，便是聰明俊毅之人。德行存之於心，仁義行之於外。但凡動靜其間，若有威儀，是形端表正之禮。人若見之，動靜安詳，行止威儀，自然心生恭敬之禮，上下不敢怠慢。

自知者，明知人者。智明可以鑑察自己之善惡，智可以詳決他人之嫌疑。聰明之人，事奉君王，必要省曉嫌疑道理。若是嫌疑時分卻近前，行必惹禍患怪怨，其間管領勾當，身必不安。若識嫌疑，便識進退，自然身無禍也。

【譯文】才能與智慧兼備者，既能通達古今興衰的道理，又能明辨是非曲直，這樣的人才算得上是人中俊才。

【釋評】以崇高的品德感化人，往往能使人心悅誠服地歸順他，使人永久地信服他；以武力討伐者往往只能使人暫時地屈從。道德的力量猶如恩澤，能使春天裏的小草茁壯成長。如果凡事都能講究信譽，則互相之間的猜忌就不存在了，從而凝聚成一股強大的力量。博學多才，通情達理，而且擁有洞察古今的見識，在生活中善於以古今中外歷史上的成敗與得失為借鑑，像這樣的人，肯定能無往不利。

明察秋毫又通曉人情，這樣就能做到知人善任，寬厚容人。在這樣的上級面前，壞人也無法藏奸，好人出現了難以避免的失誤又能得到諒解。這樣，下屬才能充分發揮他們的聰明才智，從而做出更大的貢獻。德行高尚，恪守信用，辦事公正，博學多才，明智通達，具備這五種品德的人，就是人中之「俊」。

堯正氣造人，舜終得帝位

堯帝，姓尹祁，號放勳。因封於唐，故稱「唐堯」，由於帝堯德高望重，人民傾心於他。帝堯嚴肅恭謹，光照四方，上下分明，使邦族之間和睦相處，團結如一家。堯生活儉樸，吃粗米飯，喝野菜湯，自然得到人民的愛戴。

●禪讓之德

禪讓制

禪讓制是指在位君主生前便將統治權讓給他人。是一種原始的民主制度。形式上，禪讓是在位君主自願進行的，通過選舉繼承人讓更賢能的人統治國家。

堯開創了禪讓制的先河。

堯 → 舜

堯帝，不傳子而傳賢，不以天子之位為私有。堯在位七十年，感覺到有必要選擇繼任者。他早就認為自己的兒子丹朱凶頑不可用，因此與四岳商議，請他們推薦人選。

舜說話辦事非常成熟可靠，而且卓有建樹，於是堯決定將帝位禪讓於舜。他於正月上日（初一），在太廟舉行禪位典禮，正式讓舜接替自己，登上天子之位。

●娥皇、女英

娥皇、女英，四千多年前的舜帝二妃，堯見舜德才兼備，為人正直，辦事公道，刻苦耐勞，深得人心，便將其首領的位置禪讓給舜，並把兩個女兒娥皇、女英嫁給舜為妻。娥皇無子，女英生商均。

舜帝晚年時，九嶷山一帶發生戰亂，舜想到那裏視察一下實情。舜把這想法告訴娥皇、女英，兩位夫人想到舜年老體衰，爭著要和舜一塊去。舜考慮到山高林密，道路曲折，於是，只帶了幾個隨從，悄悄地離去。娥皇、女英知道舜已走的消息，立即起程。追到揚子江邊遇到了大風，一位漁夫把她們送上洞庭山，後來，她倆得知舜帝已死，便天天扶竹向九嶷山方向泣望，把這裏的竹子染得淚跡斑斑。

禪讓之德

據說，在虞舜年小的時候，他的父親和繼母以及他的異母弟弟多次想將他害死。他們讓舜去修補糧倉的頂部，在他正在修補的時候，他的父親和弟弟就在下面縱火，想燒死虞舜，舜手持兩個斗笠跳下穀倉才得以逃脫；他的父親又讓舜去挖井，當舜在井下的時候，父親和弟弟卻在上面撥土填井，舜只好挖地道逃脫。但是，舜從不記恨，對父親仍然很恭順，對弟弟也很慈愛。舜的心胸之寬廣終於感動了上天。當舜在厲山耕種的時候，大象就會替他耕地，小鳥幫他鋤草。

當時的帝王堯聽說了舜的事情，並知道他有處理政事的才幹，就把兩個女兒嫁給了舜。舜的所作所為感動了百姓。經過多年對舜的考察，堯最終選定舜做自己的接班人。而當舜登上帝位後，還是像以前那樣去看望自己的父親和弟弟。

人中之豪

行足以為儀表，智足以決嫌疑，信可以使守約，廉可以使分財，此人之豪也。

【注曰】孔子為委吏乘田之職是也。

【王氏曰】誠信，君子之本；守己，養德之源。若有關係機密重事，用人其間，選揀身能志誠，語能忠信，共與會約；至於患難之時，必不悔約、失信。掌法從其公正，不偏於事；主財守其廉潔，不私於利。肯立紀綱，遵行法度，財物不貪愛。惜行止，有志氣，必知羞恥；此等之人，掌管錢糧，豈有虛廢？若能行此四件，便是英豪賢人。

【譯文】行為舉止能夠成為眾人的表率，智慧能夠解決是非曲直，誠信能夠堅守諾言，廉潔能夠合理分財，這樣的人就是人中豪傑。

【釋評】一個人如果行為能夠被人們奉為楷模，所作所為能夠發揮表率的作用，他就擁有了統屬人們的基礎。一個人如果能在功名利祿和是非恩怨面前保持清醒的頭腦，能夠識得大體，顧全大局，能夠有大智慧判斷和處理這些使堯以正氣造人，舜終得帝位。

●堯傳舜帝位

人進退兩難的問題，那他就擁有了在眾人面前做決定的權力。一個人如果說一不二，即使受到了損害，也絕不反悔，那他就能夠贏得人們的信任。一個人如果一心為公，重義輕財，能夠與人同甘共苦，那他就能夠得到人們的擁護。具備這些優良品德的人，就是所謂的人中之「豪」。

吳起治軍

吳起是衛國人，善於用兵。曾經向曾子求學，奉事魯國國君。齊國的軍隊攻打魯國，魯君想任用吳起為將軍，但是因為吳起的妻子是齊國人，魯君對他有所懷疑。當時，吳起一心想成名，就殺掉自己的妻子，以此來表明他不親附齊國。魯君於是任命他做了將軍，率領軍隊攻打齊國，齊軍大敗。

後來魯君疏遠了吳起，吳起聽說魏文侯賢明，想去奉事他。文侯問李克說：「吳起這個人怎麼樣啊？」李克回答說：「吳起貪戀名利，愛好女色，但是如果讓他帶兵打仗，就是司馬穰苴也超不過他。」於是魏文侯就任用他為主將，攻打秦國，奪取了五座城池。

吳起做主將的時候，和士兵們同甘共苦，他跟最下等的士兵穿一樣的衣服，吃一樣的飯菜，睡覺不鋪墊褥，行軍不乘車騎馬，親自背負著捆紮好的糧食。有個士兵生了惡性毒瘡，吳起替他吸吮濃液。這個士兵的母親聽說後，就放聲大哭起來。人們感到奇怪，就問：「你兒子是個無名小卒，將軍卻親自替他吸吮濃液，你怎麼還哭呢？」那位母親回答道：「不是這樣啊，我丈夫以前也在吳將軍手下當兵，也曾長了背疽，是吳將軍為他吸出毒液治好病的。丈夫感激吳起，打起仗來不要命，終於戰死在沙場。我兒子一定也會對吳將軍感恩不盡，恐怕兒子的性命也不會長久了。」

堅守崗位，忠於職守

守職而不廢。

【王氏曰】設官定位，各有掌管之事理。分守其職，勿擇干辦之易難，必索盡心向前辦。不該管干之事休管，逞自己之聰明，強攙覽而行為之，犯分合管之事；若不誤了自己上名爵、職位必不失廢。

【譯文】忠於職守而不懈怠。

【釋評】忠於職守是評價一個人德行高低的重要標準。無論官職大小，對待工作都應該盡職盡責，正所謂「一屋不掃，何以掃天下？」

忠於職守的一個非要重要的表現就是堅守道義，堅持自己的人生觀、價值

吳起治軍

吳子認為，為將者如果能夠像關心自己的孩子一樣關心自己的士卒，那麼士卒就會與將帥同生死。戰國時期的名將吳起就是一位愛兵如子的將帥。

●吳起愛兵如子

吳起治軍，以愛惜士卒、與士卒共患難而聞名。他做將軍時，和最下層的士卒同衣同食。睡覺時不鋪席子，行軍時不騎馬坐車，親自背乾糧，和士卒共擔勞苦。有一名士兵的背上生了大瘡，吳起就用嘴為他吸膿。士卒們深受感動，打起仗來，都願意為吳起賣命。

觀，無論困苦還是利誘，都能不為所動，百折不撓。正是因為堅守了道義，才彰顯了品德的高尚。而這種高尚的品德往往被後人所銘記。

經典故事賞析

堅守本職終成道

孔子年輕時，曾經擔任過一個管理倉庫的小官職。任職期間，他兢兢業業，把倉庫管理得井井有序，帳目分毫不差。後來又擔任過管理牛羊的小官職，工作期間，他勤勤懇懇，把牛羊餵得膘肥體壯。最後，孔子當上了魯國的司寇，相當於宰相。對於孔子這樣的聖賢，其志向遠大，但對於每件小事都能做到兢兢業業，那普通人還有什麼理由來抱怨自己的懷才不遇呢？

劉邦去世後，呂后專權，陳平被任命為左丞相。呂太后想立呂氏宗族的人為王，詢問右丞相王陵，王陵說：「不行。」又問陳平，陳平說：「可以。」呂太后發怒，便假意將王陵提升為皇帝的太傅，但並不重用王陵。王陵被免除丞相職務後，呂太后就調任陳平為右丞相。陳平當上丞相卻不理政務，每天飲酒作樂，沈迷女色，以迷惑呂后。呂太后聞此，暗自高興。陳平知道後，飲酒作樂日益加劇。呂太后立呂氏宗族的人為王，陳平假裝順從。等到呂太后去世，陳平跟太尉周勃合謀，終於誅滅了呂氏宗族，擁立孝文皇帝即位，此事陳平是主要策劃者。而陳平在年輕時，曾做過管理鄉里祭祀地神的小吏。一年，正逢社祭，人們推舉陳平為社廟裏的社宰，主持祭社神，為大家分肉。陳平把肉一塊塊分得十分均勻。為此，父老鄉親紛紛讚揚他說：「陳平這孩子分祭肉分得真好，太稱職了！」陳平卻感慨地說：「假使我陳平能有機會治理天下，也能像分肉一樣恰當、稱職。」

堅守道義

處義而不回。

【注曰】迫於利害之際而確然守義者，此不回也。

【王氏曰】避患求安，生無賢易之名；居危不便，死盡效忠之道。侍奉君王，必索盡心行政；遇患難之際，竭力亡身，寧守仁義而死也，有忠義清名；避仁義而求生，雖存其命，不以為美。故曰：有死之榮，無生之辱。臨患難效力盡忠，遇危險心無二志，身榮名顯。快活時分，同共受用；事急、國危，卻不救濟，此是忘恩背義之人，君子賢人不肯背義忘恩。如李密與唐兵陣敗，傷身墜馬倒於澗下，將士皆散，唯王伯當一人在側，唐將呼之，汝可受降，免你之死。伯當曰：忠臣不侍二主，吾寧死不受降。恐矢射所傷其主，伏身於李密之上，後被唐兵亂射，君臣疊屍，死於澗中。忠臣義士，患難相同；臨危遇難，而不苟免。王伯當忠義之名，自唐傳於今世。

【譯文】面臨困苦卻毫不屈服地堅守道義。

丞相陳平

陳平（？-前178年），陽武（今河南原陽）人，西漢王朝的開國功臣之一。在楚漢相爭時，曾多次出計策助劉邦。

●陳平

一年，正逢社祭，人們推舉陳平為社廟裏的社宰，主持祭社神，為大家分肉。陳平把肉一塊塊分得十分均勻。為此，父老鄉親紛紛讚揚他說：「陳平這孩子分祭肉分得真好，太稱職了！」陳平卻感慨地說：「假使我陳平能有機會治理天下，也能像分肉一樣恰當、稱職。」

陳平分肉

丞相

劉邦死後，陳平與周勃一起平定諸呂之亂，匡扶漢室。陳平覺得周勃的功勞更大，而以右丞相讓予周勃。有一次漢文帝問右丞相周勃：「天下一歲決獄幾何？」周勃答不出來。漢文帝又問周勃：「天下一歲錢穀出入幾何？」周勃還是答不出來。左丞相陳平回答說：「有主者。陛下問決獄，責廷尉；問錢穀，責治粟內史。」身為宰相，不該樣樣瑣事都管，宰相的責任是輔佐皇帝，「外鎮撫四夷諸侯，內親附百姓，使卿大夫各得任其職焉」。周勃很慚愧，覺得自己的能力遠遠不如陳平，就稱病辭去相位，於是陳平一人獨相。

【釋評】論古道今，那些轟轟烈烈闖出一番事業的人，除了要具備過人的才能外，還能百折不撓地追求自己的理想及自身的道義，哪怕是面臨艱難險阻，也始終具有一種堅忍不拔的精神。

經典故事賞析

蘇武牧羊

蘇武（前140-前60年），字子卿。杜陵（今陝西西安）人，是西漢盡忠守節的著名人物。父親蘇建，曾經幾次跟隨名將衛青北擊匈奴，後來做過代郡太守。當時的官僚制度規定，父親做官的，其子可以先從品級較低的郎官入仕做官。蘇武也是先任郎官，然後逐步升遷。在漢武帝天漢元年，即西元前100年，他以中郎將之職奉命出使匈奴。由於匈奴的緱王謀劃劫持單于母親閼氏歸順漢朝，而漢朝的副使張勝牽涉在內，蘇武也受牽連。

匈奴單于為了逼迫蘇武投降，開始時將他幽禁在大窖中，蘇武飢渴難忍，就吃雪和氈毛維生，但絕不投降。單于又把他弄到北海（今貝加爾湖），蘇武更是不為所動，依舊手持漢朝符節，牧羊為生，表現了頑強的毅力和不屈的氣節。後來，昭帝即位後，漢朝和匈奴和親，漢朝要匈奴送還蘇武等使臣，但單于卻謊稱蘇武等人已經死去。

後來，漢朝使者又到了匈奴地區，得知蘇武依然健在，於是揚言說，漢朝的天子在上林苑中射到一隻大雁，雁的腳上繫著帛書，帛書中清楚地寫著蘇武在北方的沼澤之中。單于只好把蘇武等九人送還。後來蘇武被賜爵關內侯。

蘇武在匈奴的時間很長，前後共有十九年，他忍受了很多常人無法忍受的磨難，最終回到了自己的家鄉。

人中之傑

見嫌而不苟免，見利而不苟得，此人之傑也。

【注曰】周公不嫌於居攝，召公則有所嫌也。孔子不嫌於見南子，子路則有所嫌也。居嫌而不苟免，其惟至明乎。

俊者，峻於人；豪者，高於人；傑者，桀於人。有德、有信、有義、有才、有明者，俊之事也。有行、有智、有信、有廉者，豪之事也。至於傑，則

蘇武牧羊

蘇武不向敵人投降，被敵人軟禁的時候，忍耐著巨大的痛苦，等待著回到家鄉的時刻。後被遣往北海，蘇武依舊手持漢朝符節，牧羊為生。

●坎坷世道，耐而撐持

蘇武

中國西漢大臣。天漢元年（前100年）奉命以中郎將持節出使匈奴，被扣留。匈奴貴族多次威脅利誘，欲使其投降；後將他遷到北海（今貝加爾湖）邊牧羊，揚言要公羊生子方可釋放他回國。蘇武歷盡艱辛，留居匈奴十九年持節不屈。至始元六年（前81年），方獲釋回漢。蘇武死後，漢宣帝將其列為麒麟閣十一功臣之一，彰顯其節操。

匈奴貴族揚言公羊生子方可釋放他回國。蘇武歷盡艱辛，留居匈奴十九年持節不屈。

《蘇武牧羊》

蘇武，留胡節不辱。雪地又冰天，窮愁十九年。渴飲雪，飢吞氈，牧羊北海邊。心存漢社稷，旄落猶未還。歷盡難中難，心如鐵石堅。夜在塞上時聞笳聲，入聲痛心酸。轉眼北風吹，群雁漢關飛。白髮娘，望兒歸。紅妝守空幃，三更同入夢，兩地誰夢誰？任海枯石爛，大節不稍虧。終教匈奴心驚膽碎，拱服漢德威。

才行足以名之矣。然，傑勝於豪，豪勝於俊也。

【王氏曰】名顯於己，行之不公者，必有其殃；利榮於家，得之不義者，必損其身。事雖利己，理上不順，勿得強行。財雖榮身，違礙法度，不可貪愛。賢善君子，順理行義，仗義儻財，必不肯貪愛小利也。

能行此四件，便是人士之傑也。諸葛武侯、狄梁，公正人之傑也。武侯處三分偏安、敵強君庸，危難疑嫌莫過如此。梁公處周唐反變、奸後昏主，危難嫌疑莫過於此。為武侯難，為梁公更難，謂之人傑，真人傑也。

【譯文】遇到逆境仍然安然處之，不苟免。面對利益的誘惑而不苟且貪得，這樣的人都是人中的傑才。

【釋評】一個人如果具有了高尚的道德，擁有甘於奉獻的精神，那麼他在面對義與利、生與死的選擇中，就能夠毅然捨生取義，以死明志。相反，在義與利、生與死面前，就會見利忘義、苟且偷生，做出喪失人格的卑劣行徑。

人如果處在容易被人誤解的位置，但為了全局的利益，仍不怕嫌疑，是因為他有一顆堂堂正正的心。周公為了周王朝的江山社稷，即使被人誹謗，也依然忠心輔佐年幼的成王。孔子不得已拜見南子，子路對此很不高興，但孔子覺得自己心正則無愧。

總之，被稱之為英雄豪傑的人，都具備了德、學、才三種品德。但從古至今，有才能的人有時好高鶩遠，往往導致華而不實。有品德的人卻優柔寡斷，往往錯失良機。有德有才的人如果想要克服自身的不足，就必須要好學廣知。透過不斷地學習，彌補自身的不足。這樣一來就能匡時濟世，名垂青史。

具備上述品德的人就是人中之「傑」。

經典故事賞析

唐室砥柱

狄仁傑是中國歷史上著名的政治家，是歷史上以不畏權貴、廉潔勤政著稱的清官。狄仁傑曾擔任武則天時期的國家最高司法長官大理丞。他到任一年便判決了大量積壓在押的案件，總共涉及一萬七千多人。這些人中沒有一個人上訴申冤，可見狄仁傑斷案之公正。他不畏權勢，敢拂逆聖意，居廟堂之高，憂下民之憂。

狄仁傑升居宰相之位後，正是武承嗣顯赫的時候。狄仁傑被認為是武承嗣成為皇嗣的障礙之一。長壽二年正月，武承嗣誣告狄仁傑和其他幾位大臣謀

周公姬旦

周公為了周王朝的江山社稷，即使被人誹謗，也依然忠心輔佐年幼的成王。

●周公輔政

周公無微不至地關懷年幼的成王。有一次，成王病得厲害，周公很焦急，就剪了自己的指甲沉到大河裏，對河神祈禱說：「成王還不懂事，有什麼錯都是我的。如果要死，就讓我死吧。」成王的病果然好了。周公攝政七年後，成王已經長大成人，於是周公歸政於成王，自己則回到大臣的位子。

後來，有人在周成王面前進讒言，周公害怕之下就逃到楚地躲避。不久，成王翻閱庫府中收藏的文書，發現在自己生病時周公的禱詞，感動得流下眼淚，他立即派人將周公迎回來。周公回國以後，仍忠心為王朝操勞。周公輔佐武王、成王，為周王朝的建立和鞏固做出了重大貢獻。

反，武則天就將他們逮捕下獄。武承嗣等人逼迫狄仁傑承認「謀反」，狄仁傑立即「服罪」，並說：「大周革命，萬物唯新，唐室舊臣，甘從誅戮，反是實！」武承嗣得到口供後很得意，放鬆了警惕。狄仁傑則將冤狀藏於棉衣之中，並請求獄吏轉告家人去除棉衣的棉花。狄仁傑的兒子狄光遠從棉衣中獲得冤狀，拿著冤狀上告武則天。武則天看了冤狀後就召狄仁傑等被誣陷謀反的大臣，問：「你為什麼承認謀反？」狄仁傑回答說：「如果不承認謀反，就要被毒打而死。」武則天又問：「為什麼要做謝死表？」狄仁傑回答說：「我沒有做過此表。」隨後弄清楚謝死表是偽造的，武則天下令釋放被誣告的幾位官員，將他們貶為地方官。狄仁傑則被貶為彭澤令。

唐室砥柱——狄仁傑

狄仁傑的一生，可以說是宦海浮沉，狄仁傑每任一職，都心繫民生，政績卓著。在他身居宰相之位後，輔國安邦，可謂是推動唐朝走向繁榮的重要功臣之一。

●狄仁傑生平

狄仁傑，生於唐貞觀五年（630年），並州人士（今山西太原南郊區），卒於武則天久視元年九月辛丑（二十六）日（700年11月11日），死後葬於神都——國都洛陽（今河南省洛陽市）白馬寺中，立有一碑，上書「狄公仁傑之墓」。初任並州都督府法曹，轉大理丞，改任侍御史，歷任寧州、豫州刺史及地官等職，官至鳳閣鸞臺平章事、內史。

狄仁傑為官，正如老子所言「聖人無常心，以百姓心為心」。為了拯救無辜，敢於拂逆君主之意，體恤百姓，不畏權勢，始終是居廟堂之上，以民為憂，後人稱之為「唐室砥柱」。他在武則天統治時期曾擔任國家最高司法職務，判決積案、疑案，糾正冤案、錯案、假案；他任掌管刑法的大理丞，到任一年，判決了大量的積壓案件，涉及一萬七千多人，其中沒有一人再上訴喊冤，其處事公正可見一斑，是歷史上以廉潔勤政著稱的清官。

聖曆元年，武承嗣和武三思好幾次派人游說武則天，請求立其為太子。武則天對此猶豫不決。狄仁傑對政治和母子親情了解透徹，從各個方面對武則天曉之以情，動之以理，勸說她：「立兒子，則您死後可以在太廟立位，永遠都會被供奉；立侄子，我沒有聽說過侄子成為天子後，而將姑姑供奉於廟堂上。」

狄仁傑勸說武則天應該順應天地民心，將權力還給廬陵王李顯。武則天說：「這是朕的家事，你不要管。」

狄仁傑則回答說：「陛下以四海為家。四海之內，誰不是您的家臣？什麼事情不是陛下的家事？您是元首，我是股肱，本是一體。況且我官居宰相之位，怎麼能不管呢？」最終，武則天聽從了狄仁傑的建議，親自迎接廬陵王李顯返回東宮，並將其立為皇嗣，唐朝因此得以維繫。狄仁傑因此被認為是再造唐朝宗室的忠臣義士，被後人稱為「唐室砥柱」。

求人之志章第三

【注曰】志不可以妄求。

【王氏曰】求者，訪問推求；志者，人之心志。此章之內，謂明賢人必求其志，量材受職，立綱紀、法度、道理。

【釋評】志向對於一個人來說，就像人生的信仰。人這一生都在自覺抑或不自覺地對自己的志向做出小小的調整，而這調整正是因為自己本身道德修養和思想境界的不斷變化。志向是一個人走向成功的不竭動力，是其安身立命的方向。人生苦短，在世幾十年，如果沒有為之奮鬥的目標，生活就會變得索然無味。

禁欲以潔身

絕嗜禁欲，所以除累。

【注曰】人性清淨，本無係累；嗜欲所牽，捨己逐物。

【王氏曰】遠聲色，無患於己；縱驕奢，必傷其身。虛華所好，可以斷除；貪愛生欲，可以禁絕，若不斷除色欲，恐蔽塞自己。聰明人被虛名、欲色所染汙，必不能正心、潔己；若除所好，心清志廣；絕色欲，無汙累。

【譯文】清心寡欲，可以減少身心的負擔。

【釋評】人生在世，對人們最大的危害，就是酒、色、財、氣，這些是最為敗德、傷身、亡國的東西。但是這些欲望並不可能完全禁止，孔子也曾說過：「飲食男女，人之大欲存焉。」

對待任何事情最好的狀態就是適可而止。欲望是人類的本性，有欲望是很正常的，但人要懂得克制自己的欲望。適當的欲望是激勵人們前進的動力，而過分的欲望則會毀滅一個人。

清心寡欲總是一種非常好的生活態度。正所謂：「廣廈千間，居之不過七尺；山珍海味，食之無非一飽。人生一世，本自清淡，所需甚少。只是犯了一個『貪』字，便演出無窮無盡的悲劇。」

快樂、幸福和貧富無關。人們想要獲得快樂、幸福，首先心靈要輕鬆、快樂。心靈的勞累比身體的勞累更甚，而過度的欲望則是勞累的根源。克制欲望

禁欲修身

人可以有聲、色、酒、食各種愛好，但是為此而縱欲恣歡就曲解了「愛好」的內涵和作用。愛好也有良莠之分，有些愛好本身沒有問題，但不加節制也會變成壞事。愛好可以充實生活，但是一定要控制「好」的尺度。

●喜好的演變及高下之分

酒

色

財

才

喜好的演變

「好」是「喜好」，對某件事物產生喜愛之情後，便會想得到它，於是形成了欲望。放任自己的喜好，想要的東西越來越多，欲望愈發膨脹，最後就會發展成為禍患。

「好」的高下之分

高

獻身於公眾事業，樂於從事對社會、對他人有利的工作，喜愛聖賢之書，敏而好學，這樣的喜好對人有利。

低

如果一個人喜歡尋獵奇珍異寶，他勢必會玩物喪志，欲念總是難以滿足。同樣，如果一個人喜歡金銀錢財，則會變成一個守財奴。

貪色失國

一個人不可能沒有愛好，但要適可而止。

嗜酒誤事

使自己發揮到最佳狀態，這樣才能獲得快樂、幸福。

經典故事賞析

楚莊王葬馬

《史記・滑稽列傳》中說，楚莊王有一匹心愛的馬，莊王給馬的待遇不僅超過了百姓，甚至超過了大夫。莊王給牠穿華麗刺繡的衣服，吃昂貴的棗脯，住富麗堂皇的房子。後來，這匹馬因為恩寵過度，得肥胖症而死。楚莊王讓群臣給馬發喪，並要以大夫之禮為之安葬（內棺外槨）。大臣們認為莊王在侮辱大家，對莊王此舉表示不滿。莊王下令，說再有議論葬馬者，將被處死。

優孟聽說楚莊王要葬馬的事，跑進大殿，仰天痛哭。莊王很吃驚，問其緣由。優孟說：「死掉的馬是大王的心愛之物，堂堂楚國，地大物博，無所不有，而如今只以大夫之禮安葬，太吝嗇了。大王應該以君王之禮為之安葬。」莊王聽後，無言以對，只好取消以大夫之禮葬馬的打算。

楚莊王是春秋時期楚國最有作為的國君，中原五霸之一。郢都（今江陵紀南城）人，楚穆王之子，西元前614年繼位。登位三年，不發號令，終日郊遊圍獵，沉湎聲色，並下命:「有敢諫者，死無赦！」大夫伍舉冒死進諫，逢莊王左抱鄭姬，右抱越女，坐鐘鼓之間。伍舉請猜謎語「有鳥止於阜，三年不飛不鳴，是何鳥也？」莊王答：「三年不飛，飛將沖天；三年不鳴，鳴將驚人！」但數月之後，莊王依然，享樂更甚。大夫蘇從又進諫。莊王抽出寶劍，要殺蘇從。蘇從無所畏懼，堅持勸諫。於是，莊王罷淫樂，親理朝政，並舉伍舉、蘇從擔任要職。這就是「一鳴驚人」的由來。後任用孫叔敖為令尹，講求得失，穩定了政局，發展了生產，從而為楚國的爭霸奠定了基礎。

勿以惡小而為之

抑非損惡，所以讓過。

【注曰】讓猶折讓而去之也。非至於無，抑惡至於無，損過可以無讓爾。

【王氏曰】心欲安靜，當可戒其非為；身若無過，必以斷除其惡。非理不行，非善不為；不行非理，不為惡事，自然無過。

【譯文】抑制自身不好的行為和習慣，以此下去就能夠減少自己的過失。

楚莊王葬馬

楚莊王玩物喪志，要為死去的馬以大夫之禮安葬，優孟勸諫。後沉迷酒色，伍舉勸諫，最終一鳴驚人。

●優孟勸諫

這兩則故事表現了楚莊王從昏庸無道到大徹大悟的一個轉變，也是他一生的縮影。

●伍舉勸諫

【釋評】每個人這一生都在進行著思想上的抗爭。正如人們常說的：「最強大的敵人不是別人，正是你自己。」而且最強大的人不是能夠打敗別人，而是能戰勝自己。

曾子說：「吾日三省吾身。」如果我們都能像曾子說的一樣，經常反省自己，從而拋棄邪惡不良的想法，培養真善美的情操。這樣一來，我們的思想就能達到一個新的境界，錯誤、醜惡的思想就會在我們的腦海中漸漸消失。這樣一來，即使不去祈禱，任何災禍也都會自行消失。

經典故事賞析

箕子勸諫商紂王

有一天，商紂王和大臣們在議事完後，拿出一雙象牙製成的筷子，請大臣觀看。很多大臣看後都覺得這筷子做工精美，讚歎不已。但商紂王的叔叔箕子看到象牙筷子後卻勸諫商紂王說：「這樣精美的筷子，您肯定配得上。只是餐具換成了象牙筷子和玉製的碗碟，您就一定不會再吃五穀雜糧這樣的普通蔬菜，而是要吃山珍海味。在享受美食的同時，您一定不會再穿粗布縫製的衣服，住在低矮潮濕的茅屋裏，必然換成精美的綾羅綢緞，並且住進華麗的宮殿裏。長久下去，您這永遠無法滿足的欲望會使臣民產生不滿，而您則會對他們進行鎮壓，變得殘暴。而殘暴則導致亡國。」

但商紂王並沒有聽箕子的勸諫，而是繼續享樂，欲望變得越來越大，建造酒池肉林，大加刑罰。最終因為自己的荒淫無道，命喪鹿臺。商紂王就是因為忽視了小的不良習慣，最終積小成大，成為荒淫無道的暴君。

遠離酒色

貶酒闕色，所以無汙。

【注曰】色敗精，精耗則害神；酒敗神，神傷則害精。

【王氏曰】酒能亂性，色能敗身。性亂，思慮不明；神損，行事不清。若能省酒、戒色，心神必然清爽、分明，然後無昏聾之過。

【譯文】遠離酒色，能夠保持身心的潔淨。

【釋評】孟子曰：「食色，性也。」喜歡美酒和美色是人的天性，無可

箕子勸諫

箕子勸諫商紂王不要使用象牙筷子，因為小的不良習慣會導致大的惡習。但商紂王不聽，最終導致亡國。

●箕子朝鮮

（約前1122-前194年），是在中國的周武王滅商後，商朝遺臣箕子率五千商朝遺民東遷至朝鮮半島，聯合原住民建立了「箕氏侯國」，這個國家在西漢時被燕國人衛滿所滅。西元前3世紀末，朝鮮歷史上第一次有記載。在中國西漢歷史學家司馬遷的名著《史記》中記載，商代最後一個國王紂的叔父箕子在周武王伐紂後，帶著商代的禮儀和制度到了朝鮮半島北部，被那裏的人民推舉為國君，並得到周朝的承認，史稱「箕子朝鮮」。

●商紂王建造酒池肉林，命喪鹿臺

商紂王並沒有聽箕子的勸諫，而是繼續享樂，欲望變得越來越大，建造酒池肉林，大加刑罰。最終因為自己的荒淫無道，命喪鹿臺。

厚非，但酒色容易使人沉迷其中無法自拔，最終傷身傷心，萎靡不振，誤事誤國。

酒色是人欲望的最大表現，很多人難以克制這種欲望，放縱自己。如果一個人想要長久地享受生命帶來的愉悅，一定要學會克制自己的欲望，遠離酒色，這是做人的明智之舉。正如古代名著《金瓶梅詞話》開篇詩所說：

酒

酒損精神破喪家，語言無狀鬧喧嘩；

疏親慢友多由你，背義忘恩亦是他。

切須戒，飲流霞，若能依此實無差；

失卻萬事皆因此，今後逢賓只待茶。

色

休愛綠鬢美朱顏，少貪紅粉翠花鈿。

損身害命多嬌態，傾國傾城色更鮮。

莫戀此，養丹田，人能寡欲壽長年。

從今罷卻閒風月，紙帳梅花獨自眠。

經典故事賞析

司馬子反之死

楚恭王和晉厲王在鄢陵交戰，楚軍失利，恭王受傷。戰鬥正激烈時，司馬子反口渴要喝水，他的僕人豎陽穀捧了一卮酒給他。子反說：「拿走，這是酒。」豎陽穀說：「這不是酒。」子反接過來喝了。子反為人喜歡喝酒，覺得酒味甜美，一喝就停不下，結果喝醉後睡著了。恭王想重新開戰和他謀劃戰事，派人叫子反，子反藉口心病而加以推辭。恭王乘車前去看他，進入帳中，聞到酒氣而返回，說：「今天的戰鬥，我的眼睛受了傷。我所依賴的只有司馬，司馬又這般模樣。使得這場仗無法再打下去，這是忘了楚國的社稷，不在乎我的百姓啊。」於是引兵離開鄢陵，司馬子反被處以極刑。

亡國後主李煜

李煜是五代十國南唐第三任國君，史稱李後主。是歷史上著名的詞人，而且精通書法和音律。他的傑作《虞美人》、《浪淘沙》等被世人所熟知。

李煜是個好詞人，但不是一個好皇帝。他在位期間沉湎酒色，荒廢朝政，

司馬子反之死

●陽穀的「忠心」

楚王的大將軍司馬子反有個叫陽穀的僕人，平時對主人忠心耿耿，給主人搬來一罈酒解乏。

司馬子反嗜酒如命，醉倒在床上，楚恭王派人催他出戰，陽穀卻說子反病了。恭王乘車前去，目睹子反醉倒在床上，於是將子反處死。

導致南唐滅亡。李煜即位後不問國事，每天和大周后在後宮享樂。李煜寫詞，大周后則唱歌跳舞，兩個人往往一玩就是一個通宵。之後，李煜又和大周后的妹妹小周后偷情。更為荒唐的是，李煜還把偷情之事寫成了詞，這首詞傳遍了南唐國都金陵城。

亡國之後，李煜仍然沉湎酒色之中，但其中往往包含了無奈的情感。李煜在此期間還完成許多流傳千古的詞作，但這些詞流露了他對往日荒誕帝王生活的留戀。

美色雖好，不能長久

沉迷美色不能自拔是一個人不能自律的表現，若是連小小的色欲都不能忍，那更不要指望此人能成什麼大事。

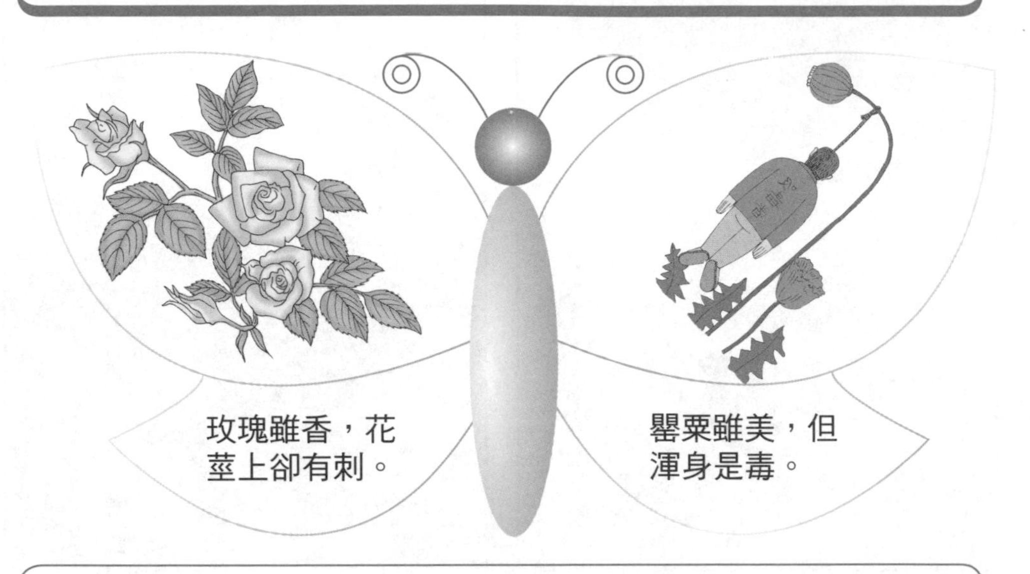

美色雖好但不能長久，如同美麗的鮮花，盛放之後總會衰敗。美麗的人也會有人老體衰那一天，以色待人，等喪失如花的容顏，就再也沒有價值。

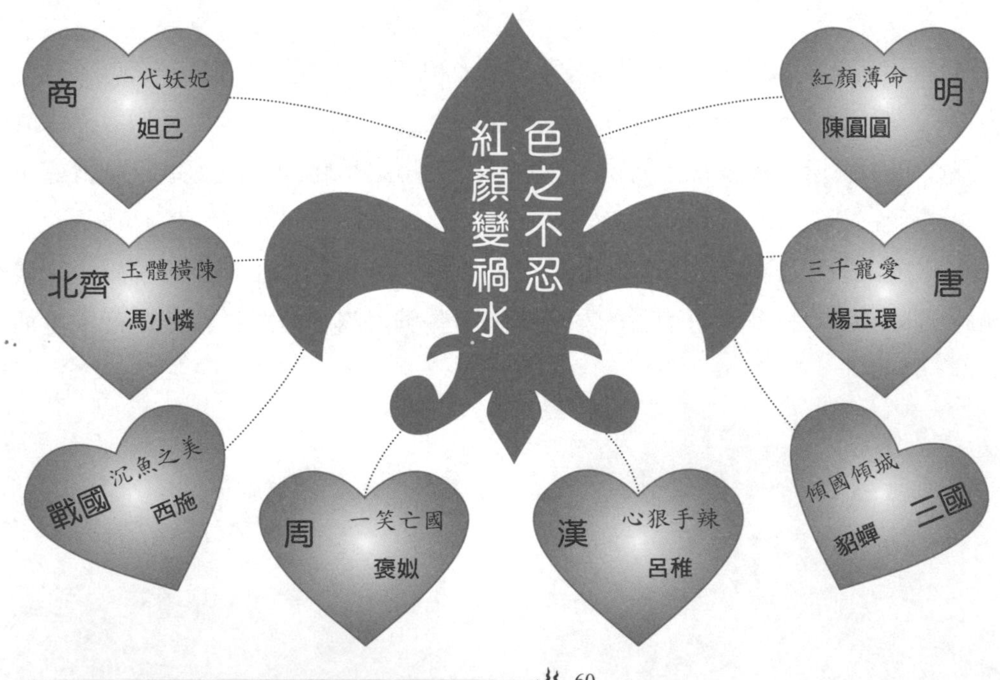

學會避免猜疑

避嫌遠疑，所以不誤。

【注曰】於跡無嫌，於心無疑，事乃不誤爾。

【王氏曰】知人所嫌，遠者無危，識人所疑，避者無害，韓信不遠高祖而亡。若是嫌而不避，疑而不遠，必招禍患，為人要省嫌疑道理。

【譯文】避開誤會和猜疑，能夠減少在前進道路上的阻礙。

【釋評】正所謂：「李下不整冠，瓜田不納履。」在平常細微的舉止上尚且如此，更何況在處理大事時呢？要想避免不必要的誤會和猜疑，就要防止節外生枝，更要心正行正，以此避免出現跳進黃河也洗不清的冤枉。

有人可能會問，不是有「見嫌而不苟免，見利而不苟得」這句話嗎？怎麼現在又說「避嫌遠疑，所以不誤」。這樣說，豈不是前後矛盾嗎？

其實這兩句話並不矛盾，要靈活地理解和運用。「見嫌而不苟免」是指當你處在舉足輕重的位置上，雖然容易被人誤解，但為了顧全大局，你必須忍辱負重。而「避嫌遠疑，所以不誤」，則是當你所處的位置已經功高震主，你就要小心，不要成為焦點，要明哲保身。

「見嫌而不苟免」是一種做事的態度；「避嫌遠疑，所以不誤」，是一種生存的技巧。靈活運用這兩句話才能成就一番偉業。

該高調時，一定要高調，有一種捨我其誰的氣勢。該低調時，一定要低調，不要使自己成為眾矢之的。這一張一弛，需要認真體會。

經典故事賞析

蕭何避免劉邦的猜疑

在劉邦和項羽的楚漢戰爭期間，劉邦和項羽在滎陽一線對峙了二十八個月之久。這段時間內，劉邦將整個關中的大小事務全部交給蕭何管理。劉邦的這一舉動賦予了蕭何很大的權力，不過，權力太大自然也會帶來風險。劉邦開始有意無意地猜忌蕭何。

漢三年，劉邦和項羽在滎陽一線打仗打得非常辛苦，劉邦全依仗蕭何的後勤支援。對蕭何太過依賴了，劉邦開始對蕭何不放心，於是多次派使者去慰問蕭何。

明眼人看出劉邦這一舉動的玄機，蕭何也多多少少有所察覺。後來，蕭何的一位鮑姓的門客提醒他說：「大王在前線禦敵，風餐露宿，非常辛苦。但他屢次派使者慰勞在後方主持政務的你，這說明漢王已經對你起了疑心。你現在應該把子孫、堂兄弟全都送到前線，這樣一來，漢王一定不會再猜疑你，反而更加信任你。」蕭何聽後立馬照辦。蕭何的子孫、堂兄弟來到劉邦的大營，漢王大悅。

劉邦和蕭何的私交極深，但劉邦仍會不可避免地懷疑蕭何。劉邦並不是小人，主要是因為蕭何的權力太大了。蕭何和張良、陳平等人不同。張良只是劉邦身邊的一個謀士，沒有實權，陳平的權力也不大，而蕭何則是奉劉邦的命令管理整個關中、漢中和巴蜀區域，這是當時漢國的全部國土！蕭何相當於代理漢王。

劉邦在前線艱難地對抗項羽的大軍，不得不把整個後方交給蕭何。雖然劉邦很了解蕭何，知道他的忠心。即使如此，劉邦也無法徹底放心，畢竟是這麼好的一大片江山啊！

蕭何把自已的成年子孫、堂兄弟們全都送到劉邦的大營當兵，實際上是把這些子孫、堂兄弟送給劉邦當人質，使劉邦放心。

劉邦不但徹底放心了，還暗自讚歎蕭何的智慧。能夠心領神會的蕭何，漢王怎麼不會大悅呢？這件事情後，在整個楚漢戰爭期間，蕭何再也沒有遭受過劉邦的猜疑。

學無止盡

博學切問，所以廣知。

【注曰】有聖賢之質，而不廣之以學問，弗勉故也。

【王氏曰】欲明性理，必須廣覽經書；通曉疑難，當以遵師禮問。若能講明經書，通曉疑難，自然心明智廣。

【譯文】廣泛地學習，深刻地發問，這樣才能增長知識和智慧。

【釋評】博學廣聞，不恥下問，這兩點是提高一個人基本素養的主要途徑。現代人最喜歡喊的一句話就是「提高知名度」，但是如何提高呢？大力宣傳只能一時奏效，真才實學才是最堅實的根基。即使是天生敏慧的人，如

相國蕭何

楚漢戰爭時，蕭何留守關中，不斷地輸送士卒、糧餉支援作戰，對劉邦戰勝項羽、建立漢代產生了重要的作用。

●蕭何的功績

劉邦進入關中後，由於幾經戰事，這時的關中已是滿目瘡痍，殘破不堪。蕭何留守關中，馬上安撫百姓，恢復生產，全力收拾關中的殘破局面。他一方面重新建立已經散亂的統治秩序，另一方面對百姓施以恩惠，以定民心。蕭何施政有方，很快就建立了穩固的後方，保障了前線的需要。

後來劉邦率軍征戰，蕭何坐鎮關中，征發關中兵卒，補足漢軍缺額，並不斷地向前方輸送糧食，劉邦得以保持兵強糧多的好形勢，最終平定天下。

坐鎮關中

保障後勤

自汙名節

以釋君疑

劉邦親自率兵征討，蕭何每次派人輸送軍糧到前方時，劉邦都要問：「蕭相國在長安做什麼？」使者回答，蕭相國愛民如子，除辦軍需以外，無非是做些安撫百姓的事。劉邦聽後，總是默不作聲。

來使回報蕭何，蕭何未識漢帝何意。蕭何的門客卻說：「皇上之所以幾次問您的起居動向，就是害怕您藉助關中的民望有不軌行動啊！如今您何不賤價強買民間田宅，故意讓百姓怨恨您，這樣皇上知道您也不得民心了，才會對您放心。」

為了釋去主上的疑忌，保全自己，蕭何不得已做了些侵奪民間財物的壞事來自汙名節。這些事傳到劉邦耳中，他心裏暗自高興，對蕭何的懷疑也逐漸消失。

果不勤奮好學，他也不會取得大的成就，名聲也就不會傳播四海，更不會流芳千古。

這裏還要說明，聰明和智慧有所區別。聰明多為天生，無法強求。智慧則是由後天養成。智慧高於聰明。不能上升為智慧的聰明只是小聰明，難成大事。「小時了了，大未必佳」。如果想要將聰明上升為智慧，就要廣泛地學習，深刻地思考發問。

經典故事賞析

韋編三絕

春秋時期的書籍，主要是以竹子製作的竹簡組成。一根竹簡上多則能寫幾十字，少則只寫八九字，所以一部書需要使用許多的竹簡。用繩子一類的東西將這些竹簡按次序編連起來，成為一本書，以便於閱讀。用絲線編連竹簡的被稱作「絲編」，用麻繩編連竹簡的被稱作「繩編」，用熟牛皮繩編連竹簡的被稱作「韋編」。《易》這樣重要的書籍，當然是由熟牛皮繩將竹簡編連起來的。

孔子晚年十分喜愛《易》，花費很大的精力研究探索《易》中的奧祕，翻來覆去不知閱讀了多少遍，就連編連竹簡的牛皮繩也被磨斷了幾次。這就是成語「韋編三絕」的由來，常用來比喻讀書勤奮用功。

即使博學如孔子，還在晚年如此勤奮用功，不但如此，孔子還謙虛地說：「如果能讓我多活幾年，我就可以完全地掌握《易》的奧祕了。」

謹言慎行

高行微言，所以修身。

【注曰】行欲高而不屈，言欲微而不彰。

【王氏曰】行高以修其身，言微以守其道；若知諸事休誇說，行將出來，人自知道。若是先說卻不能行，此謂言行不相顧也。聰明之人，若有涵養，簡富不肯多言。言行清高，便是修身之道。

【譯文】做事情高調，做人說話低調，這是修身之道。

【釋評】老子曾說過：「大音希聲，大象無形。」孔子也曾說：「君子欲

學習的樂趣

《韋編三絕》為一首古琴曲，又名《讀易》、《秋風讀易》，由孔子「韋編三絕」的故事演變而來。

●韋編三絕

「韋編三絕」這個故事講的是用牛皮繩編串起來的竹簡——《易經》一書，經孔子反覆翻閱後把牛皮繩都磨斷了好幾次。傳說《易經》是古代聖人伏羲和文王相繼寫成的，雖然難於理解，但孔子非常用心學習，一遍一遍地翻閱，不但認真閱讀而且動手寫了好多心得，後人把這些心得稱為《易傳》。

●大學者范仲淹

范仲淹在年少的時候，家中貧苦，但是對於這些他沒有怨言，只是一心讀書學習。

天氣寒冷時，范仲淹就用雪水洗臉，使自己保持清醒繼續苦讀。生活雖然清苦，但是少年范仲淹卻樂在其中。

小智囊大用處

學習的重要性 知識是非常重要的，是無價之寶，沒有知識，在社會上就會寸步難行。五千年的華夏文明創造並積累了大量的精神財富，我們需要長時間地學習，在學習中充實精神，升華人性。

納於言而敏於行。」做出一番事業的人往往不是誇誇其談之人，而是要擁有真才實學。事業不是憑空而來的，是要靠雙手一點點打拚出來。但不是說要悶頭故步自封，而是不能讓誇誇其談蒙蔽了自己的心靈，忽視了行動。

因此我們要使自己的行為高尚，言論謙虛，這樣才能達到修身養性的目的。

經典故事賞析

安敢自比梁公

狄青是北宋著名將領，打仗以勇猛著稱。憑藉軍功，出身貧寒的狄青升至北宋的最高軍事長官——樞密使。

但自唐末五代以來，武人專政，頻繁發動兵變，宋朝的開國皇帝——宋太祖就是靠「陳橋兵變」建國。因此宋朝自開國以來，就極力壓低武將的地位。在這樣不利的政治環境中，狄青官職越來越大，朝廷對他的猜忌也越來越大。

一天，一位自稱是梁國公狄仁傑後代的人，手持狄仁傑的十多張畫像拜見狄青，並想將這些畫像獻給他，說狄仁傑是狄青的遠祖。

狄青謙虛地說：「以當今皇上的遭遇，我怎麼敢自比梁公呢？」把畫像全部還給了那人，並優待此人。這事表現了狄青處世低調謹慎的風格。

即使如此，狄青仍然不被當朝皇帝宋真宗信任，被貶官鄧州。就是在鄧州，宋真宗還總是派人打探狄青的所作所為。幸好狄青做事小心謹慎，不然就不僅是貶官，甚至會被冤殺了。

低調做人

恭儉謙約，所以自守。

【王氏曰】恭敬先行禮義，儉用自然常足；謹身不遭禍患，必無虛謬。恭、儉、謹、約四件若能謹守、依行，可以保守終身無患。

【譯文】謙虛謹慎，恭敬節儉，能夠使人保全自己。

【釋評】正所謂：「我有一言君記取，天地人神都喜謙。」勤勞節儉是立身持家的基礎，謙虛是有大才大德的標志。

「恭儉謙約」是做人低調的一種表現。「恭儉謙約」的人可能會吃點小

高調做事，低調做人

狄青作戰勇猛，為評定北宋的內憂外患立下了汗馬功勞，而且懂得低調謹慎，最終免於禍患。

●銅面將軍狄青

狄青平生前後25戰，以皇祐五年（1053年）正月十五夜襲昆侖關最著名。狄青生前，備受朝廷猜忌，導致最後鬱鬱而終。死後卻受到了禮遇和推崇，「帝發哀，贈中令，諡武襄」。

康定元年（1040年），經尹洙的推薦，狄青得到了陝西經略使韓琦、范仲淹的賞識。范仲淹授之以《左氏春秋》，並對他說：「將不知古今，匹夫勇爾。」狄青遂發憤讀書，「悉通秦漢以來將帥兵法，由是益知名」。由於狄青勇猛善戰，屢建奇功，所以升遷很快，幾年之間，歷官泰州刺史、惠州團練使、馬軍副部指揮使等，皇祐四年（1052年）六月，推樞密副使。

虧，但又往往能夠擁有大的福氣，這就是所謂的吃虧是福。這句話還有另外一種版本「恭敬廉約，所以自保」。擁有大智慧的人，往往是清雅脫俗、虛懷若谷之人。這樣的人都擁有堅實的道德根基。擁有了堅實的道德根基後，再運籌帷幄，經略天下，則進退得當、功成名就。

經典故事賞析

恭謹長富貴

石奮在十五歲做侍奉漢高祖劉邦的小官吏。劉邦很喜歡他的恭敬的態度，就問他：「你家裏還有什麼人？」石奮回答說：「我家裏只有老母和一個姐姐。」高祖問他：「你願意跟從我嗎？」石奮恭敬地說：「願意盡心為陛下效勞。」劉邦很高興，封他的姐姐為妃子，任命他做中涓的職務。因為石奮的姐姐做了妃子，他家也就遷到了長安城中的中戚，有了一座大房子。石奮沒有治國的才能，但為人謹嚴恭敬，無人能比。他靠積累功勞當上了太中大夫一職。

到了漢孝景帝年間，石奮的四個兒子都因為孝敬父母、辦事謹嚴、品行端正，從而做官做到了兩千石。就連景帝都讚揚說：「石君和他的四個兒子都是食俸兩千石的官員，作為一個臣子能夠享受到的尊貴，竟然集中在他一家。」由此稱呼石奮為「萬石君」。

正是由於這種恭謹的態度，石奮一家才長久地保留了富貴。

切莫鼠目寸光

深計遠慮，所以不窮。

【注曰】管仲之計，可謂能九合諸侯矣，而窮於王道；商鞅之計，可謂能強國矣，而窮於仁義；弘羊之計，可謂能聚財矣，而窮於養民也；有窮者，俱非計也。

【王氏曰】所以，智謀深廣，立事成功；德高遠慮，必無禍患。人若深謀遠慮，所以事理皆合於道；隨機應變，無有窮盡。

【譯文】做事謀劃長遠、智慮周全，從而遊刃有餘，不至於陷入困境。

【釋評】「人無遠慮，必有近憂」。做事情要考慮周密，切不可率意而

萬石君石奮

石奮（？-前124年），西漢大臣，號萬石君。他初為小吏，侍奉高祖。高祖愛其恭敬，召其姊為美人。石奮為官，「戰戰兢兢，如臨深淵，如履薄冰」。謹慎小心是他性格的主要特徵。

●石奮

石奮原為趙國人，因為態度恭謙而受到高祖劉邦的賞識，後來劉邦又納其姐為美人。文帝時，石奮官至太中大夫。景帝即位，石奮列為九卿，身為兩千石，四子皆官至兩千石，號為萬石君。以上大夫祿養老歸家。

長子石建

漢武帝時，石建做郎中令，官至兩千石。

次子和三子

次子和三子官位都做到兩千石。

四子石慶

石慶先後任太僕、齊國國相、沛郡太守、太子太傅、御史大夫、丞相，封為牧丘侯。

石慶為相

石慶做丞相時，國家財政發生困難，皇帝令桑弘羊等謀取財利，讓王溫舒等實行苛峻的法律，讓兒寬等推尊儒學。他們都官至九卿，交替升遷當政。丞相只是一味忠厚謹慎，不能確定朝中大事。丞相在位九年，沒有任何匡正時局糾諫錯誤的言論。他曾想要懲治皇帝的近臣，結果非但沒能使他們服罪，自身反而遭到懲處，以米粟入官才得免罪。

司馬遷為石奮立傳，也許是帶有一些諷刺的意味。這樣不學無術、謹小慎微之人及其家族竟然能官至兩千石，可見朝廷對人才的埋沒。

為，否則很容易使自己陷入被動的地步。但是要想做到深謀遠慮又不是一件容易的事。古往今來，凡是能做到深謀遠慮的人，多多少少都能有一番作為。

而作為平常人的大多數人，常常出現鼠目寸光的行為，被眼前的小利益所蒙蔽，從而忽視了更大的利益。要想不被眼前的利益所蒙蔽，就要善於控制自己的欲望。人們往往是因為利益和欲望而做出鼠目寸光的行為。

雖然大多數人達不到深謀遠慮的境界，但如果在做事之前能夠多多思考，三思而後行，也就能夠讓自己走得更長遠。

經典故事賞析

隆中對

東漢末年，諸葛亮的父親諸葛玄和荊州牧劉表有舊交，於是來投奔劉表。後來諸葛玄病逝，諸葛亮就和弟弟在隆中過著「躬耕隴畝」的生活。在這十年間，諸葛亮並非過著那種兩耳不聞窗外事的生活，他認真讀書，關注當時的政治態勢，並且經常與荊州當地的名士司馬徽、徐庶等人談論天下大事。

諸葛亮想要像管仲、樂毅一樣，成就一番大的抱負，於是在隆中靜觀天下變化，等待時機，以實現自己的政治理想。

劉備當時駐紮在新野。徐庶投奔劉備，劉備非常倚重他，徐庶對劉備說：「我的才智和諸葛孔明先生比起來差遠了，您是否想見他？」劉備說：「請你把他帶來。」徐庶說：「孔明這樣的曠世之才，只可以到他那裏去拜訪，不可以委屈他，召他上門來，您應該親自去拜訪他。」

於是劉備就和關羽、張飛一起去拜訪諸葛亮，到第三次才見到。劉備在草廬之中教諸葛亮：「漢朝統治分崩離析，董卓和曹操先後專權朝政，皇室成員都遭難出奔。我無法衡量自己的德行是否使人信服，估量自己的力量是否能勝人，但我想要為天下人伸張正義，然而我的智謀淺短，因此總是失敗，以至於到了今天這個局面。但我的志向仍不會改變，我應當怎麼辦呢？」

諸葛亮回答道：「董卓叛亂以來，各地豪傑興兵四起，各占州縣，這樣的人多得數也數不清。曹操比袁紹的名聲低，兵力少，但曹操最終還是打敗了袁紹。能夠憑藉弱小的兵力打敗強者，取而代之，不僅是因為遇到了好時機，更是因為謀劃得當。現在曹操擁有百萬大軍，挾天子以令諸侯，確實不能和他爭強。孫家占據江東，已歷經三世，而且江東地勢險要，民眾歸附。孫權能夠任用賢人，只可以把江東作為外援，不可謀取。荊州北靠漢水、沔水，東面和吳

隆中對策

諸葛亮人稱臥龍先生，有經天緯地之才，鬼神不測之機。三國時傑出的政治家、軍事家，被譽為「千古良相」的典範。父母早亡，由叔父玄撫養長大，後因徐州之亂避亂荊州，潛心向學，淡泊明志。後受劉備三顧之禮，提出著名的《隆中對》，策動孫、劉聯盟，於赤壁之戰中大破曹操，奠定三國鼎立的基礎。

郡、會稽郡相連，西邊和巴郡、蜀郡相通，這正是兵家必爭之地。但荊州牧劉表卻沒有能力守住荊州，這正是上天拿來資助將軍的，將軍是否想要奪取荊州呢？益州地勢險峻，而且有廣闊肥沃的土地，是個富庶的地方。高祖曾經憑藉益州建立了帝業。劉璋昏庸懦弱，北面的張魯對他又是個大威脅。益州人口眾多，物產豐富，然而他卻不懂得愛惜。有才能的人都渴望投奔賢明的君主，您不但是漢皇室的後代，而且威信廣布天下，只要您廣泛地求取英雄和賢才，然後占據荊州和益州，守住險要之地，和西邊的民族和好，安撫好南邊的民族，再聯合孫權，革新政治，這樣一來，一旦天下形勢發生變化，派遣一員上將率領荊州的軍隊向宛和洛的方向進軍，您則親自率領益州的軍隊向秦川進軍。到時候誰人不用簞盛飯、用壺盛漿來歡迎您呢？如果真的能夠這樣，那麼稱霸的事業可以取得成功，漢室的天下可以得到復興了。」

劉備高興地說：「非常好！」從此十分倚重諸葛亮。

諸葛亮不愧為一代偉大的政治家、謀略家，在草廬之中就能將天下大事分析得如此透徹，真可謂深謀遠慮。

慎重交友

親仁友直，所以扶顛。

【注曰】聞譽而喜者，不可以得友直。

【王氏曰】父母生其身，師友長其智。有仁義、德行賢人，常要親近正直、忠誠，多行敬愛；若有差錯，必然勸諫、提說此；結交必擇良友，若遇患難，遞相扶持。

【譯文】只有具備仁慈、正直的品德，才能夠扶持危局。

【釋評】一個人品德高低往往可以經由他交的朋友反映出來。他交的朋友多是正直之士，那麼他也是一個正直之士。如果他交的朋友多是奸詐之輩，那麼他的人品就值得懷疑了。人生和事業的起伏在很多情況下都和所交的朋友息息相關。在人生和事業上益友能夠給予你很大的幫助，損友則會對你造成不小的傷害。

友誼是人類最美好的情感，交友也體現了一個人的智慧。正如人們常說的，無論是政治上的成功，還是在生意上的成功，背後都隱藏著人際關係的成功。

鞠躬盡瘁

諸葛亮淡然面對生死，是賢能之士豁達胸襟的表現。擁有高尚的人格，並建立正確的人生觀和價值觀，才能做到淡然面對一切。

●經典戰役

一出祁山形勢強，
即得大將罵死朗。
可惜馬謖枉談兵，
丟失街亭罪不輕。
歸路即斷不能前，
武侯只得把家還。

二出祁山不太好，
郝昭擋道很不妙。
幸得姜維詐獻書，
方從祁山走得出。
只是糧草實在少，
得勝還得往回跑。

三出祁山最突然，
即得散關又得縣。
小將張苞欲建功，
可憐天不助英雄。
孔明自此病加重，
武侯只得回漢中。

四出祁山分兩邊，
一邊得勝一邊陷。
先劫魏寨破曹真，
復鬥陣法辱仲達。
對手反間用苟安，
後主中計急召還。

五出祁山要循環，
三成兵丁先割田。
運用八門遁甲術，
駭得仲達沒主意。
李嚴為己枉發書，
孔明只得速班師。

六出祁山最不妙，
關興身喪先來報。
武侯妙計困司馬，
何期驟雨降青霄。
孔明病重祈禳挽，
可惜身喪五丈原。

管鮑之交

管仲和鮑叔牙在青年時就是好朋友，他們曾經在一起做生意，管仲總是把賺的錢多分給自己一點，少分給鮑叔牙一點。人們對此很有看法，都認為管仲很貪財。鮑叔牙則不這麼認為，他說：「管仲家裏很窮，所以才多分一點錢。」

管仲曾經三次打仗，三次從陣上逃回來。人們常常譏笑他貪生怕死，但鮑叔牙卻不這麼認為，他說：「管仲打仗並不怕死，而是他家中還有一個老母，全靠他一個人奉養。」

管仲很感激鮑叔牙，常想幫鮑叔牙辦事，但他辦的事，非但沒有辦好，反而製造出了新的麻煩。人們常常因此認為管仲沒有辦事的能力，而鮑叔牙卻不這麼認為，他說：「管仲並不是沒有辦事的能力，而是因為時機還不成熟。」

齊桓公即位後，急需找到有才幹的人來輔佐，準備請鮑叔牙出任齊相。鮑叔牙誠懇地對齊桓公說：「臣是個平庸之輩，現在國君施惠於我，使我享受如此厚遇，那是國君的恩賜。若把齊國治理富強，我的能力不行，還得請管仲。」齊桓公驚訝地反問道：「你不知道他是我的仇人嗎？」鮑叔牙回答道：「客觀地說，管仲是天下奇才。他英明蓋世，才能超眾。」齊桓公又問鮑叔牙：「管仲與你比較又如何？」鮑叔牙沉靜地指出：「管仲有五點比我強：寬以從政，惠以愛民；治理江山，權術安穩；取信於民，深得民心；制定禮儀，風化天下；整治軍隊，勇敢善戰。」鮑叔牙進一步諫請齊桓公釋掉舊怨，化仇為友。齊桓公聽了鮑叔牙的話，原諒了管仲，並拜他為相，最後在他的輔佐下成就了一番霸業。

厚道做人

近恕篤行，所以接人。

【注曰】極高明而道中庸，聖賢之所以接人也。高明者，聖人之所獨；中庸者，眾人之所同也。

【王氏曰】親近忠正之人，學問忠正之道；恭敬德行之士，講明德行之

管鮑之交

管仲能夠成為齊國的丞相，成就一番事業，和好朋友鮑叔牙的推薦分不開。鮑叔牙知道管仲是個有才能的人，於是就向齊桓公推薦了管仲。

●鮑叔牙舉薦管仲的理由

五點強於鮑叔牙

寬以從政，惠以愛民；
治理江山，權術安穩；
取信於民，深得民心；
制定禮儀，風化天下；
整治軍隊，勇敢善戰。

客觀評價 —— **管仲** 天下奇才、英名蓋世、才能超眾

比較而言

結論 —— 管仲比鮑叔牙更適合擔任丞相一職

●鮑叔牙舉薦管仲

鮑叔牙知道管仲是個有才能的人，於是當齊桓公想成就一番霸業的時候，就向他舉薦了管仲。

理。此是接引後人，止惡行善之法。

【譯文】以己推人，寬厚待人，這是與人相處之道。

【釋評】以己推人，寬厚待人，既是高尚的道德修養，也是中華民族的傳統美德。從倫理上講，「寬厚」是孔孟「仁學」的具體表現，從現實意義上說，只有寬厚待人，才能與人和睦相處，彼此友善。

為人寬厚隨和，常為人著想，並能以寬廣的胸襟包容別人的過失，這樣的人自然大家都樂於交往。而且所交往之人往往都是一些正直之士，良師益友。海納百川，有容乃大。只有擁有了博大的胸襟，才能成就一番大事業。

經典故事賞析

推己及人

春秋時，有一年冬天，齊國下大雪，連著三天三夜還沒停。齊景公披件狐腋皮袍，坐在廳堂欣賞雪景，覺得景致新奇，心中盼望再多下幾天，那樣會更漂亮。

晏子走近，若有所思地望著翩翩降落的白絮。景公說：「下了三天雪，一點都不冷，倒是春暖的時候啦！」晏子看景公皮袍裹得緊緊的，又在室內，就有意地追問：「真的不冷嗎？」景公點點頭。

晏子知道景公沒有理解他的意思，就直爽地說：「我聽聞古之賢君，自己吃飽了要去想想還有人餓著，自己穿暖了想著還有人凍著，自己安逸了想著還有人累著。可是，您怎麼都不去想想別人啊？」景公被晏子說得一句話也答不出來。

寬厚之人，總是會設身處地地去體會別人的切身感受，總是會「推己及人」，為別人著想。

七擒孟獲

蜀漢政權建立之後，諸葛亮定下北伐大計。然而，當時南夷孟獲率領十萬大軍侵犯蜀國。諸葛亮為了解決北伐的後顧之憂，決定親自率兵先平叛孟獲。蜀國主力到達瀘水附近，在山谷中埋下伏兵，誘敵出戰。孟獲被誘入伏擊圈內，兵敗被擒。

諸葛亮考慮到孟獲在西南夷中威望很高，影響很大，如果他能夠心悅誠服地歸順，那麼後方就可以安定。諸葛亮決定對孟獲採取「攻心」策略，釋

推己及人，方便法門

寬厚之人，總是會設身處地地去體會別人的切身感受，總是會「推己及人」，為別人著想。

●寬厚仁者

晏嬰

（前578—前500年），字仲，謚平，多稱平仲，又稱晏子，夷維人（今山東萊州）。春秋後期一位重要的政治家、思想家、外交家。晏嬰是齊國上大夫晏弱之子。以生活節儉，謙恭下士著稱。據說晏嬰身材不高，其貌不揚。齊靈公二十六年（前556年）晏弱病死，晏嬰繼任為上大夫。

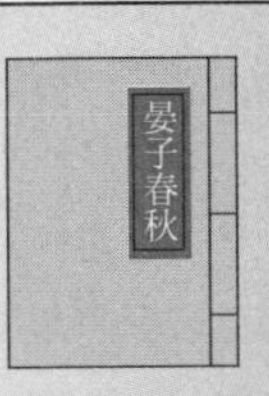

●推己及人

放了孟獲。

孟獲再戰，多次的計謀都被諸葛亮巧妙地識破。最後諸葛亮七擒七縱孟獲，感動了孟獲，使其誓不再犯。

知人善任

任材使能，所以濟物。

【注曰】應變之謂材，可用之謂能。材者，任之而不可使；能者，使之而不可任，此用人之術也。

【王氏曰】量才用人，事無不辦；委使賢能，功無不成；若能任用才能之人，可以濟時利務。如漢高祖用張良陳平之計、韓信英布之能，成立大漢天下。

【譯文】合理地任用和調度人才，使其各施所能，這樣一來就能做出安民濟世的大事了。

【釋評】正所謂「千里馬常有，而伯樂不常有」。世界上並不是缺少美，而是缺少發現美的眼睛。世界上並不是缺少人才，而是缺少發現人才的眼睛。在我們身邊有著這樣那樣的人才，而我們往往發現不了這些人才，這是為什麼呢？因為我們沒有發現人才的眼睛。而這種「火眼金睛」則是一種識人知人的能力。

在發現人才之後，我們就要組建自己的團隊，充分利用人才各自的優勢，使整個團隊實現優勢互補。

知人善任的另外一個表現就是，能夠緊緊地將人才團結在一起，正所謂「天時不如地利，地利不如人和」。心齊才能辦成大事，人心渙散就離失敗不遠了。

經典故事賞析

知人善任，運籌帷幄

劉邦戰勝項羽建立大漢王朝後，一日宴請群臣。在宴會上，劉邦問群臣戰勝項羽的原因。有的大臣誇讚劉邦，有的大臣則貶低項羽。

劉邦聽後哈哈大笑，說：「你們說得都不對。我之所以能夠戰勝項羽，是因為我能夠知人善任。運籌帷幄之中，決勝千里之外，我不如張良；鎮守國

七擒孟獲，仁者用兵

東漢末年，魏、蜀、吳三分天下。蜀丞相諸葛亮受昭烈帝劉備託孤遺詔，立志北伐，以重興漢室。就在這時，蜀南方之南蠻又來犯蜀，諸葛亮當即點兵南征。

●諸葛亮平南計謀

一擒孟獲

到了南蠻之地，雙方首戰，諸葛亮就大獲全勝，擒住了南蠻的首領孟獲。但孟獲不服氣，說自己因為不知道諸葛亮的虛實，才會大意被擒，況且勝敗乃兵家常事。孔明得知一笑，下令放了孟獲。

二擒孟獲

放走孟獲後，孔明找來他的副將，故意說孟獲將此次叛亂的罪名都推到了他的頭上。副將聽了十分生氣，大聲喊冤，於是孔明將他也放了回去。副將回營後，心裏一直憤憤不平。一天，他將孟獲請入自己帳內，捆綁後送至了漢營。孔明用計二次擒獲了孟獲，孟獲還是不服，諸葛亮便又放了他。

三擒孟獲

孟獲再次回到營中，他的弟弟孟優為他獻上計謀。半夜時分，孟優帶人來到漢營詐降，孔明一眼就識破了他，於是下令賞了大量的美酒給南蠻之兵，使孟優帶來的人喝得酩酊大醉。這時孟獲按計劃前來劫營，卻不料自投羅網，被再次擒獲。這回孟獲仍是不甘心，孔明便第三次放虎歸山。

四擒孟獲

孟獲回到大營，立即著手整頓軍隊，待機而發。一天，忽有探子來報：孔明正獨自在陣前察看地形。孟獲聽後大喜，立即帶了人趕去捉拿諸葛亮。不料，這次他又中了諸葛亮的圈套，第四次成了甕中之鱉。孔明知他這次肯定還是不會服氣，再次放了他。

五擒孟獲

孟獲帶兵回到營中。他營中一員大將帶來洞主楊峰，楊峰因跟隨孟獲數次被擒、數次被放，心裏十分感激諸葛亮。為了報恩，他與夫人一起將孟獲灌醉後押到漢營。孟獲五次被擒仍是不服，大呼是內賊陷害。孔明便第五次放了他，命他再來戰。

六擒孟獲

孟獲這次回去後不敢大意，他去投奔了木鹿大王。諸葛亮歷盡艱辛才察明木鹿王的營地。隨後，他回去造了大於真獸幾倍的假獸。當他們與木鹿大王交戰時，木鹿的人馬見了假獸十分害怕，不戰自退了。這次孟獲心裏雖仍有不服，但再沒理由開口了，孔明看出他的心思，仍舊放了他。

七擒孟獲

孟獲被釋後又去投奔了烏戈國，這烏戈國國王兀突骨擁有一支英勇善戰的藤甲兵，所裝備的藤甲刀槍不入。孔明對此卻早有所備，他用火攻將烏戈國兵士皆燒死於一山谷中。孟獲第七次被擒，孔明故意要再放了他。孟獲忙跪下起誓：以後將絕不再謀反。孔明見他已心悅誠服，覺得可以利用，便委派他掌管南蠻之地，孟獲等聽後不禁深受感動。

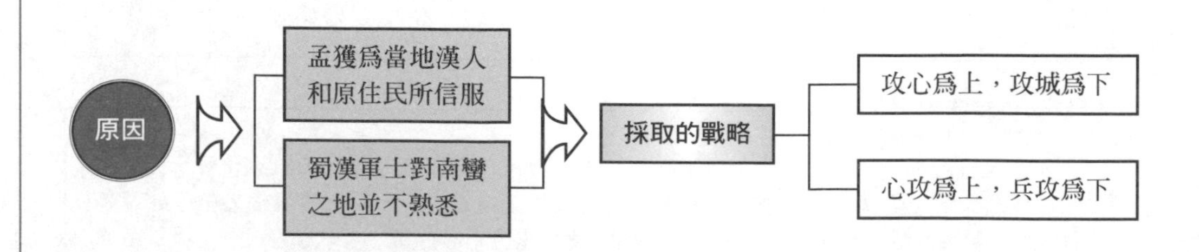

家，安撫百姓，供給糧餉，保持運輸糧道的通暢，我不如蕭何；統率百萬大軍，戰必勝，攻必克，我不如韓信。這三位都是人中的豪傑，而我能夠任用他們，這才是我戰勝項羽、取得天下的原因。」

大臣們聽後都十分佩服。

謹防小人

殫惡斥讒，所以止亂。

【注曰】讒言惡行，亂之根也。

【王氏曰】奸邪當道，逞凶惡而強為；讒佞居官，仗勢力以專權；不用忠

運籌帷幄

西漢初年，天下已定，劉邦設宴款待眾臣。酒酣之時，劉邦大為感嘆自己獲得天下的不易，並詢問眾大臣自己勝過項羽的原因。

良，其邦昏亂。仗勢力專權，輕滅賢士，家國危亡；若能儔絕邪惡之徒，遠去奸讒小輩，自然災害不生，禍亂不作。

【譯文】斥退奸惡的小人，能夠防止禍亂。

【釋評】自古讒言都是禍亂的根源。無中生有之言，憑空捏造之言，捕風捉影之言，用以渲染誇張，或是利用雙方的衝突，達到挑撥離間的目的，這都被稱作讒言。散布讒言的人無論採取什麼樣的詭計，目的只是一個：打倒對手，獲得私利。這私利往往是邪惡醜陋的，是見不得人的。這些散布讒言的人就像躲在暗處的老鼠，逞惡作亂。

正所謂「明槍易躲，暗箭難防」。這也正是讒言的可怕之處，也是小人所喜愛之處。小人的建設作用不大，破壞力卻很大。他們沒有什麼安邦治國的才能，只會陷害忠良，毀壞國之棟梁，對國家的危害極大。因此要謹防小人。

經典故事賞析

奸臣秦檜

秦檜是著名的大奸臣，是中國歷史上十大賣國賊之一。宋徽宗時期官至員外郎、御史中丞。曾經主張抗金，反對割地求和。後被金軍驅擄北去，隨即投降金人。被金人放回南宋，成為內應。

秦檜利用花言巧語深得宋高宗趙構的信任，官至宰相。紹興十年，金國大元帥完顏宗弼領兵南侵，岳飛等人率軍大舉北伐，屢戰屢勝，進逼開封。此時秦檜卻慫恿趙構逼岳飛等人退兵。

紹興十一年，宋高宗聽信秦檜的讒言，解除岳飛和韓世忠等大將的軍權，以「莫須有」的罪名殺害岳飛，再次與金國簽訂喪權辱國的和約。宋朝向金國稱臣、納貢、割地，而且金朝還規定趙構不得以無罪去首相。秦檜任相十八年，獨攬朝政，極力貶斥主張抗金的官員。排除異己，壓制抗擊金國的輿論。他還加緊盤剝百姓，使得許多貧民因橫徵暴斂而家破人亡。秦檜最終於紹興二十五年病死。正是由於秦檜的讒言，岳飛等人失去了收復河山的大好機會。

精忠報國

岳飛率領的岳家軍所向披靡，為國家立下了功勞。但卻被奸人所害，英年早逝，雖然如此，岳飛的精神卻永遠存在，激勵著後人。

●秦檜進讒言殺岳飛

秦檜向宋高宗進讒言，導致岳飛等人北伐失利，不久後又進讒言，以「莫須有」的罪名，害死岳飛。

讀史以明志

推古驗今，所以不惑。

【注曰】因古人之跡，推古人之心，以驗方今之事，豈有惑哉？

【王氏曰】始皇暴虐，行無道而喪國，高祖寬洪，施仁德以興邦。古時聖君賢相，宜正心修身，能齊家、治國、平天下；今時君臣，若學古人，肯正心修身，也能齊家、治國、平天下。若將眼前公事，比並古時之理，推求成敗之由，必無惑亂。

【譯文】用過去的經驗教訓來比照當前，就能對當下紛亂的世事有清醒的了解，不至於困惑。

【釋評】正所謂「讀史可以明志」，因為歷史都有其發展的規律，這種經驗甚至是由無數先輩以生命為代價證明的。盡管人們的生活方式在發生變化，但社會發展的規律不會發生改變。所以我們要多讀史書，了解歷史的規律，洞察社會興旺發達的道理。這樣就不會有疑惑。

經典故事賞析

唐太宗以史為鑑

玄武門事變後，李世民稱帝。李世民以其卓越的治國才能實現了天下大治，出現了家喻戶曉的「貞觀之治」。唐太宗能夠在短短二十三年裏開創大唐帝國的鼎盛之勢，是因為他能夠吸取隋朝暴政帶來的教訓。

他深受儒家「仁」治天下思想的影響，以「仁本刑末」為治國的基本思想。「水能載舟，亦能覆舟」。魏徵的勸諫之言使唐太宗深有感觸。隋因暴政而亡他時刻記在心中，常常以之為鑑。

唐太宗順應自然大力發展生產，不輕用民力，興利除弊，賞善罰惡。他深知為君之道，必須以民為本。國家以民為本，民則以食為本。國家要想不出現禍亂，就必須使民心安定，百姓生活富裕。李世民以民為本的思想至今仍有借鑑意義。

事上敬謹，待下寬仁

人生在世，一定要懂得尊重他人，無論對方是德高望重的人還是貧民百姓，都要懷著敬畏的心，這樣才能讓自己成長。

●君為舟，民為水

荀子、魏徵和唐太宗，都深知人民的力量是極其偉大的，十分強調人民是水，君王是舟，水可以載舟，也可以把舟淹沒。

●水可載舟亦可沒舟

荀子

「君者，舟也；庶人者，水也；水則載舟，水則覆舟。」

魏徵

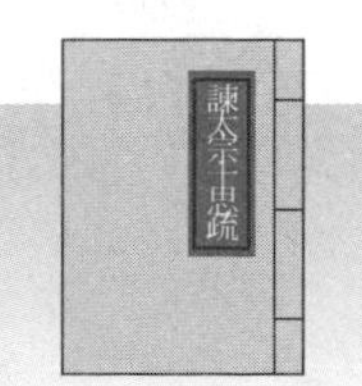

「怨不在大，可畏唯人。載舟覆舟，所宜深慎。」

唐太宗

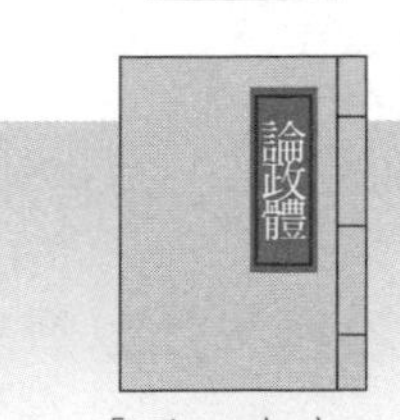

「君，舟也；人，水也；水能載舟亦能覆舟。」

有備無患

先揆後度，所以應卒。

【注曰】執一尺之度，而天下之長短盡在是矣。倉卒事物之來，而應之無窮者，揆度有數也。

【王氏曰】料事於未行之先，應機於倉卒之際，先能料量眼前時務，後有定度所行事體。凡百事務，要先算計，料量已定，然後卻行，臨時必無差錯。

【譯文】事前謀劃周詳，即使出現突發情況也能從容應對。

【釋評】人心叵測，特別是在官場。正所謂「官有十條路，九條人不知」。為官之道，就是要增強自身的應變能力，也就是要懂得揣情度理。想要做好揣情度理，首先要通達人情世故，其次要明白事情的常規道理。這樣一來，才能夠減少錯誤，從而掌握主動權，使自已遠離失敗。

經典故事賞析

臨危不懼

張遼是曹操手下的第一員大將，以勇猛謀略著稱於世。一天，張遼率領軍隊駐紮在長社。在軍隊出發的前一天夜裏，軍中突然有人發生叛亂。叛亂者為了製造混亂，就放火燒營。結果驚擾全軍，形勢非常危急。

張遼此時卻非常冷靜，他對身邊的軍士說：「不要驚慌，不可能全軍都發生叛亂，一定是叛亂者以此擾亂軍心。」他隨即下令，不反叛的人都坐在大營裏，不要驚慌，不要亂走動。隨後張遼帶領幾十名軍士站在軍營中間調度指揮。叛亂者很快被找出，軍心很快就穩定下來。

張遼能夠臨危不亂，冷靜分析，不愧為名將。

守正道，知權變

設變致權，所以解結。

【注曰】有正、有變、有權、有經。方其正，有所不能行，則變而歸之於正也；方其經，有所不能用，則權而歸之於經也。

大將張遼

張遼是曹操手下的第一員大將，以勇猛謀略著稱於世。

●合肥大戰

張遼曾在合肥郊外率領八百士兵大破孫權的十萬大軍，而且在孫權撤退的時候差點活捉孫權，創造了三國時期著名的以少勝多的戰例。此戰之後，張遼威震江東。

【王氏曰】施設賞罰，在一時之權變；辨別善惡，出一時之聰明。有謀智、權變之人，必能體察善惡，別辨是非。從權行政，通機達變，便可解人所結冤仇。

【譯文】為人正道守直，但在處理事情時也要靈活應對，要講究權變。這樣才能化解許多的問題。

【釋評】懂得權變，是智慧的表現。權變並不是犧牲原則，恰恰相反，是以巧妙的方法解開死結，從而達到解決問題的目的。

孫子兵法曾說：「以正合，以奇勝。奇正相生。」也就是說，我們要堅守住自己的大道毫不動搖，但遇到事情時，要懂得變通。只有權變才能通活，才能最終實現自己的大道。

經典故事賞析

急智保命

陳平起初是項羽的部下。秦末漢初之際，殷王背叛項羽，項羽就封陳平為武信君，率領魏王在楚地的軍士大敗殷王。因此被項羽封為都尉。

但不久之後，劉邦就率軍攻下了殷地。項羽大怒，要殺掉平定殷地的將領。陳平知道項羽殘暴好殺，就把項羽給的賞賜和印信封好，派遣使者歸還項羽，然後獨自逃離項羽的陣營，投奔劉邦。

在渡黃河的時候，船家見陳平氣度不凡，覺得他是個達官貴人，身上一定有很多錢。船家就準備殺了他。陳平看出了船家想要謀害他，於是情急之下，脫掉了自己的衣服，光著膀子幫船家划船。船家們看到陳平身上沒有錢，就打消掉了謀害陳平的念頭。

沉默以待時

括囊順會，所以無咎。

【注曰】君子語默以時，出處以道；括囊而不見其美，順會而不發其機，所以免咎。

【王氏曰】口乃招禍之門，舌乃斬身之刀；若能藏舌緘口，必無傷身之禍患。為官長之人，不合說的卻說，招惹怪責；合說不說，挫了機會。慎理而行，必無災咎。

【譯文】在機會沒有到來之前，緘口不語，耐心等待機會，這樣就能避免無端的災禍。

【釋評】禍從口出，言多必失。在很多情況下，過多的言語會給別人帶來可乘之機，對自己造成傷害。不僅如此，如果平時多嘴多舌，說三道四，喜歡在背後議論別人，就會惹得人人討厭。這樣一來，就容易變成眾人厭惡之人了。

防人之口，甚於防川

禍從口出，言多必失。在很多情況下，過多的言語會給別人帶來可乘之機，對自己造成傷害。不僅如此，如果平時多嘴多舌，說三道四，喜歡在背後議論別人，就會惹得人人討厭。

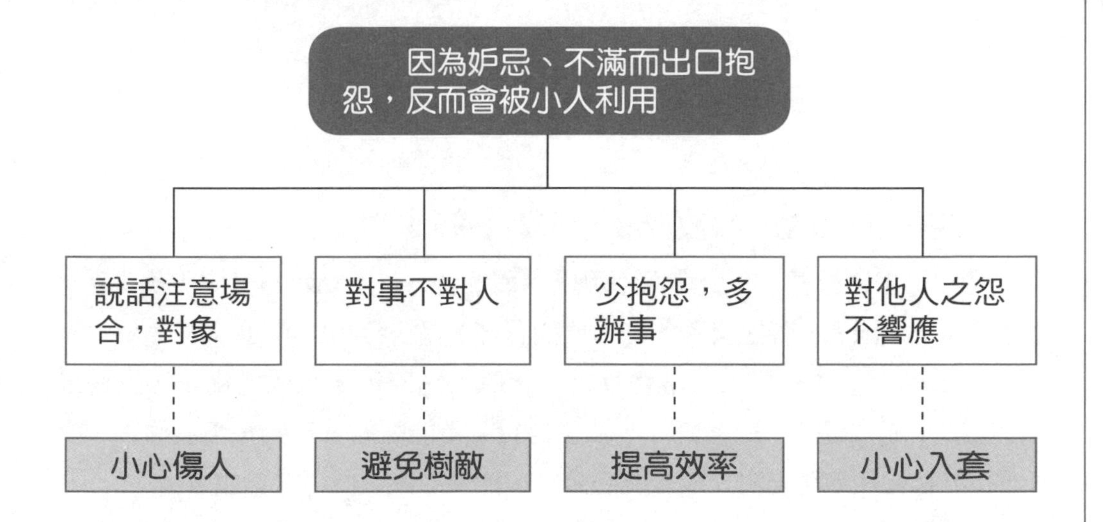

口無遮攔之人還容易因為自己的無心過失對別人造成傷害，這樣的人沒有人願意和他交朋友。特別是在不利的大環境下，更要緘口不語，盡可能地低調做人，保存實力，等待時機。這樣一來就能夠最大可能地避免災禍。等到時機成熟則發動反擊，反敗為勝。

經典故事賞析

賈詡定計

賈詡足智多謀，是曹操的五大謀士之一。他料事如神，可以說是整個三國史上最聰明的人。曹操到了晚年之後，一直為選取繼承人的問題頭疼。曹丕是曹操的長子，按理說應該由他繼承家業。但三弟曹植才高八鬥，久負盛名，又深得曹操的喜愛，也對家業虎視眈眈。二人因此各拉朋黨，明爭暗鬥。

賈詡和曹丕的私交很好，曹丕向賈詡請教如何鞏固自己的地位。賈詡對他說：「你要不斷加強自身的德行修養，像平民一樣做事本分而認真，做好人子的分內之事。」曹丕聽後，不斷地修養自身。

有一天，曹操和賈詡單獨談話，問賈詡：「我的兩個兒子，誰更合適繼承我。」賈詡默然不答。曹操很奇怪，問賈詡：「你為什麼不回答？」賈詡說：「我不是有意冒犯您，而是剛才在想一件事。」曹操問：「什麼事？」賈詡說：「我剛才想起袁紹和劉表了。」袁紹和劉表都因為廢長立幼，引起骨肉相殘，最終滅亡。曹操也很清楚，從此曹丕繼承人的地位就得到了鞏固。

堅韌不拔以功成

橛橛梗梗，所以立功；孜孜淑淑，所以保終。

【注曰】橛橛者，有所恃而不可搖；梗梗者，有所立而不可撓。孜孜者，勤之又勤；淑淑者，善之又善。立功莫如有守，保終莫如無過也。

【王氏曰】君不行仁，當要直言、苦諫；國若昏亂，以道攝正、安民。未行法度，先立紀綱；紀綱既立，法度自行。上能匡君、正國，下能恤軍、愛民。心無私徇，事理分明，人若處心公正，能為敢做，便可立功成事。

誠意正心，修身之本；克己復禮，養德之先。為官掌法之時，慮國不能治，民不能安；常懷奉政謹慎之心，居安慮危，得寵思辱，便是保終無禍患。

【譯文】做事情堅持不懈，百折不撓，必定能夠成就一番事業。做事情孜孜不倦，精益求精，才能夠避免過錯，善始善終。

【釋評】不要隨波逐流，更不要朝三暮四，要如同松竹一般耿直，如同磐石一般堅定。只有堅持不懈，成就事業才能夠有所保障，這才是大丈夫的一貫風範。

創業不容易，守業則更加困難，只有勤勉奮發，精益求精，才有可能善始善終。《勸學》中曾說：「鍥而舍之，朽木不折；鍥而不捨，金石可鏤。螾無爪牙之利，筋骨之強，上食埃土，下飲黃泉，用心一也。蟹八跪而二螯，非蛇鱔之穴，無可寄託者，用心躁也。是故無冥冥之志者，無昭昭之明；無惛惛之事者，無赫赫之功。」從古至今，取得大成就的人，通常都不是最聰明的人，而是堅持不懈的人。

人生在世，誰都會遇到挫折，只有長期堅持下來，才能夠在挫折中提高自己，從而一步步走向成功。

但「堅持不懈」說起來容易，做起來很難。這需要堅定的信念和強大的意

縱橫家蘇秦

蘇秦（？-前317年），字季子，是與張儀齊名的縱橫家。可謂「一怒而諸侯懼，安居而天下熄」。蘇秦最為輝煌的時刻是勸說六國國君聯合，堪稱辭令之精彩者。

●蘇秦刺股

蘇秦學習合縱與連橫的策略，他多次上疏秦王，秦王都沒有採納他的主張。因為資金缺乏，蘇秦就回家了。到了家，他的妻子不下織布機，嫂子不為他做飯，父母也不把他當作兒子。蘇秦於是嘆氣說：「這些都是我蘇秦的錯啊！」於是遍翻書箱，找到了姜太公的兵書，就埋頭誦讀，反覆研究。讀到昏昏欲睡時，就拿針刺自己的大腿，鮮血一直流到腳跟。他茅塞頓開，又結合自己周遊六國所得到的信息知識，仔細揣摩，不過一年，天下形勢已了如指掌。

六國為相

蘇秦再次告別父母去游說各國，曉之以理，動之以情，終於取得了六國的信任，接受了他的聯合主張。最後，他兼佩六國的相印，執金牌寶劍，總轄六國臣民。自此以後，秦國沒有侵犯六國達十五年之久。

當他衣錦還鄉的時侯，家人對他的態度截然不同，他的兄弟、妻子、嫂子不敢抬頭看他，都俯伏在地上，非常恭敬地服侍他用飯。蘇秦笑著問嫂子為何前倨後恭，他的嫂子說：「因為我看到小叔您地位顯貴，錢財多啊。」

志力。能做到這兩點的人，就能堅持下來，也就是最後的成功者。

經典故事賞析

愚公移山

太行和王屋兩座大山，方圓有七百里，高達七八千丈，本來在冀州南邊，黃河北岸的北邊。在北山住著一位愚公，年紀將近九十歲，面對著這兩座山居住。他苦於山北的阻塞，出入都要繞很遠的路，於是召集全家人商量：「我跟你們盡力挖平險峻的大山，使道路一直通到豫州南部，到達漢水南岸，可以嗎？」家人紛紛表示贊同。

但愚公的妻子提出疑問：「憑藉你的力量，連魁父這座小山丘也挖不平，又能把太行、王屋這兩座大山怎麼樣呢？況且把土石堆放到哪裏呢？」家人紛紛說：「把它扔到渤海的邊上，隱土的北邊。」於是愚公就帶領兒孫中能挑擔子的三個人上了山，鑿石掘土，用簸箕將鑿掉的石土運到渤海邊上。鄰居京城氏家的寡婦有個遺腹子，剛剛七八歲，就蹦蹦跳跳地去幫助愚公。將石土運到渤海邊再返回需要一年的時間。

河灣上的智叟知道後譏笑愚公，阻止他做這件事，說：「你太不聰明了！就憑你餘留的歲月和剩下的力氣，連山上的一棵草都動不了，又能把泥土、石頭怎麼樣呢？」北山愚公長嘆一聲：「你思想頑固，頑固到了不可改變的地步，連孤兒寡母都比不上。即使我死了，還有兒子在呀；兒子又生孫子，孫子又生兒子；兒子又有兒子，兒子又有孫子；子子孫孫無窮無盡，可是山卻不會增高，擔心什麼挖不平？」河曲智叟無話可答。

山神聽說了這件事，怕愚公沒完沒了地挖下去，便向天帝報告這件事。天帝被愚公的誠心所感動，命令大力神夸娥氏的兩個兒子背走了太行和王屋兩座大山，一座放在朔方的東部，一座放在雍州的南部。

愚公移山

愚公看似愚鈍，實則是大智若愚。他堅信可以移走王屋和太行兩座大山，這並不是愚蠢，而是信念堅定。

北山腳下有個叫愚公的人，年紀將近九十歲了，面對著王屋、太行兩山居住。愚公苦於山北面道路阻塞，於是決定將兩山移走。後來，他的誠心感動了上天，玉帝就派大力神搬走了兩座大山。

本德宗道章第四

【注曰】言本宗不可以離道德。

【王氏曰】君子以德為本，聖人以道為宗。此章之內，論說務本、修德、守道、明宗道理。

【釋評】道之於物，無處不在，無時不有。深切體味天道地道之真諦，才能出神入化地用之於人道——精神境界之提高。喜怒哀樂，禍福窮通，興衰榮辱，凶吉強弱……人生漫漫，世路茫茫，哪一種境況你沒有遇到過？如何趨福避禍，逢凶化吉，盡在於此矣。

善於思考

夫志心篤行之術，長莫長於博謀。

【注曰】謀之欲博。

【王氏曰】道、德、仁、智存於心；禮、義、廉、恥用於外；人能志心篤行，乃立身成名之本。如伊尹為殷朝大相，受先帝遺詔，輔佐幼主太甲為是。太甲不行仁政，伊尹臨朝攝政，將太甲放之桐宮三載，修德行政，改悔舊過；伊尹集眾大臣，復立太甲為君，乃行仁道。以此盡忠行政賢明良相，古今少有人；若志誠正心，立國全身之良法。

君不仁德、聖明，難以正國、安民。臣無善策、良謀，不能立功行政。齊家、治國無謀不成。攻城破敵，有謀必勝，必有機變。臨事謀設，若有機變、謀略，可以為師長。

【譯文】樹立遠大志向，並將之實現，最好的辦法莫過於精通謀略，善於應對了。

【釋評】要想成就一番事業，任何人都不可能是一帆風順的。正如孟子曾說的那樣：「天將降大任於斯人也，必先苦其心志，勞其筋骨，餓其體膚，空乏其身，行拂亂其所為。所以動心忍性，曾益其所不能。」這一千古不變的至理名言告訴我們，只有經歷挫折才能獲得提高，才能最終取得成功。

做事情要講究方法，一味地埋頭去做是不行的。正所謂「智欲圓而行欲

聖君和昏君

君王治理國家就要善於處下，只有處下才能夠容納天下萬物，庇護萬民百姓。聖明的統治者之所以能夠領導民眾，得到民眾的歸順和愛戴，主要是因為他不計個人得失，甚至將個人的私利放在民眾的利益之後，一切以民為先。

●王道處下

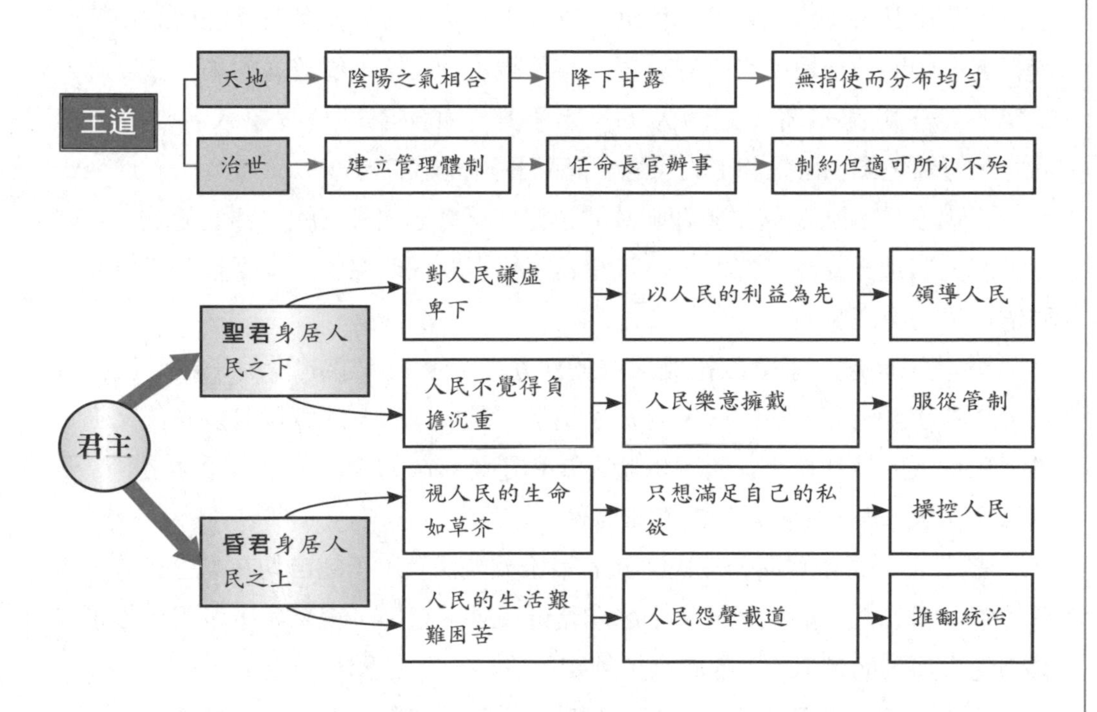

方」。也就是說，立身處世要講究原則，但做事情時，要考慮周全，講究方法。

經典故事賞析

不鳴則已，一鳴驚人

楚莊王即位之後，若敖氏掌權，楚莊王只得採取韜光養晦的策略，整天飲酒作樂，不理朝政。

有一日，大夫伍舉進見莊王。楚莊王此時正手中端著酒杯，口中吃著鹿肉，觀賞歌舞。楚莊王問伍舉：「大夫來見寡人，是想喝酒，還是想看歌舞？」

伍舉卻說：「有人讓我猜一個謎語，可是我怎麼猜也猜不出來，因此來向您請教。」楚莊王一邊喝酒，一邊問：「什麼謎語，這麼難猜？你說說看。」伍舉說：「謎語是『楚京有大鳥，棲上在朝堂，歷時三年整，不鳴亦不翔。』臣百思不得其解，這究竟是為什麼？不鳴也不翔，這究竟是隻什麼樣的鳥？」楚莊王心中明白伍舉所說話的意思，笑著說：「這不是隻普通的鳥。這隻鳥，三年不飛，如果飛將一飛沖天；三年不鳴，如果鳴則一鳴驚人。你等著瞧吧。」伍舉也明白了楚莊王的意思，高高興興地走了。

若敖氏掌權，楚莊王不理朝政的這幾年，楚國內外交困，四面楚歌。人們心中都對若敖氏充滿了怨恨。這時楚莊王覺得時機成熟了，上臺親政。拉開了和趙宣子的爭霸序幕。

楚莊王與趙宣子剛剛拉開爭霸的序幕，若敖氏家族的令尹子越便發動軍變。楚莊王此時正帶軍回國，得知子越叛軍勢大。莊王願意以楚國先代文王、成王和穆王的後代作為人質，以此作為和子越和談的條件，以作緩兵之計。子越孤注一擲，斷然拒絕莊王的和談條件。

楚莊王只得帶兵與若敖氏家族的軍士展開決戰。子越自幼在軍營長大，英勇善戰，帶領叛軍猛攻楚軍。子越向楚莊王連射幾箭，差點命中楚王，叛軍聲勢因此大振，而楚王的軍隊看到子越如此勇猛，心生膽怯。

危急時刻，楚莊王下令擊鼓，展開反攻，楚軍的一名勇士用弓箭射死了子越，叛軍失去首領後，瞬間潰敗。楚莊王率軍乘勝追擊，徹底打敗了若敖氏。

楚莊王運用自己的謀略鞏固了自己的王位，也為日後成為春秋時期的霸主奠定了基礎。

大丈夫能屈能伸

安莫安於忍辱。

【注曰】至道曠夷，何辱之有。

春秋霸主

楚莊王運用自己的謀略消滅了若敖氏，從而鞏固了自己的王位，也為日後成為春秋時期的霸主奠定了基礎。

●楚莊王的憂慮

一次，楚莊王和大臣商討國事，大臣們的見解都比不上他，下朝後，他臉上有憂慮的表情。申公想知道莊公憂慮的原因。楚莊王告訴他說：「我聽說，世界上不會沒有聖人，國家不會缺少賢臣，能讓他們做老師的，可以在各國中稱王；能與他們做朋友的，可以在各國中稱霸。如今我沒有多大的才能，而大臣們還比不上我，看來楚國真的很危險啊！」

●不鳴則已，一鳴驚人

楚莊王執政的前三年，他沒有發布過任何命令，也不處理任何政事。右司馬侍座很是著急，於是用隱語勸莊王，莊王則告訴他：「不鳴則已，一鳴驚人！」

【王氏曰】心量不寬，難容於眾；小事不忍，必生大患。凡人齊家，其間能忍、能耐，和美六親；治國時分，能忍、能耐，上下無怨相。如能忍廉頗之辱，得全賢義之名。呂布不捨侯成之怨，後有喪國亡身之危。心能忍辱，身必能安；若不忍耐，必有辱身之患。

【譯文】保持身心安定平和的最好辦法，就是忍辱負重。

【釋評】北宋著名的改革家王安石曾經說過：「莫大的禍，起於須臾之不忍。」人在困難、凌辱面前一定要該忍則忍，只有忍才能保住反攻的資本。正所謂「留得青山在，不怕沒柴燒」。這樣一來，才能保全自己。然後韜光養晦，靜等時機，最終絕地反擊，反敗為勝。

在民間則自古就有「和為貴，忍最高」這句俗語。人是有感情的，很多時候容易感情用事。如果自己能善加克制，很有可能轉禍為福。

當人身處高位時，如果當忍不忍，那麼後果將不堪設想。一個真正意義上的政治家，通常具備三忍：容忍、隱忍、不忍。

經典故事賞析

臥薪嘗膽

吳王夫差為父報仇，率兵把越王勾踐打得大敗，勾踐被吳軍包圍，無路可走，無奈之下想自殺。文種對他說：「吳國的大臣伯嚭貪財好色，大王可以派人賄賂他。」勾踐採納了文種的建議，派文種帶著珍寶去賄賂伯嚭。伯嚭收到賄賂後答應和文種一起去見吳王，並最終說服吳王接受越國的投降條件。

吳國撤兵後，越王勾踐帶著妻子和范蠡去吳國伺候夫差，做一些低賤的工作。勾踐的種種舉動最終贏得了夫差的歡心和信任。三年之後，勾踐等人被釋放回國。

越王勾踐返回越國後，奮發圖強，準備向吳國復仇。勾踐怕自己貪圖舒適的生活，從而消磨了報仇的鬥志。於是晚上睡覺時頭枕著兵器，睡在稻草堆上。還在房子裏掛上一顆苦膽，他每天早晨起床後就嘗嘗苦膽，並令門外的士兵大聲問他：「你忘了三年的恥辱嗎？」勾踐任命文種管理國家行政，范蠡管理軍事。他甚至親自到農田裏與農夫一起工作，妻子也整日紡線織布。勾踐的種種舉動感動了越國的百姓，全國上下一心，艱苦奮鬥。十年後，越國就變得兵精糧足，從而由弱轉強。

能屈能伸

勾踐被夫差打敗後，親自到吳國服侍夫差，三年後得以返回越國。他臥薪嘗膽，勵精圖治，最終打敗了夫差，成功復仇。

●臥薪嘗膽

勾踐

春秋末越國國君（前497-前465年）在位。姓姒（因為是大禹的後代，所以姓姒），名勾踐，又名菼執。曾敗於吳，屈服求和。後臥薪嘗膽，發憤圖強，終成強國。西元前473年滅吳。

有志者，事竟成，破釜沉舟，百二秦關終屬楚；苦心人，天不負，臥薪嘗膽，三千越甲可吞吳。

勾踐為了不使自己忘記屈辱，每日臥薪嘗膽提醒自己。

勾踐任命文種管理國家行政，范蠡管理軍事。他甚至親自到農田裏與農夫一起工作，妻子也整日紡線織布。勾踐的種種舉動感動了越國的百姓，全國上下一心，艱苦奮鬥。十年後，越國就變得兵精糧足，從而由弱轉強。最後勾踐打敗了吳王夫差，而夫差則羞愧自殺。

勾踐打敗吳國，吳王被殺，死前只求勾踐不要傷害吳國百姓。

最後勾踐打敗了吳王夫差，而夫差則羞愧自殺。

將相和

趙王看藺相如能幹，就封他為「上卿」（相當於後來的宰相）。

趙王如此看重藺相如，氣壞了趙國的大將軍廉頗。他想：「我為趙國拚命打仗，功勞難道不如藺相如嗎？藺相如光憑一張嘴，有什麼了不起的本領，地位倒比我還高！」他越想越不服氣，怒氣沖沖地說：「我要是碰著藺相如，要當面給他點兒難堪，看他能把我怎樣！」

廉頗的這些話傳到了藺相如耳朵裏。藺相如立刻吩咐手下，叫他們以後碰著廉頗手下的人，千萬要退讓，不要和他們爭執。他自己坐車出門，只要聽說廉頗從前面過來，就叫馬車夫把車子趕到小巷子裏，等廉頗過去了再走。

廉頗手下的人看見上卿如此讓著自己的主人，更加得意忘形了，見了藺相如手下的人就嘲笑他們。藺相如手下的人氣不過，就向藺相如抱怨：「您的地位比廉將軍高，他罵您，您反而躲著他、讓著他，他越發不把您放在眼裏，這麼下去，我們可受不了。」

藺相如心平氣和地問：「廉將軍跟秦王相比，哪一個厲害呢？」手下回答：「那當然是秦王厲害。」藺相如說：「對呀！我見了秦王都不怕，難道還怕廉將軍嗎？要知道，秦國現在不敢來攻打趙國，就是因為國內文官武將一條心。我們兩人好比是兩隻老虎，兩隻老虎要是打起架來，不免有一隻要受傷，甚至死掉，這就給秦國造成了進攻趙國的好機會。你們想想，國家大事要緊，還是私人的面子要緊？」

藺相如手下的人聽了這一番話，非常感動，以後看見廉頗手下的人都小心謹慎，總是讓著他們。

藺相如的這番話後來傳到了廉頗的耳朵裏。廉頗慚愧極了。於是他脫下戰袍，背了一捆荊條，直奔藺相如家。藺相如連忙出來迎接。廉頗對著藺相如跪了下來，雙手捧著荊條，請藺相如鞭打自己。藺相如把荊條扔在地上，急忙用雙手扶起廉頗，為他穿好衣服，拉著他的手請他入坐。

藺相如和廉頗從此結成生死之交。一文一武，兩人同心協力為國效力，秦國因此更不敢欺侮趙國了。「負荊請罪」也就成了一句成語，表示向別人道歉、承認錯誤的意思。

海納百川，有容乃大

「海納百川，有容乃大」。要有大海般寬闊的胸襟，就要有融匯百川的度量。一個有著如此胸襟的人，才能得到別人的尊重，才能在自己的領域成就大事，留下美名。

●將相和

藺相如

生卒年不詳，戰國時趙國上卿，今山西柳林孟門人，一說山西古縣藺子坪人，官至上卿，趙國宦官頭目繆賢的家臣，戰國時期著名的政治家、外交家。

負荊請罪

藺相如為了國事，便有意避開廉頗，廉頗知道事情真相後，感到很羞愧，便到藺相如家裏負荊請罪，兩人成為生死之交。

修德是為人處世的第一步

先莫先於修德。

【注曰】外以成物，內以成己，修德也。

【王氏曰】齊家治國，必先修養德行。盡忠行孝，遵仁守義，擇善從公，此是德行賢人。

【譯文】人活在世上，首先要做的就是修養德行。

【釋評】道德的高尚與否，不僅關係到個人的道德品德，更關係到其對整個身邊環境的影響，從而關係到事業的成功與否。

一個領導人如果想要獲得下級的擁戴，首先做事必須使人心悅誠服。想要使人心悅誠服，就必須修德。靠武力和恐怖使人屈服，只會造成內外交困的局面。

經典故事賞析

有才無德終無道

鐘會，字士季，潁川長社人。鐘會才智過人，有人甚至稱他為三國時期的張良。但鐘會的德行不好，為了達到自己的目的不擇手段。鐘會因為見嵇康時受到怠慢，就在司馬昭面前說嵇康的壞話，導致嵇康被處死。

鐘會曾經帶著重禮去拜訪隱士嵇康，但嵇康是高雅之士，看不起鐘會，鐘會遭到嵇康的冷遇。不久，呂安之妻被呂安的兄長呂巽姦汙，呂安憤怒不已，想要狀告呂巽。嵇康則勸告呂安不要揭發家醜，以保全家族的清譽。呂安的哥哥害怕遭到報復，反而首先誣告呂安不孝，呂安被官府逮捕。嵇康十分氣憤，出面為呂安作證，卻因此觸怒了大將軍司馬昭。此時，鐘會藉機向司馬昭進讒言，將呂安和嵇康一並處死了。

西元263年，鐘會與鄧艾、諸葛緒分兵攻打蜀漢，攻占了蜀漢。鐘會為了獨攬大權，向司馬昭進讒言，先後奪取了鄧艾和諸葛緒的兵權。此後鐘會想要據蜀自立，進而吞併天下，於是和蜀漢的降將姜維一同謀劃此事。但因為部下不願意和他一同反叛，最終兵敗被殺。

鐘會有才無德

一個領導人如果想要獲得下級的擁戴，首先做事必須使人心悅誠服。想要使人心悅誠服，就必須修德。靠武力和恐怖使人屈服，只會造成內外交困的局面。

鐘會因為會見嵇康時受到怠慢，伺機報復，經常在司馬昭面前說嵇康的壞話，最終嵇康被處死。

司馬昭讓鐘會、鄧艾、諸葛緒出兵伐蜀，鐘會為了篡軍權，密告鄧艾和諸葛緒作戰不力，使二人先後被司馬昭「檻車徵還」。

謙卑的徐達

明王朝的建立，大將徐達功不可沒。「指揮皆上將，談笑半儒生」的徐達，兒時曾與朱元璋一起放過牛。在其戎馬生涯中，有勇有謀，用兵持重，立下赫赫戰功，是中國歷史上著名的謀將帥才，他也深得朱元璋的寵愛。但是，這樣一位戰功赫赫的人，卻從不居功自傲。徐達每年掛帥出征還朝之際，都會立即將帥印交還，回到家裏過著極為儉樸的生活。

朱元璋曾私下對他說：「徐達兄建立了蓋世奇功，從未好好休息過，我就把過去的舊宅邸賜給你，讓你好好享幾年清福吧。」朱元璋的舊邸是其登基前當吳王時居住的府邸，可是徐達就是不肯接受。萬分無奈的朱元璋請徐達到舊邸飲酒，將其灌醉，然後蒙上被子，親自將其抬到床上睡下。徐達半夜酒醒，問周圍的人自己住的是什麼地方，內侍說：「這是舊內。」徐達大吃一驚，連忙跳下床，俯在地上自呼死罪。朱元璋見其如此謙恭，心裏十分高興，命人在此舊邸前修建一所宅第，門前立一石碑，並親書「大功」二字。

行善是最大的快樂

樂莫樂於好善。

【王氏曰】疏遠奸邪，勿為惡事；親近忠良，擇善而行。子胥治國，惟善為寶；東平王治家，為善最樂。心若公正，身不行惡；人能去惡從善，永遠無害終身之樂。

【譯文】人生最大的快樂莫過於好做善事。

【釋評】快樂是從內心自然而然流露出的欣喜之情。有的人位高權重，有的人富可敵國，但他們往往並不快樂，甚至比一般人還要痛苦，因為有太多的東西羈絆著他們。位高權重的人，如果是忠義之士，則會整日思慮如何報效國家，憂國憂民；如果是奸惡小人，則整天想著算計別人，貪圖財色。富可敵國者，會想著如何永保財富，如果是為富不仁者，更是整日提心吊膽。

當你幫助別人時，別人就會感激你，祝福你，對你微笑。微笑是一種力量，祝福是一種動力。俗話說：「我為人人，人人為我。」你幫助的人越多，關心你、支持你、幫助你的人越多，你就越會受到大家的擁護和愛戴，你就會從中獲得更多的快樂。行善難道不是最大的快樂嗎？

德將徐達

徐達是明朝第一大將，威名遠著，戰功赫赫。除此，徐達的品德也極其高尚，深受朱元璋的寵愛。

●謙卑低調的徐達

元至正十三年（1353年），徐達參加起義軍郭子興部，隸朱元璋。從取滁州（今屬安徽）、和州（今和縣）等地，智勇兼備，戰功卓著，位於諸將之上。但從不居功自傲。

徐達一生剛毅武勇，持重有謀，紀律嚴明，屢統大軍，轉戰南北，功高不矜，被朱元璋譽為「萬里長城」。死後被追封為「中山王」。

徐達

（1332-1385年），明朝開國軍事統帥。字天德。漢族，濠州鐘離（今安徽鳳陽東北）人。出身農家，少有大志，喜讀兵書，知《六韜》、《三略》。

弟子不必不如師，師不必賢於弟子，聞道有先後，術業有專攻，如是而已。

徐達雖然立下赫赫戰功，但從不居功自傲，過著儉樸的生活。

朱元璋為徐達修建一所宅院，並在門前立一塊石碑，上面寫著「大功」二字。

大功

樂善好施

第五倫，複姓第五，名倫，東漢著名的清官。他剛正不阿，樂善好施，體恤百姓。無論第五倫在哪兒做官，都能夠為民排憂解難。

第五倫在擔任會稽太守時，十分節儉。穿著布衣，吃粗糙的米，甚至親自動手割草餵馬，而妻子則下廚燒火做飯。到了領俸祿的時候，除了留下一點自家食用之外，剩下的全部贈給窮苦的老百姓。第五倫以清貧為家訓，從來不置備家產。

第五倫的朋友勸告他：「人各有命，你一個人的力量又能救濟多少人呢？」第五倫則說：「只是為了不辜負我自己的良心罷了。」

第五倫的朋友說：「你自己清廉自守已經很不容易，又何苦不置辦家產，你能給後人留下什麼呢？」第五倫則笑著說：「過獎了，我這是在為後人積攢德行。」

第五倫深得漢章帝的賞識和信任，一直位居三公之貴。他大興教化，辦了很多惠民利民的好事。他曾對人說：「仁德並不是透過攫取就能得到的，仁德是成人做事的根本。我自愧一生所做的善事太少了，而得到的福報卻無法想像！」

第五倫隨時隨地都能夠保持善念，堅持行善，為他人著想，這也是我們每個人應該學習的。

誠意以正心

神莫神於至誠。

【注曰】無所不通之謂神。人之神與天地參，而不能神於天地者，以其不至誠也。

【王氏曰】複次，志誠於天地，常行恭敬之心；志誠於君王，當以竭力盡忠。志誠於父母，朝暮謹身行孝；志誠於朋友，必須謙讓。如此志誠，自然心合神明。

【譯文】最神奇的境界莫過於精誠一心。

【釋評】《易經》曾說：「誠能通天。」心誠的含義不僅是誠實做人。正

樂善好施的美德

人生最大的快樂莫過於好做善事。你幫助的人越多，關心你、支持你、幫助你的人越多，你就越會受到大家的擁護和愛戴，你就會從中獲得更多的快樂。

●節儉持家，倡廉抑貪

第五倫在擔任會稽太守時，十分節儉。穿著布衣，吃粗糙的米，甚至親自動手割草餵馬，而妻子則下廚燒火做飯。到了領俸祿的時候，除了留下一點自家食用之外，剩下的全部贈給窮苦的老百姓。第五倫以清貧為家訓，從來不置備家產。

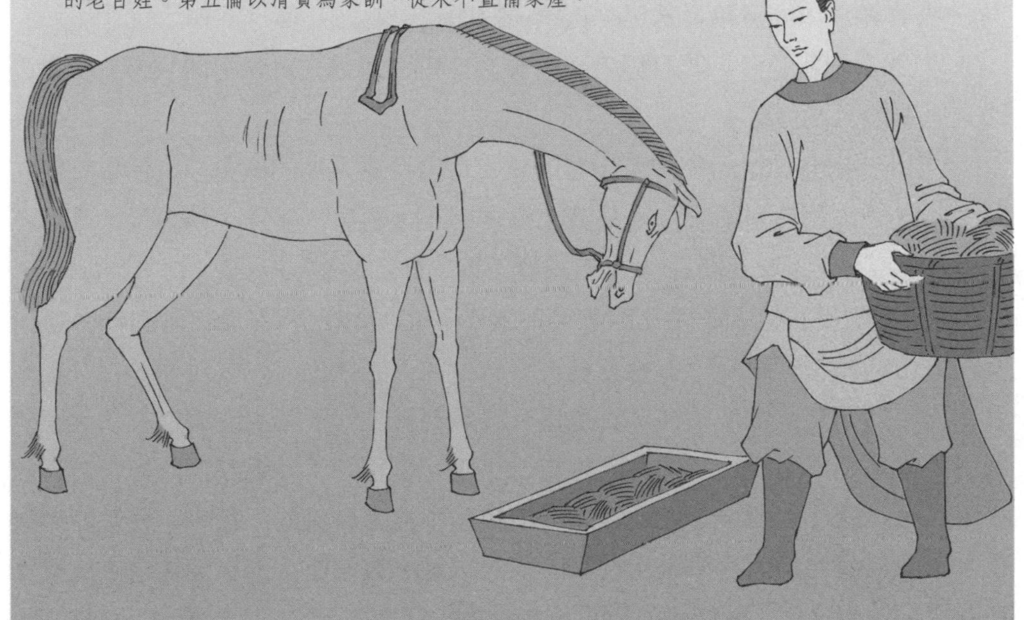

所謂「精誠所至，金石為開」，至誠之心是人世間最有力量的東西。

人能擁有至誠之心，做事情一定會鍥而不捨。不取得最後的成功，絕不罷休。這樣的人無論做人做事往往能夠取得成功。

人能擁有至誠之心，他會擁有更多的良師益友。他能以誠待人，他的朋友也會以誠相待。「物以類聚，人以群分」。心誠之人結交的朋友也必是心誠之人。

至誠之心是一種做人的態度，更是一種立身立德的高貴品德。

經典故事賞析

晏殊的真誠

宋朝的晏殊，從小就誠實善良且聰明好學。七歲時，就寫得一手好文章。十五歲那年，晏殊因聰明過人被縣令作為神童推薦給真宗皇帝。

晏殊本可以直接由皇上面試，但他執意要參加科舉會考。他認為只有會考才能反映自己的真實才學。主考官同意了晏殊的要求，決定讓他與三千一百多名舉人一起會考。

考試開始了，晏殊一看題目剛好是自己之前做過的，他拿起筆，思考了一會兒，就舉起手對主考官說：「大人，這個題目我在家已經做過了，請您另外給我再出個題目做吧？」

考官聽了，同意給晏殊另外再出一個題目。

晏殊拿到新題目，認真思考了一會兒，就拿起筆來一氣呵成。考官覺得晏殊文思敏捷，真乃奇才。

晏殊要求參加會考和重新出題的誠實行為受到人們的敬重，這件事不僅在考生中傳開，也傳到了宋真宗那裏。宋真宗馬上召見了晏殊，稱讚說：「你不僅有真才實學，更重要的是，具有誠實不欺的好品德！」

晏殊初出茅廬當職時，正值天下太平，京城的大小官員經常到郊外遊玩或在城內的酒樓茶館舉行各種宴會。晏殊家貧，無錢出去吃喝玩樂，只好在家裏和兄弟們讀寫文章。不久，真宗提升晏殊為輔佐太子讀書的東宮官。大臣們驚訝異常，不明白真宗為何做出這樣的決定。真宗說：「近來群臣經常遊玩飲宴，只有晏殊閉門讀書，如此自重謹慎正是東宮官合適的人選。」晏殊謝恩後說：「我其實也是個喜歡遊玩飲宴的人，只是家貧而已。」這兩件事，使晏殊在群臣面前樹立起了聲譽，而宋真宗也更加信任他了。

晏殊的真誠

心誠的含義不僅是誠實做人。正所謂「精誠所至，金石為開」，至誠之心是人世間最有力量的東西。

●晏殊誠實不欺，最終官至宰相

真宗命令晏殊參加考試，晏殊見到試題後，表明自己幾天前做過這個題目，要求重新出題，真宗很欣賞他這種誠實的態度。

真宗說：「近來群臣經常遊玩飲宴，只有晏殊閉門讀書，如此自重謹慎正是東宮官合適的人選。」晏殊回答說：「我其實也是個喜歡遊玩飲宴的人，只是家貧而已。」皇上對他的誠實倍加讚賞。

後來，晏殊平步青雲，做了仁宗朝的宰相，當時國家承平無事，人稱太平宰相。他在北宋文壇也赫赫有名，他的兒子晏幾道也在朝廷中做了高官，名聞天下。

富弼以誠待人

宋仁宗年間，契丹向邊境集結大量兵力，同時派遣蕭英、劉六符兩位大臣出使宋朝，要求宋朝割讓周世宗時收復的關南地。對契丹蠻橫無理的要求，宋朝為了維護朝廷的尊嚴，準備選派使臣出使契丹，解決邊境問題。在大臣們看來，契丹的意圖無法揣測，只怕是有去無回，所以竟沒有一人敢擔此重任。宰相呂夷簡推薦了富弼。歐陽修認為這跟盧杞推薦顏真卿安撫李希烈差不多，其用心極其險惡（盧杞知道叛將李希烈凶殘好殺，同時又厭惡顏真卿的正直，所以，就故意向唐德宗推薦顏真卿安撫李希烈，結果顏真卿真的被李希烈殺害了），因此請求仁宗讓富弼留在京城，不要出使契丹。富弼聽說後，即刻入朝拜見仁宗，說：「主上為國事而擔憂，此為臣子的恥辱。臣願以死來報答陛下的皇恩。」仁宗對此深受感動，就讓富弼先作為接伴特使來接待契丹的使臣。

蕭英、劉六符入境後，仁宗派朝廷宦官熱情接待。蕭英卻稱身體不適，不能下拜。富弼說：「以前我出使貴國，生病後只能躺在車中，後來聽到貴國陛下的使者來了，立即振奮而起。現在我國陛下的使者到來，而閣下不拜，這是什麼道理啊？」蕭英一聽，驚懼而起，立即向仁宗的使者行跪拜之禮。

接下來，富弼推心置腹地與蕭英交談，兩人越談越投機。最後，蕭英也不再隱瞞他們的真實目的，還將他們出使的真實想法告訴了富弼。在這次外交博弈中，富弼用自己的真誠之心打動了對方，同時維護了宋朝的利益。

煉就你的火眼金睛

明莫明於體物。

【注曰】《記》雲：「清明在躬，志氣如神。」如是，則萬物之來，其能逃吾之照乎！

【王氏曰】行善、為惡在於心，意識是明，非出乎聰明。賢能之人，先可照鑑自己心上是非、善惡。若能分辨自己所行，善惡明白，然後可以體察、辨

富弼

富弼（1004-1083年）字彥國，洛陽（今河南洛陽東）人。天聖八年（1030年）以茂才異等科及第，歷知縣、簽書河陽（孟州，今河南孟縣南）節度判官廳公事、通判絳州（今山西新絳）、鄆州（今山東東平），召為開封府推官、知諫院，知制誥、樞密副使、知鄆州、青州，樞密使，進封「鄭國公」。

●富弼以誠待人

宋仁宗年間，契丹向邊境集結大量兵力，同時派遣蕭英、劉六符兩位大臣出使宋朝，要求宋朝割讓周世宗時收復的關南地。對契丹蠻橫無理的要求，宋朝為了維護朝廷的尊嚴，準備選派使臣出使契丹，解決邊境問題。

●富弼慶曆新政

宋仁宗趙禎，看到了大宋政策的弊端，決心改革。在大臣遞交的方案中，他看中了范仲淹和富弼的方案，於是在全國推行二人提出的十條改革措施。歷史上把這次改革稱為「慶曆新政」。

范仲淹為了推行新政，跟韓琦、富弼等大臣到各地走訪，篩選各路（「路」是宋朝行政區劃的名稱）監司（監察官）。有一次，范仲淹審查一份監司名單時，發現其中有貪贓枉法的官員，就提起筆來，把這些人的名字一一勾掉，準備另選他人。富弼在一旁看了，心裏有些不忍，就對范仲淹說：「範公啊，你這筆一勾，可讓這一家子都哭泣呢。」

范仲淹嚴肅地說：「彥國啊，我若不讓這些官員的一家子哭，那就害得一路的百姓都要哭了。」這一次，富弼不再和范仲淹爭執了，他覺得范仲淹說得對，此後辦事就更加實事求是了。

明世間成敗、興衰之道理。

復次，謹身節用，常足有餘；所有衣、食，量家之有、無，隨豐儉用。若能守分，不貪、不奪，自然身清名潔。

【譯文】最睿智的問題莫過於體察萬物，明了其運行的規律。

【釋評】善於體察人情世故的人，一定是聰明而沒有疑惑的人。換位思考，往往能夠有意想不到的收獲。這種方法在心理學上被稱作「進入他人思維」。如果人能跳出自己的思維定式，設身處地站在別人的角度思考一下，就能夠將心比心，找到處理問題的合適辦法。這樣一來處理事情時就容易做到公正、合理，也就會得到別人的讚許。

經典故事賞析

體物明察

曹彬是北宋初年最著名的將領，也是最有才華的將領。他品德高尚，而且善於體物明察。

乾德二年，北宋攻滅後蜀國。在維持後蜀穩定的工作中，曹彬行使督監的權力。但攻滅後蜀的主要將領居功自傲，腐敗不堪，導致後蜀降兵發生兵變。很多將領提議殺掉尚未兵變的幾萬降兵，但曹彬堅絕不同意。

兩年後，蜀地的叛亂才被平復。許多將領因此被罰，但曹彬憑藉不濫殺無辜而得到宋太祖趙匡胤的嘉獎。

開寶七年，曹彬受命作為主帥，攻滅南唐。南唐後主李煜帶領群臣來到曹彬的軍營前謝罪。曹彬對他們以禮相待。李煜請求回宮整理行裝，曹彬從大局出發，告訴李煜：「你先回宮拿東西，盡量多拿，你拿剩下的，我再查抄。」

李煜走後，曹彬的部下說：「萬一李煜回去自殺怎麼辦？」

曹彬則說：「李煜向來懦弱，如今投降了，就一定不會自殺。」

李煜果然沒有自殺，被曹彬毫發無傷地帶回宋朝的都城開封。

曹彬作為一名執法官，從不濫殺無辜，以宅心仁厚而著世。在執行法律時，能夠體恤民情，在不違背法律規定的前提下，盡量寬宥。在任徐州知府的時候，有個小吏犯了罪，經過審理，應處以杖刑的處罰。在判決時，曹彬卻判決一年後再對罪犯執行杖刑，大家對他的做法很不理解。曹彬解釋說:「我聽說這人剛娶了媳婦，如果立即對其執行杖刑，那麼這個媳婦的公婆就一定認為這個媳婦不吉利，就會厭惡她，一天到晚打罵折磨她，讓她生不如死。判刑也

曹彬

曹彬（931-999年），字國華，真定靈壽（今屬河北）人，北宋初年大將。

●趣聞逸事溫情執法

曹彬，以不濫殺無辜，宅心仁厚而著世。在執行法律時，能夠體恤民情，在不違背法律規定的前提下，盡量寬宥。

得考慮他的家人啊，這就是我判緩刑的緣故。同時我還得依法辦事，不能赦免他，所以才想出這個辦法。」大家頓生敬意，認為曹彬的判決很合理。

知足者長樂

吉莫吉於知足。

【注曰】知足之吉，吉之又吉。

【王氏曰】好狂圖者，必傷其身；能知足者，不遭禍患。死生由命，富貴在天。若知足，有吉慶之福，無凶憂之禍。

【譯文】最吉利的事情莫過於知足而不貪婪。

【釋評】正所謂：「人生所須，其實甚少。廣廈千間，夜眠七尺；珍饈百味，不過一飽。」其實快樂很簡單，貴在於知足。知足而長樂。

很多人生活很苦悶，往往陷入不知足的旋渦而難以自拔。總是想要得到更多的東西，然而這些東西卻往往難以得到。得不到這些東西自然就會苦悶，快樂也就會遠離。

人生最重要的，首先是要珍惜目前的生活，以樂觀的心態對待每一天，懂得知足，學會知足。然後還要有遠大的目標，一步步地向自己的目標邁進。這樣一來，生活就會變得既快樂又充實。

經典故事賞析

知足常樂

胡九韶，明朝金溪人。他家境貧寒，一面教書，一面努力耕作，僅僅可以衣食溫飽。

每天黃昏時，胡九韶都要到門口焚香，向天拜九拜，感謝上天賜給他一天的清福。妻子笑他說：「我們一日三餐都是菜粥，怎麼談得上是清福？」胡九韶說：「我首先很慶幸生在太平盛世，沒有戰爭兵禍。又慶幸我們全家人都能有飯吃，有衣穿，不至於挨餓受凍。第三慶幸的是家裏床上沒有病人，監獄中沒有囚犯，這不是清福是什麼？」

孔子的弟子子貢問孔子：「貧窮而無妄求，富裕而無驕橫，怎麼樣？」孔子說：「可以啊，只是不如貧窮而快樂、富裕而喜好禮節的人。」

猛獸易伏，人心難滿

●溝壑易填平，欲望卻難以滿足

一提到「人心難制」，就只想到他人，殊不知最難制伏的是自己。人性的貪婪和無知是給人類帶來苦難的根源，歷史上有多少達官貴人在國家滅亡的時候還在爭權奪利。所以說，我們不見得要歸隱山林才能顯示我們的情操，也不用放棄自己的物質利益來顯示自己的高尚，只要我們能讓自己的心靈變得沉靜，胸襟豁達、大度，就能過得舒心快樂。

知足是福

古時候，有個人叫鄭景明，當他在外面遇到不開心的事情的時候，就跑回家去，然後繞自己的房子和土地跑三圈。後來，他的房子越來越大，土地也越來越多，而一生氣他仍要繞著房子和土地跑三圈，哪怕累得氣喘吁吁，汗流浹背。

孫子問：「爺爺！為什麼你生氣的時候就繞著房子和土地跑？」

貪得者雖富亦貧，知足者雖貧亦富

人的能力是有限的，而欲望是無窮的，所以做人要有知足常樂的心境。人世間的苦樂都來自心靈，不要放縱自己陷入「爭得萬物」的心靈旋渦當中，因為這會損害自己的德業，更會使自己遠離真正的富足人生。

●知足常樂

鄭景明對孫子說：「爺爺年輕時，一和人吵架、生氣，我就繞著自己的房子和土地跑三圈，邊跑邊想：『自己的房子這麼小，土地這麼少，哪有時間和精力去跟別人生氣呢？』一想到這裏，我氣就消了，也就有了更多的時間和精力來工作、學習了。」

孫子又問：「爺爺！你現在有了這麼多的房子，您為什麼還要繞著房子和土地跑呢？」

鄭景明笑著說：「老了生氣時我繞著房子和土地跑三圈，邊跑邊想：『我房子這麼大，土地這麼多，又何必和人計較呢？』一想到這裏我的氣就消了。」

知足是福

只要我們能知足，懂得感恩，讓自己的心靈變得沉靜，胸襟豁達，就能過得舒心快樂。

貪欲害人

苦莫苦於多願。

【注曰】聖人之道，泊然無欲。其於物也，來則應之，去則無繫，未嘗有願也。

古之多願者，莫如秦皇、漢武。國則願富，兵則願強；功則願高，名則願貴；宮室則願華麗，姬嬪則願美豔；四夷則願服，神仙則願致。

然而，國愈貧，兵愈弱；功愈卑，名愈鈍；卒至於所求不獲而遺恨狼狽者，多願之所苦也。

夫治國者，固不可多願。至於賢人養身之方，所守其可以不約乎！

【王氏曰】心所貪愛，不得其物；意在所謀，不遂其願。二件不能稱意，自苦於心。

【譯文】人最大的苦惱莫過於欲望太多而無法自拔。

【釋評】想要達到聖人之道，往往需要淡泊無欲的境界。對待身外之物來就來，去就去，任其自由，無須牽掛。

著名政治家、文學家范仲淹曾說：「不以物喜，不以己悲。」不要因為外界物體的得失而痛苦、迷茫。不要讓外物主宰了你，要懂得控制自己。只有能夠控制住自己，才能夠正形、正心。

外在財物的得失聚散，不值得我們為此大喜大悲。人只有守住自身，才能立於不敗之地。佛說：「正是因為有求才有苦。生、老、病、死都是因為人渴求的太多而致使苦難纏身。」

按照禪家所說：「一具臭骨頭，何為立功課？」中國傳統文化中，儒家也曾說：「無欲則剛，恭謙儉讓，對人不求名，對物不求奢，是為君子。」道家則講究「無欲無求，一身傲骨，兩袖清風，遨遊人間」。

正所謂「貪心不足蛇吞象」，人的欲望就像漫無邊際的大海，怎麼也滿足不了。秦皇、漢武苛求長生，結果終其一生也求不得長生之術，抑鬱而終。做人如此，治國更是如此，講究的就是清心寡欲。

欲望帶來的後果

人們被欲望蒙蔽了心智，就好像身處苦海之中，只要回頭就可以看到岸邊。

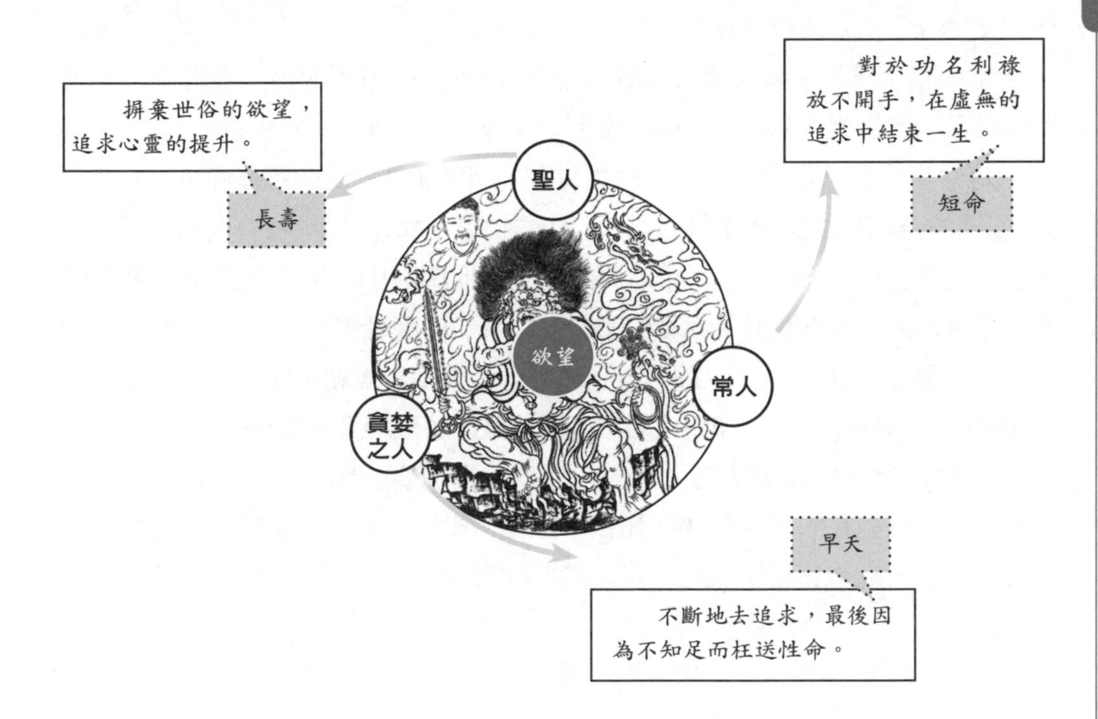

經典故事賞析

貪心不足蛇吞象

古時候，有一個樵夫，他的名字叫王妄。家中只有一個老母，以打柴為生。有一天王妄在上山打柴的路上見到一條受傷的蛇，秉性善良的他大發慈悲，脫下衣服把蛇包起來，帶回了家裏。王妄治好了蛇的傷，就把牠養了起來。這條蛇十分通人性，很是得王妄母子的喜歡，他們就越捨不得把蛇放回野外。

有一天，王妄的母親突然病倒了，王妄非常著急，卻又沒什麼辦法，急得直流淚。這時，蛇突然開口說話，要王妄從牠身上拔下三塊鱗甲，混著草藥煮給母親喝。王妄突然聽到蛇說話，很害怕。但在蛇再三的催促下，救母心切的他就從蛇的身上拔下三塊鱗甲，煮給母親喝。母親喝了藥之後，病很快就好了。王妄母子十分感激這條蛇。

當朝皇帝宋仁宗整天無所事事，覺得宮裏的生活十分枯燥，就想找一顆夜明珠玩玩。於是便張貼告示：誰能獻上一顆夜明珠，就能封官受賞。

這件事傳到王妄的耳中，他很想當官，回到家就對蛇說起這件事。蛇為了報答王妄的救命之恩，就對王妄說：「你對我有救命之恩，我一直沒有機會報答你。現在我可以報答你了，我的眼睛就是兩顆夜明珠，你挖出我的一顆眼睛獻給皇帝，就能升官發財。你和你的母親也就能安度晚年了。」

王妄聽後喜出望外，立即挖出了蛇的一隻眼睛，獻給了宋仁宗。宋仁宗見到珠寶後，十分高興，立即封王妄做官，並賞賜了他很多金銀珠寶。

皇后見到這顆夜明珠後，也十分喜歡，也想要一顆。王妄聽說了十分高興，就回到家對蛇說了這件事。蛇很不高興，說：「我為了報恩，已經把一隻眼睛給你了，你也獲得了榮華富貴。然而你現在卻不知足，想要我的雙眼，你太貪心了。」

王妄卻不聽勸告，執意要蛇的眼睛。蛇憤怒之下，張開大口，把王妄吞了下去。王妄因為貪婪最終死於非命。

專一做事

悲莫悲於精散。

【注曰】道之所生之謂一，純一之謂精，精之所發之謂神。其潛於無也，則無生無死，無先無後，無陰無陽，無動無靜。

其舍於形也，則為明、為哲、為智、為識。血氣之品，無不稟受。正用之，則聚而不散；邪用之，則散而不聚。

目淫於色，則精散於色矣；耳淫於聲，則精散於聲矣。口淫於味，則精散於味矣；鼻淫於臭，則精散於臭矣。散之不已，豈能久乎？

【王氏曰】心者，身之主；精者，人之本。心若昏亂，身不能安；精若耗

無欲無求，平易近人

人們被欲望蒙蔽了心智，就好像身處苦海之中，只要回頭就可以看到岸邊。

●山間求道圖

聖人因為無欲無求，所以就顯得平易近人，人們接近他的時候就感覺是在接近大自然，所以無論是動物還是人，都向往能夠親近他，並得到他的教誨。

散，神不能清。心若昏亂，身不能清爽；精神耗散，憂悲災患自然而生。

【譯文】人生最大的悲哀莫過於精力分散而無法專一。

【釋評】正所謂：「道生一，一生二，二生三，三生萬物。」萬事萬物都是由這個「一」發展而來的。這個單純的「一」，就是核心，我們做事情一定要抓住核心。只有牢牢抓住核心，我們做事情的主體才不會發生改變。只有這樣，我們才能一步步走向成功。

這個「一」也被稱作「精」，也就是所謂的「神」。純粹的「一」其實也就是所謂的「無」，正所謂：「無生無死，無陰無陽，無動無靜，沒有形狀，沒有具體內容，卻妙不可言。」

正因為這個「一」，其蘊含於「無」中，才能夠「無所不為」。世間萬事萬物，都因為稟受了這種元氣而形成。如果正確地運用，則精而不散；如果運用錯誤，則導致散而不聚。

這是從哲學範疇對「一」所做出的解釋。正如老子所說：「五色令人目盲，五音令人耳聾，五味令人口爽，馳騁畋獵，令人心發狂。難得之貨，令人行妨。」

其實無論做什麼事情，中庸即是美，千萬不能要求太多，不然，一旦沉溺其中，就不能自拔。「精」和「神」散於其中，對於個人、家庭和國家都會造成損失。

經典故事賞析

「書聖」王羲之

王羲之，字逸少，是晉朝著名的書法家、政治家、軍事家。被人們譽為「書聖」。紹興市戒珠寺內有個墨池，傳說是當年王羲之洗筆的地方。

王羲之七歲開始練習書法，他勤奮好學，到了十七歲時，就已經偷偷閱讀完父親祕藏的許多前代的書法論著。

他每天都坐在池子邊練字，一天又一天，不知道用了多少的墨汁，寫爛了多少筆頭。王羲之每天練完字後就在池水中洗筆，時間久了，竟將一池的水都洗成了墨色。

王羲之練字專心致志，精益求精，幾乎達到了廢寢忘食的地步。就連吃飯走路也都在揣摩字。他不斷地用手在身上默寫劃字，時間長了，竟然連衣襟都被磨破了。有一次，王羲之為人寫了一塊匾。他在木板上書寫了幾個樣字，讓人拿去雕刻。雕刻的工人發現字的墨漬竟滲入木板裏約有三分之深。因此人們常常用「入木三分」的成語來形容書法的筆力強勁，後來還用來比喻關於事物的見解和議論十分深刻。

王羲之出身名門，父親王曠曾為淮南太守，叔父王導則為東晉司徒。在青少年時期王羲之就不慕榮利，而是一心一意地讀書、練字。當時，太尉郗鑑派人向司徒王導家求親，想把自己的女兒嫁給王導的兒子。

王導說：「我的幾個兒子都在東廂，你看看哪一個合適？」郗鑑派來的人跟著王導來到東廂。王導的兒子們個個整裝端坐，希望被選中。王羲之卻毫不

靜心以專一

「致虛極，守靜篤」是老子提出的一種修行的內覺狀態。修道者將全身融入太虛之中，從而達到忘我的境界，達到專一的境界。

●「書聖」王羲之

王羲之自幼酷愛書法，勤於練習，終於成就一代書法大家，被稱為「書聖」。

在乎，披著衣服，露著肚子，一個人躺在床上，一邊吃東西，一邊練字，根本不為選女婿這件事所動。

這個人回去後向郗鑑稟告說：「王司徒的兒子個個英俊瀟灑，只是那個侄子王羲之……」

這個人的話還沒有說完，郗鑑哈哈大笑：「王羲之這樣一心向學的人，正是我想要尋找的女婿。」就這樣，王羲之成了郗鑑的女婿。

反覆無常一事無成

病莫病於無常。

【注曰】天地所以能長久者，以其有常也；人而無常，不其病乎？

【王氏曰】萬物有成敗之理，人生有興衰之數；若不隨時保養，必生患病。人之有生，必當有死。天理循環，世間萬物豈能免於無常？

【譯文】人生最大的疾病莫過於失去常態，難以穩定下來。

【釋評】天地間的萬物之所以是永恆的，是因為它們都有自己的運行規律。如果人為地強行打破它，則會受到自然規律的懲罰。如果人們無視自然規律，生活不正常，時間長了就會生病。

現代社會，人類向自然界急劇擴張空間，瘋狂掠奪自然資源，不知道順應自然規律，最終將會受到自然界的加倍懲罰。

經典故事賞析

拔苗助長

古時候宋國有個農夫，在春天的時候種了稻苗，種完之後，每天都盼望著自己的禾苗能夠馬上長高，希望能早早收成。

每天他都到稻田去看禾苗的長勢，但是他發現那些稻苗長得非常慢，很不耐煩，便在心裏尋思：「怎麼樣才能使稻苗長得高、長很快呢？」日思夜想，過了很久，有一次他蹲在田邊拔草，忽然間靈光閃現：「如果我將每一株稻苗拔高幾分，這樣不就比別人家的長得高了。」

想到這裏，他馬上行動，經過一番辛勞後，他滿意地扛著鋤頭回家休息。回到家裏，他興奮地對家裏人說：「今天可把我累壞了，我幫助稻苗長高一大

拔苗助長

「欲速不達」，做事情一定要腳踏實地，遵循事物的規律，一步一個腳印地去走，多一點耐心。過於迫切，會造成不好的後果。

●萬事萬物有規律

欲速則不達

任何事情在接近成功的時候要保持冷靜的頭腦和平和的心態，這樣才能做到臨危不亂、善始善終。

心浮氣躁的人往往急於求成，而急於求成常常會粗心大意，粗心大意的結果恰恰是功敗垂成。

多一點耐心，少幾分浮躁，成功的概率就會增加 ；多一些思考，少一些異想天開，事情的進展就會變得順利。

截！」

他兒子問清了緣由，就趕快跑到地裏去看，發現所有的稻苗全都枯死了。

利令智昏

相傳齊國有個人太想得到金子了。早晨穿戴好衣服帽子，走到賣金子的地方，見到有個人手中拿著金子，他就一把搶了過來。官吏抓住他，並捆綁了起來，問他：「你光天化日之下當面搶人家的金子，是什麼原因？」那人回答說：「搶金子的時候，我只是看到了金子，根本沒看到有人。」

平原君有時也不能識大體，結果為眼前的小利蒙住眼睛，致使趙國蒙受重大損失。

西元前262年，秦國派遣大將白起率領人馬攻打韓國。秦軍首先攻占了韓國的野王，使韓國的上黨地區受到孤立。上黨郡守馮亭十分仇視秦國，對身邊的人說：「上黨也馬上就要守不住了，我們投降秦國還不如投降趙國。」於是他派人帶著上黨的地圖去覲見趙孝成王，要獻出上黨之地。

趙孝成王向平陽君趙豹尋求意見。趙豹認為無緣無故地收下這塊地方不好，最好不接受。但是平原君趙勝被利益沖昏了頭腦，認為輕易就能得到這麼大塊的土地，沒什麼不好，應當接受。最後趙孝成王聽取了平原君的意見，接受了上黨這塊土地，並封馮亭為「華陽君」。此事自然激怒了秦國，秦國便派白起率領軍隊攻打趙國。最終長平之戰，趙軍四十萬降卒被坑殺。

因小失大

短莫短於苟得。

【注曰】以不義得之，必以不義失之；未有苟得而能長也。

【王氏曰】貧賤人之所嫌，富貴人之所好。賢人君子不取非義之財，不為非理之事；強取不義之財，安身養命豈能長久？

【譯文】人生最容易失去的就是靠不正當手段得來的東西。

【釋評】用不義的方法得到的東西，必將會以不義的方法失去。處在平安的地方但不能忘記危難。珍惜現在擁有的東西，這樣才能無所短，反而有長進。

平原君

平原君在趙惠文王和趙孝成王時任相，是當時著名的政治家之一，以善於養士而聞名，門下食客曾多達數千人。

●長平之戰

平原君趙勝卻被利益沖昏了頭腦，勸說趙孝成王接受上黨地區。這件事情自然激怒了秦國，秦國便派白起為大將，率領軍隊攻打趙國。最終長平之戰，趙軍四十萬降卒被坑殺。

孔子曾說：「富貴無常。」以此告誡王公和百姓，勉勵他們奮發向前。所以安於現狀的人，即使不失敗也不會有長進。

經典故事賞析

王安石不收不義之財

王安石，字介甫，號半山，撫州臨川人，是北宋傑出的政治家、思想家、文學家，唐宋八大家之一。

王安石的父親是一個地方小官，王安石小時候隨父親宦遊南北，增加了社會閱歷，目睹了底層人民生活的艱辛。走上仕途後，他為了改善人民生活，銳意改革，而自己一生為官清廉，十分痛恨官場上以權謀私、投機鑽營的現象。

王安石官居宰相，想要討好賄賂他的人不計其數，但是王安石不為所動，一律予以回絕。有一次，一位客人去拜訪王安石時，給他送來古鏡和寶硯兩件稀有的古董。古鏡鏡面光滑通透，近照人影一致，遠照可達二百里。寶硯石質細密，省墨又不傷筆，呵氣成墨。王安石卻道：「這兩件雖是稀奇寶物，對我卻並無多大作用。我的臉還沒有盤子大，哪裏用得到能照兩百里的古鏡？先取水後研墨，已經成為我寫字的習慣了，你的硯臺能呵得一擔水，又能值多少錢？」就這樣，王安石婉言謝絕了客人的好意，沒有收古鏡和寶硯。

王安石對錢財看得十分淡薄。他曾任舍人院知制誥，負責起草詔令。按當時的規定，幫人寫文作畫，可以接受報酬，他卻一概不要。有一次，王安石幫人寫字，主人贈他好酒三百小瓶。他不肯接受，主人就帶著僕人親自送到官府。王安石還是不收，主人就把三百瓶酒放置舍人院梁上。

不久之後，王安石的母親去世，他趕回老家江寧辦理母親的喪事。跟王安石一同任職於舍人院的祖澤之趁他不在，把三百瓶酒從梁上拿下來，分給同僚飲用。王安石回來以後聽說此事，對祖澤之的做法十分厭惡，認為他不廉潔。

後來，王安石做了宰相，祖澤之做了杭州知府。王安石沒忘記祖澤之分掉三百瓶酒的事，責令監司一定要追究祖澤之接受賄賂的罪責。

王安石做宰相期間，有一回得了氣喘病。大夫開的藥方裏有一味藥是紫團山人參。這種人參十分稀有，僕從走遍了京城也沒有買到。有個叫薛師政的官員從外地回來，聽說了這件事，就給王安石送去一些，但王安石堅絕不收。有人勸他：「你的病非得用這種藥才能治好。治病要緊，收人點藥算不了什

正人君子王安石

無論是物質還是名利，如果不是來自正常途徑就不能接受。不義之財不可收，意外之物不可貪。當取則取，而且取之有度，一絲一毫都不能苟得，這才是正人君子的取捨態度。

●王安石拒賄

陳臻問孟子：「前天，齊王送您好金一百您卻不接受，今天薛國送您五十鎰，您又接受了。如果前天不接受是對的，那麼今天接受就應是錯的；若今天接受是應該的，那前天不接受就不應該。」

孟子回答說：「都是對的。在薛的時候，有兵難，要為之考慮設防的事，我為什麼不該接受呢？至於齊國則沒有什麼事卻贈金給我，是收買我，哪裏見過君子是可以用金收買的呢？」

取

當取則取，並取之有度

意外之物不可貪

不該取則一分一毫都不能收

不義之財不可收

「為人」、「與人」愈多，而自我之積累愈豐，置己於眾人之後，置私利於度外，卻反而能保全私利，成就自我。即所謂：名為退，實乃進；以退為進，以屈求伸。

王安石取捨有分寸，不該拿的絕對不拿，不管是好硯臺、好鏡子，還是救命的藥材，不拿一分，不貪一毫。

麼。」王安石卻生氣地說：「我一輩子沒吃過紫團山人參，不是也活到了今天？」最終他也沒有接受那些人參。

貪婪終將滅亡

幽莫幽於貪鄙。

【注曰】以身殉物，暗莫甚焉。

【王氏曰】美玉、黃金，人之所重；世間萬物，各有其主，倚力、恃勢，心生貪愛，利己損人，巧計狂圖，是為幽暗。

【譯文】最大的愚昧莫過於貪婪。

【釋評】人生的困苦大多源自一個「貪」字。財色酒氣，往往是人們貪的最主要方向。輕度貪婪的人整日被欲望蒙蔽，不知所措；重度貪婪的人則無法無天，悖情悖理。

經典故事賞析

貪心楚懷王

張儀為了拆散楚國和齊國的聯盟，來到楚國游說。他見了懷王後說：「秦王最欣賞的人就是大王，我也非常想當大王的守門人。秦王最痛恨齊王，我也是這樣。如果大王能和齊國絕交，那麼就請大王派使者隨我西去，取回秦過去分得的楚國商於的六百里土地。這樣一來，在北面可以削弱齊國，在西面可以有恩德於秦國，更可以得到商於的六百里土地。這可是一舉三利的事情。」

張儀的花言巧語打動了楚懷王，他馬上把楚國的相印交給張儀，並對群臣說：「商於六百里的土地又失而復得了。」

臣下都來道賀，唯獨陳軫不賀。楚懷王很不高興，問陳軫不道賀的原因。陳軫說：「秦所以尊重您，是因為齊國和楚國兩國合縱友好。如今六百里地沒得到，卻先和齊國絕交，使楚國陷入孤立無援的地步，而秦惠王又何必尊重一個孤立無援的國家呢？秦國一定會輕楚！如果讓秦國先交出商於之地，再和齊國絕交，那麼秦王一定不肯這樣做。如果先和齊絕交，然後再要回商於之地，那麼一定會上當受騙。大王受了騙，一定會怨恨秦國，怨恨張儀，這樣一來，西邊的秦國、北邊的齊國都交惡，沒有什麼好慶賀的。」

縱橫家張儀

張儀為了拆散楚國和齊國的聯盟，來到楚國游說。欺騙楚懷王說歸還商於六百里土地。楚懷王利令智昏，沒有聽陳軫的勸告，最終被張儀戲弄，陷入孤立無援的地步。

●張儀

自西元前328年開始，張儀運用縱橫之術，游說於魏、楚、韓等國之間，利用各個諸侯國之間的衝突，或為秦國拉攏，使其歸附於秦；或拆散其連盟，使其力量削弱。但整體來說，他是以秦國的利益為出發點的。在整個秦惠王時期，他不僅使秦國在外交上連連取得勝利，而且幫助秦國開拓了疆土，因此可以說他為秦國的強大和以後統一中國立下了汗馬功勞。

●張儀欺楚

張儀想要破壞齊楚盟約，於是游說楚王，願意獻出商於一帶六百里的土地給楚國，希望楚國和齊國斷絕往來。楚王非常高興，就廢除了和齊國的盟約，並派了一位將軍跟著張儀到秦國去接收土地。

張儀卻不上朝，楚王知道後，又派勇士辱罵齊王，並和秦國建立了邦交。張儀又說只有六里土地。楚王怒而發兵，結果大敗，又割讓兩座城池和秦國媾和。

陳軫告訴楚懷王，絕齊只會孤立自己。然而楚懷王利令智昏，聽不進陳軫的話。楚國和齊國交惡後，秦國果然沒有將商於之地歸還楚國。楚懷王憤怒之下發兵攻打秦國，三戰三敗。楚國元氣大傷。

孤傲使人陷入孤立

孤莫孤於自恃。

【注曰】桀紂自恃其才，智伯自恃其強，項羽自恃其勇，高莽自恃其智，元載、盧杞，自恃其狡。

自恃，則氣驕於外而善不入耳；不聞善則孤而無助，及其敗，天下爭從而亡之。

【王氏曰】自逞己能，不為善政，良言傍若無知，所行恣情縱意，倚著些小聰明，終無德行，必是傲慢於人。人說好言，執蔽不肯聽從；好言語不聽，好事不為，雖有千金、萬眾，不能信用，則如獨行一般，智寡身孤，德殘自恃。

【譯文】最容易讓自己陷入孤立無援的莫過於依仗自己的才智而目空一切。

【釋評】自古文人多傲骨，有才華的人最容易犯的錯誤就是恃才傲物。世上傲氣十足的只有兩種人：一種人有真才實學，因而目中無人，常認為「老子天下第一」；另一種人其實腹中空空如也，本是無德無能，只好以傲慢的姿態來維持其脆弱的心理平衡。那些恃才傲物的人，應該懂得謙虛謹慎的道理，謙虛使人進步，驕傲使人退步。過度驕傲只會蒙蔽自己的雙眼。第二種人心理陰暗，這種人永遠無法獲得提高，只好以傲慢的姿態來掩蓋其脆弱的心理。

經典故事賞析

楊修之死

三國時期，曹操出兵漢中進攻劉備的時候，大軍被困於斜谷界口，想要進兵，前方有馬超守護，無法輕鬆通過；想要收兵回朝，又怕受到蜀兵的恥笑，正在他猶豫不決的時候，恰巧碰上廚師進上了雞湯。曹操看見碗中有雞肋，於是有感於懷。正獨自沉吟之間，夏侯惇進入軍帳，前來稟請夜間的口號。曹操隨口答道：「雞肋！雞肋！」

孤傲自恃

最容易讓自己陷入孤立無援的莫過於依仗自己的才智而目空一切。俗話說「恃才傲物，自取滅亡」。由於楊修不懂得收斂，以致引來了曹操的忌恨，最後被殺。

●楊修之死

楊修本來是一個很有才華的人，他任曹操的隨軍主簿。但是他鋒芒畢露，引起了曹操的殺意。也可以說楊修的死並不怨曹操，而是怪他自己不知道謙虛收斂。

於是，夏侯惇傳令眾將領，都稱「雞肋！」行軍主簿楊修聽見曹操傳「雞肋」二字，便教隨行的軍士們趕緊收拾行裝，提前準備歸程。有人將這個情況報知夏侯惇。

夏侯惇聽後大驚，急忙將楊修請到了帳中，問道：「您為什麼要大家收拾行裝，這樣做不是擾亂軍心嗎？」

楊修說：「我是從今夜的號令看出來的，我認為魏王不久之後便要退兵回朝。雞肋，吃起來沒有肉，丟了又可惜。現在魏王是進兵不能勝利，退兵又恐他人恥笑，在這裏多待也沒有什麼好處，倒不如早日回去，明日魏王必然班師還朝。所以就吩咐大家先行收拾行裝，免得臨走時手忙腳亂。」夏侯惇說：「您真是明白魏王的心事啊！」於是自己也收拾好了行裝，而軍寨中的其他將領也各自前去準備回去的事物。

曹操得知這個情況，傳喚楊修，問他為何這般蠱惑軍心，楊修用「雞肋」的意義回答。

曹操大怒：「你怎麼敢如此這般造謠生事，動亂軍心！」便喝令刀斧手將楊修推出去斬了，並將他的頭顱掛於轅門之外。讓人傳喚夏侯惇前來，準備將他一並斬殺，還好眾將領一起求情，才被責打了幾十軍棍。第二天，曹操就下令進兵，但是他受到了馬超的狠命打擊，損失慘重，不得不班師還朝。臨走時，他想起了楊修的話，於是吩咐人將楊修厚葬。

疑人不用，用人不疑

危莫危於任疑。

【注曰】漢疑韓信而任之，而信幾叛；唐疑李懷光而任之，而懷光遂逆。

【王氏曰】上疑於下，必無重用之心；下懼於上，事不能行其政；心既疑人，勾當休委。若是委用，心不相託；上下相疑，事業難成，猶有危亡之患。

【譯文】最大的危險莫過於重用自己不信任的人。

【釋評】想要用人，又要懷疑，這種狀態對於用人者來說，是一件十分危險的事情。俗話說：「用人不疑，疑人不用。」對人不信任，又想對其委以重任，自己定然不會放心，對這個人越是重用，這種擔憂也就越強烈。這樣用人之人必然會對被用之人採取措施，加以約束。如此被用之人做事便難以順利，輕則勞而無功，事業失敗；重則對用人者心存怨恨，禍起蕭牆。

一方面出於事業成敗的考慮，另一方面為自身安危著想，用人者一定要「疑人不用，用人不疑」。

疑人不用，用人不疑

自己做到以誠待人，別人也會掬誠相見，使自己得到幫助。如果你懷疑別人，總覺得別人是奸詐之人，那麼就算對方是一個正直的人，也會因你的猜疑而不接近你，最終使自己陷於孤立被動。

●用人不疑

忠恕之道 → 待人以誠；將心比心

聖人孔子最重視忠恕之道，而以誠待人就合乎忠恕之道，所以孔子說：「盡己之謂忠，推己及人之謂恕。」

推己及人就是做到「己所不欲，勿施於人」。

孔子三千弟子，七十二賢人，他最滿意品德高尚的顏回。

信人示己之誠，疑人顯己之詐

戰國初年，魏文侯派大將樂羊討伐中山國，碰巧的是，樂羊之子樂舒當時正在中山國為官。兩軍交戰，中山國想利用樂舒迫使魏國退兵，樂羊不為所動。為把握勝局，樂羊對中山國採取了圍而不攻的戰略。消息傳到魏國，一些讒臣紛紛向魏文侯狀告樂羊以私損公。

魏文侯不予輕信，不但將奏摺壓下不看，還當即決定派人到前線勞軍，並為樂羊修建新宅。

樂羊圍城數日，待時機成熟，一舉破城滅了中山國。班師回朝後，魏文侯大擺慶功宴。酒足飯飽，眾人離席後，魏文侯叫住樂羊，命人搬來一個大箱子令樂羊觀看，原來裏面裝滿了揭發樂羊圍城不攻、私利為重的奏章。樂羊對魏文侯十分感激：「如果沒有大王的明察和氣度，我樂羊早為刀下之鬼了。」

自私的人終將失敗

敗莫敗於多私。

【注曰】賞不以功，罰不以罪；喜佞惡直，黨親遠疏；小則結匹夫之怨，大則激天下之怒，此私之所敗也。

【王氏曰】不行公正之事，貪愛不義之財；欺公枉法，私求財利。後有累己、敗身之禍。

【譯文】最容易使人失敗的莫過於私心太重。

【釋評】私心是一種十分常見而又正常的心理現象，其外在的表現就是逐利。人沒有不追求利益的，只不過追求的利益內容不盡相同罷了。

《易經》的核心思想就是探究利。《易經》裏所說的利，是大利，也就是長遠的利，廣義的利。不是小利，眼前的利，狹義的私利。

與大利和小利相對應的心理活動就是大私與小私。小私相對應的是自私自利，極端的個人主義；大私相對應的是天下為公。一國之君，如果能夠以天下民眾的私為己私，對自己來說就是大公無私，如此就會民富國強，這樣的國君就是有作為的國君。如果以自己的一己私利為私，那就是所謂的獨夫民賊。成為獨夫民賊而不敗亡的，歷史上還沒有出現過。

一個人私心太重，往往會造成損人不利己的局面。這樣的人如果身居高位，往往以權謀私，害民也終將害己。經商的投機取巧，製造假冒偽劣產品，在侵害消費者利益的同時，自己也終將受到法律的制裁。和人交往，處處算計別人，出賣朋友，使朋友遭受損失，這樣的人必然觸犯眾怒，最終遭人唾棄。

魯定公曾問於孔子：「君使臣、臣事君，如之何？」孔子答道：「君使臣以禮，臣事君以忠。」所謂用人之道在於禮者，是說對於所用之人，要以制度節制其言行，以機制約束其行事。若守於制度、合於機制，自然不會濫用職權，自然沒有機會以權謀私，用之何需多疑？若無制度以節制其言行，若無機制約束其權力，普天之下能有幾人見錢而不眼開者？難免濫用職權謀取私利，疑之又有何用？因此用人之道，任賢舉能為上，以制度機制節制其行事亦不可或缺。

經典故事賞析

奸惡趙高

秦始皇在東巡的路上病危，他急忙召來趙高，讓他代擬一道詔書交給長子扶蘇，讓扶蘇趕回咸陽主持喪事。這在實際意義上已確認了扶蘇為繼承人的身份。趙高卻暗中扣壓了遺詔。

秦始皇死後，趙高覺得時機已經成熟，就帶著遺詔見皇子胡亥，勸他稱帝。胡亥早就想著有朝一日能夠登上皇帝的寶座，立即答應了趙高。趙高也說動了丞相李斯，答應立胡亥為帝。

趙高設計害死了長子扶蘇和大將軍蒙恬，並且建議胡亥立即回去繼承皇位。當時天氣炎熱，秦始皇的屍體開始腐爛，從車中傳出惡臭。為了能夠掩人耳目，趙高就命人買了大批的鮑魚，以此將臭味蓋住。回到咸陽後才發喪，公告天下，不久胡亥稱帝，是為秦二世。

趙高因功被封為郎中令，成為秦二世最為任信的決策者。昏庸的秦二世把朝野大事完全交給趙高來代理，自己則不再上朝，只知道尋歡作樂。隨著權力的不斷擴大，趙高的野心也一步步膨脹，決定設計除掉李斯。

不久後，李斯邀請將軍馮劫和右丞相馮去疾聯名上奏二世，建議暫停修建阿房宮，減少邊區戍守和徭役，以此緩解人民的憤怒。昏庸的秦二世卻因此對

奸惡趙高

趙高為了一己私利，陷天下蒼生於水火之中，最終亡國亡己。

●草菅人命

●指鹿為馬

秦二世時，丞相趙高具有篡位之心，為了探知朝中大臣們的反應，於是牽來一隻鹿，對秦二世說自己獻馬。趙高藉機知道了大臣們的選擇，於是之後將那些反對他的大臣們都殺害了。整個國家的大權幾乎都落在丞相趙高的手裏。

三人治罪。

馮去疾和馮劫為了不受羞辱，在獄中含恨自殺。李斯則在獄中受趙高百般戲弄，最終還是慘遭殺害。

人民起義的聲勢越來越大，趙高擔心胡亥因此降罪給他，於是私底下準備乘亂奪位。不久後，在望夷宮中殺死了秦二世。

趙高找來子嬰即位。但子嬰知道趙高作惡多端，決定設計除掉趙高。趙高原本要子嬰齋戒五日，然後正式即帝位。到了期限之後，趙高便派人來請子嬰正式登基即位。子嬰卻推說有病，不肯前往即位。

趙高無奈之下，只得親自去請子嬰。等趙高一到子嬰府中，宦官韓談突然拔刀將趙高砍死。隨後子嬰召群臣進宮，羅列趙高的罪名，並且夷其三族。

趙高為了一己私利，陷天下蒼生於水火之中，最終亡國亡己。

遵義章第五

【注曰】遵而行之者，義也。

【王氏曰】遵者，依奉也。義者，宜也。此章之內，發明施仁、行義，賞善、罰惡，立事、成功道理。

【釋評】義和利的衝突與論爭，貫穿了人類社會各個時期，而且還會愈演愈烈地抗爭下去。是捨生取義還是見利忘義，這一使人兩難的抉擇不但每時每刻地撕裂著人性，也在撕裂著整個人類。

人至察則無友

以明示下者暗。

【注曰】聖賢之道，內明外晦。惟不足於明者，以明示下，乃其所以暗也。

【王氏曰】才學雖高，不能修於德行；逞己聰明，恣意行於奸狡，能責人之小過，不改自己之狂為，豈不暗者哉？

【譯文】在下屬面前賣弄聰明，其實是愚昧的表現。

【釋評】正所謂「水至清則無魚，人至察則無友」。一個人如果太聰明，往往容易惹人討厭。一個人如果太愚蠢，往往又遭人鄙視。關鍵是要學會掌握這個度。

當領導者的人，要講究「明於內而憨於外」，這樣一來，就能夠時時獲得主動；不然則會處於被動，受制於人。領導者就沒那麼好當了。

作為一個領導者，平時要懂得明察秋毫，要有功必賞，有罪必罰，懂得賞罰分明之道。如此事業必定能夠蒸蒸日上，自己也必為下屬所畏服。

「以明示下」的人，則是那種故意在下屬面前賣弄小聰明的領導者。一個有智慧的人，其聰明才幹往往是在平日的點滴小事中反映出來的。那些耍小聰明的人，只是想利用這種辦法來樹立自己的權威，結果常常弄巧成拙。

水至清則無魚，人至察則無友

正所謂「水至清則無魚，人至察則無友」。一個人如果太聰明，往往容易惹人討厭；一個人如果太愚蠢，往往又遭人鄙視。關鍵是要學會掌握這個度。

●地腐長物，水清無魚

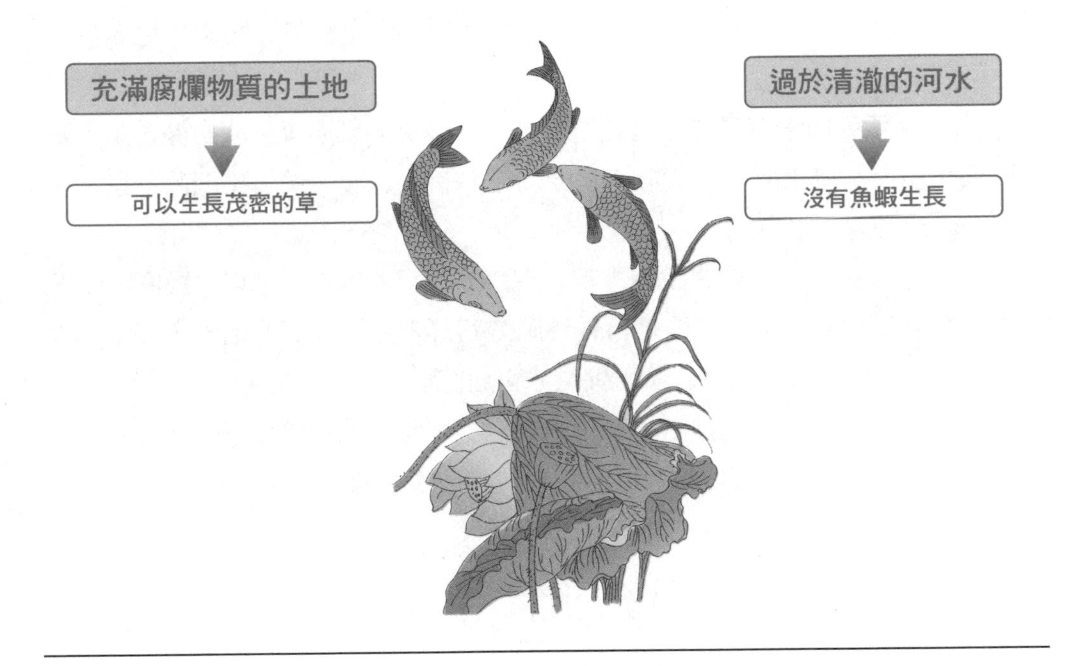

經典故事賞析

民主唐太宗

侯君集是唐朝著名將領，唐太宗的心腹。侯君集率軍攻入高昌後，因為私占錢財，被捕下獄，後來雖然被赦釋放，卻對唐太宗心存不滿。

唐太宗對侯君集謀反的態度早已有所察覺。唐太宗曾讓李靖傳授侯君集兵法。有一天，侯君集突然對唐太宗說：「李靖想要謀反，兵法中深奧的地方都不傳授給臣。」唐太宗因此問李靖，李靖則說：「中原現在沒有戰事，臣教的兵法足以制服四夷。然而侯君集想要學得臣所有的兵法，這是侯君集想要謀反啊。」

後來在平定高昌的一次慶功宴上，李道宗也曾勸說唐太宗：「侯君集才智小、口氣大，行為舉止有違臣倫。以臣看來，他將來必定是叛亂的首腦。」唐太宗問他：「你怎麼知道的呢？」李道宗回答說：「臣看他自恃有一點小功勞，就以在房玄齡、李靖之下為恥。雖然官至吏部尚書，仍沒有滿足他的欲望，常常有憤恨不平的話。」唐太宗則說：「不要胡亂猜測。以侯君集的功勳才用，還有什麼不可以任命，朕豈是不捨得高官，只是時候還沒到罷了。」唐太宗還是一如既往地對待侯君集。

後來唐太宗命人畫真人大小的二十四功臣圖於凌煙閣，侯君集也名列其中，位列第十七名。

太子李承乾時常有過失，因此擔心被廢，多次向侯君集詢問自保之策。侯君集乘機勸李承乾謀反。不久後李承乾的行為被人告發，侯君集因此下獄。隨後又查出他的謀反之事。

唐太宗於是召見侯君集說：「我不想讓刀筆吏侮辱你，你自己說吧。」侯君集起初並不認罪。唐太宗於是召見賀蘭楚石詳細陳述謀反的始末，又拿出他與李承乾來往的書信給他看，侯君集這才理屈詞窮，不得不服罪。

依律侯君集應當滿門抄斬，但唐太宗只殺了他一人，還特意開恩留下了他的妻子和一個兒子，守護他的靈位，然後將其他家人遷到了嶺南。

知錯就改

有過不知者蔽。

【注曰】聖人無過可知；賢人之過，造形而悟；有過不知，其愚蔽甚矣！

【王氏曰】不行仁義，及為邪惡之非；身有大過，不能自知而不改。如隋煬帝不仁無道，殺壞忠良，苦害萬民為是，執迷心意不省，天下荒亂，身喪國亡之患。

【譯文】有了過錯而不知道改正的人是愚蠢的。

【釋評】聰明的人往往容易看到別人的過失，並引以為鑑，進而主動克服自己類似的錯誤；然而最聰明的人是自己犯了錯誤後，能夠自覺反省，並且改正。人往往能夠看到別人的錯處，卻看不到自己的錯處。

這裏所說的「有過不知」講的是對自身的過錯無法察覺，並不是說對別人的過錯視而不見。孫子曰：「知己知彼，百戰不殆。」老子曰：「知人者智，

厚德載物，雅量容人

俗話說「水清無魚」，一個人如果想創造一番事業，就必須要有清濁並容的氣度，否則就將陷入孤立無援的境地。當然，對有才德的君子來說，要容忍小人確實很難做到，但世間沒有絕對的真理，小人未必一無是處，有些時候對功業的建立也會帶來一些幫助。

●民主李世民

唐太宗李世民為帝之後，積極聽取群臣的意見，文治天下，並開疆拓土，虛心納諫，在國內厲行節約，使百姓休養生息，終於使得社會出現了國泰民安的局面，開創了中國歷史上著名的「貞觀之治」，為後來唐朝一百多年的盛世奠定了基礎。

●侯君集

侯君集（？-643年），中國唐初大將。豳州三水（今陝西旬邑北）人。君集少年時以武勇稱。隋末戰亂中，跟隨秦王李世民東征西戰，功勳卓著，在擁立李世民稱帝時有重要作用。貞觀四年（630年），任兵部尚書，檢校吏部尚書，參議朝政。君集出自行伍，素無學術，及被任用，方始讀書。他出為將領，入參朝政，獲得當時稱譽。貞觀十二年至十四年，侯君集負責對吐蕃、高昌的征伐，取得平定高昌的大捷。但他入高昌時，私取寶物；將士也競相盜竊，君集自身不正，不敢禁制。還朝後，被人揭發，下獄，雖得免罪，卻沒有獎賞，他心懷不滿。十七年，有人告發太子承乾策劃政變，結果承乾被廢黜，黨附於承乾的君集也被殺。

自知者明。」能夠清晰地了解自己，也就能夠知道自己的薄弱之處，進而揚長避短，最大限度地發揮自己的才能。

經典故事賞析

過而不改，身死國滅

晉武帝平吳之後，志得意滿，遊樂宴飲縱情享受，對國家大事逐漸感到倦怠。其後宮佳麗近乎萬人，晉武帝就乘著羊拉的小車在宮中遊逛。羊車停在什麼地方，就到哪個宮人的房中過夜。而宮女為求皇帝臨幸，便在住處前撒鹽巴、插竹葉以引誘羊車前往。

楊後的父親楊駿及其弟弟楊珧、楊濟被重用，三人朋比為奸，勾結大臣，權傾內外，人稱「三楊」，武帝舊臣多被斥退。山濤屢次勸諫武帝，武帝雖明白道理，但不能改過。武帝死後，楊駿輔政，天下大亂。

一次，晉武帝往南郊祭祀。祭祀完畢，他發表感慨，問司隸校尉劉毅：「我可以和漢朝的哪個皇帝相比？」劉毅心直口快，答道：「漢桓帝和漢靈帝。」晉武帝大吃一驚，心想自己雖不能和漢高祖、漢文帝相比，但絕對不可以和漢桓帝、漢靈帝這樣的昏君相提並論！於是他問劉毅：「此話怎講？」劉毅說：「漢桓帝和漢靈帝能夠將賣官得來的錢送入國庫，陛下卻將賣官得來的錢裝進私囊。以此來看，陛下似乎還不如漢桓帝和漢靈帝！」晉武帝雖然算不得英明神武，但還有些度量，心裏雖難免有些失落，但還是笑著說：「漢桓帝和漢靈帝在位時沒人敢說這樣的話，而我有你這樣正直的大臣，看來我還是比他們強。」雖然晉武帝知道賣官鬻爵是國家的大弊病，卻一直沒有決心去廓清吏治。

西晉選拔官吏用曹魏的九品中正制，後來弊端叢生，高官士族把持用人大權，「上品無寒門，下品無士族」。劉毅和李重就曾上書，要求廢除九品中正制，晉武帝認為這個建議非常好，但考慮到眾多高官顯貴的利益，最終還是沒有採用。

晉武帝過而不改，使得西晉初期的許多弊政都沒能得到有效的糾正。晉武帝死後不久，西晉王朝就爆發「八王之亂」，天下很快崩潰，國家從此陷入最無序、最混亂的歷史時期。

西晉滅吳

236年
司馬懿的孫子司馬炎出生。
265年
司馬昭病死，司馬炎繼承司馬昭的王位，並於當年迫使曹奐讓位於自己，建立晉朝。
280年
晉派大軍伐吳，東吳滅亡，從此結束了三國鼎立的局面。
290年
司馬炎駕崩，享年55歲。

司馬炎（236-290年），字安世，河內溫（今河南溫縣）人。晉朝的開國君主，265-290年在位。265年他繼承晉王之位，數月後逼迫魏元帝曹奐將帝位禪讓給自己，國號大晉，建都洛陽。279年他又命杜預、王濬等人分兵伐吳，於次年滅吳，統一全國。290年病逝，諡號武皇帝，廟號世祖，葬於峻陽陵。

倡導奢侈之風，過而不改國終滅

司馬炎在統一全國之後，以為天下無事，便將州郡的守衛兵撤除，同時實施占田法與課田法，企圖與民生息；但是司馬炎也是好色之徒，曾經於西元273年禁止全國婚姻，以便挑選宮女；滅亡孫吳之後又將孫皓後宮的五千名宮女納入後宮，司馬炎的後宮便有萬人的規模。司馬炎為臨幸方便，便自己乘坐羊車在後宮內逡巡，羊車停在哪個宮女門前便前往臨幸；而宮女為求皇帝臨幸，便在住處前撒鹽巴、插竹葉以引誘羊車前往。

還軍霸上

劉邦率軍進入咸陽，他看到豪華的宮殿、成群的美貌宮女以及大量的珍寶異物時，難免忘乎所以，以為他現在就可以盡享天下了。

劉邦被奢華的秦宮所迷惑，情不自禁地想要留居宮中，安享富貴。樊噲冒死進諫，面斥劉邦。但劉邦不予理睬。劉邦部下的一些賢士對此都十分著急。張良來勸諫劉邦，與其分析利害：「秦王做了很多不義的事情，所以您才有機會推翻他，進入咸陽。現在您已經為天下人鏟除了禍害，就應該繼續布衣素食，以示節儉。如今大軍剛剛進入秦地，您就沉溺於享樂之中，這就是助紂為虐啊。常言道，『良藥苦口利於病，忠言逆耳利於行』，希望您能聽從樊噲等人的話。」張良用平和的語氣，揭示了古今成敗的道理。

劉邦素來敬重張良，接受了張良的勸說，下令封存秦朝宮殿裏的財寶、府庫，還軍霸上，以待項羽等其他的起義軍。

劉邦採納張良的建議，採取了一系列的安民措施，從而贏得了民心。這也為他日後經營關中奠定了良好的政治基礎。

切莫迷失自我

迷而不返者惑。

【注曰】迷於酒者，不知其伐吾性也。迷於色者，不知其伐吾命也。迷於利者，不知其伐吾志也。人本無迷，惑者自迷之矣！

【王氏曰】日月雖明，雲霧遮而不見；君子雖賢，物欲迷而所暗。君子之道，知而必改；小人之非，迷無所知。若不點檢自己所行之善惡，鑑察平日所行之是非，必然昏亂、迷惑。

【譯文】沉迷於一些東西而不知改正，就會迷失自我。

【釋評】俗話說：「酒不醉人人自醉。」人的心原本是清淨無為的，無奈的是人的欲望太多，而意志又不堅定，經受不了身外之物的誘惑。一旦誤入迷途，就難以自拔了。

過而知改，善莫大焉

劉邦率軍進入咸陽，看到豪華的宮殿、成群的美貌宮女以及大量的珍寶異物時，難免忘乎所以，但他能夠聽取張良的勸告，還軍霸上，而且採納張良的建議，採取了一系列的安民措施，從而贏得了民心。這也為他日後經營關中奠定了良好的政治基礎。

●從諫如流

西元前207年，劉邦率大軍到咸陽後，進入秦宮，各色珠寶不計其數，許多美麗的宮人向他跪拜，漸漸地有點飄飄然了。

張良勸說劉邦：「忠言逆耳利於行，良藥苦口利於病。望您聽從樊噲等人的勸告。」劉邦終於醒悟，馬上下令將府庫封起來，關掉宮門，隨即率軍返回霸上。

殘暴皇帝

孫皓是孫權的孫子，廢太子孫和的長子。雖然吳國前任皇帝孫休有兒子，但孫休去世時兒子太過年幼。群臣鑑於蜀漢的滅亡，以及吳國所處的危險境界，決定擁立一個年長的君主，所以孫皓便被大臣們擁立為皇帝。孫皓即位之後，追諡父親孫和為文皇帝，並且為他舉行祭祀大典。

孫皓剛剛成為皇帝時，開倉賑貧，撫恤人民，減少宮女並且放生宮內多餘的珍禽異獸。他的這些舉動一時間被譽為明主。

但孫皓的所作所為不過是在演戲，他要靠此鞏固自己的帝位。當他的帝位穩固之後，很快就變得暴虐而貪酒好色。

幾年之後陸凱和陸抗相繼去世，吳國失去了兩位倚重之臣，形勢急轉直下。不久後，西晉內部達成了伐吳的統一意見，於西元280年發兵兩路滅吳。很快建業陷落，吳國滅亡。而孫皓本人也成為了俘虜。

言多必失

以言取怨者禍。

【注曰】行而言之，則機在我，而禍在人；言而不行，則機在人，而禍在我。

【王氏曰】守法奉公，理合自宜；職居官位，名正言順。合諫不諫，合說不說，難以成功。若事不干己，別人善惡休議論；不合說，若強說，招惹怨怪，必傷其身。

【譯文】因為自己的出言不慎而遭受怨恨，那麼距離災禍也就不遠了。

【釋評】正所謂「禍從口出，患從口入」。出言不慎、多嘴多舌往往是禍患的根源，往往會為自己招來無端的禍患。

因出言不慎而招來禍患，多為無心之過，實在不值得。因此聖人教導我們謹言慎行，這絕對是有道理的。

事情還沒開始做，就已經吹起了牛皮。口出狂言，則會讓自己陷入不利的境地。如此一來，辦成事情的主動權就不會在自己的掌握之中。所以做事時一

窮兵黷武

孫皓剛剛成為皇帝時，開倉賑貧，撫恤人民，減少宮女並且放生宮內多餘的珍禽異獸。他的這些舉動一時間被譽為明主。但孫皓的所作所為不過是在演戲，他要靠此鞏固自己的帝位。當他的帝位穩固之後，很快就變得暴虐而貪酒好色。

●迷失自我國不保

❶ 孫皓荒淫暴虐，整日在後宮飲酒作樂，而一些奸佞小人更是投其所好，朝政日益荒廢，對此陸抗憂心不已。

❷ 陸抗對於孫皓的不理朝政十分擔憂。雖然他活著的時候，晉國沒有前來攻打吳國，但他死後，晉國滅了吳國。

●孫皓獻城投降

西元280年三月，西晉軍隊攻破建業，孫皓採納中書令胡仲的建議，仿效劉禪，帶著東吳的戶籍圖冊，率領殘存的文武百官，出城投降。吳國滅亡。隨著三國時期最後一個國家吳國的滅亡，中國再度統一。

定要三思而後行。如果事關重大，那就更應該謹言慎行。

經典故事賞析

賀若敦引錐刺弼舌

賀若敦是北朝北周的中州刺史，自恃有才能，不甘居人之下。他看到同僚都做了大將軍，唯獨自己不得晉升，心中十分鬱悶，口中多抱怨之詞。特別是在湘州戰役中，保全軍隊，勝利而返，他本想應當受賞，不料反被除了名，因此對傳令史大發怨言。晉公宇文護一怒之下，把賀若敦從中州刺史任上調回，逼他自殺。

臨死前賀若敦對兒子賀若弼說：「我本想平定江南，可是這個夙願未能實現，你一定要完成我的遺志。我是因這個舌頭才落到今天這個下場，你一定要深思啊！」說罷，就拿起錐子，刺破賀若弼的舌頭，讓他永遠記住這個血的教訓。

皇帝遭弒

西元125年，東漢第七個皇帝漢順帝即位，外戚梁冀掌權。梁冀專橫跋扈，胡作非為，公開勒索，完全不把皇帝放在眼中。

漢順帝死後，梁冀就在皇族中找了一個八歲的孩子接替，就是漢質帝。有一天，漢質帝在朝堂上當著文武百官的面，對著梁冀說：「你真是個跋扈將軍。」

梁冀聽了之後非常生氣，暗地裏給漢質帝下毒，將他毒死。漢質帝為逞一時的口舌之快，而對掌握實權的梁冀出言不遜，必然導致他的悲慘命運。如果他能夠韜光養晦，故意示弱，再伺機出動，很有可能鏟除梁冀了。

法令要統一，說話要算數

令與心乖者廢。

【注曰】心以出令，令以心行。

【王氏曰】掌兵領眾，治國安民，施設威權，出一時之號令。口出之言，心不隨行，人不委信，難成大事，後必廢亡。

言不忍，惹後禍

古人雲，「言多必失」、「禍從口出」。言辭之忍包括：少說話，多聽別人的意見；說話要謹慎，不要信口雌黃；講話注意場合、時間和對象等；注意講話內容，該講則講，不該講的不要講。

●引錐刺弼舌

賀若敦（521-565年）河南洛陽（今河南洛陽）人，北周將領，以武猛而聞名，任金州（今陝西省安康）刺史。北周保定五年（565年）十月，賀若敦因口出怨言，為北周晉王宇文護所不容，逼令自殺。其子賀若弼為隋初著名將領。

恃才自傲，不甘居人下

湘江戰役全勝卻不得高升

怒而口不擇言

惹怒晉公宇文護被逼自殺

引錐刺弼舌

吾志平江南，而今不過，汝必成吾志。吾以舍死，汝不可不思。

賀若弼（544-607年），字輔伯，河南洛陽（今河南洛陽）人，隋朝著名將領。賀若弼出生在將門之家，其父賀若敦因口出怨言，為北周晉王宇文護所不容，逼令自殺。臨死前，囑咐賀若弼要謹言慎行，並用錐子把賀若弼的舌頭刺出血，告誡他慎言。

【譯文】發布的命令和本心相違背，必定難以實行下去。

【釋評】說一套做一套，口是心非，這種人當面是人，背後是鬼。作為一個領導，如果這樣行事，一定會失敗。

命令作為下屬行動的依據，一定要明確、嚴肅、穩定。否則自相矛盾，或者漏洞百出，會使下屬無所適從，更可能導致人心不穩，甚至全盤皆輸。如此一來，非但命令難以推行，更會影響到決策者的權威性。

經典故事賞析

一言興邦，以德服人

三國時期，曹操率領大軍去打仗，正是麥熟時節，沿途的老百姓因為害怕士兵，不敢回家割麥。曹操得知後，立即派人告訴老百姓和看守邊境的官吏：現在正是麥熟時節，士兵如有踐踏麥田的，立即斬首示眾。

曹操的官兵在經過麥田時，都下馬用手扶著麥桿，小心地穿過，沒一個敢踐踏麥子的。老百姓看見了沒有不稱頌的。正在這時，飛起的一隻鳥驚嚇了曹操的馬，馬一下子踏入麥田，踏壞了一大片麥子。

曹操要求治自己踐踏麥田的罪，屬下說：「我怎麼能治丞相的罪呢？」曹操說：「我親口說的話自己都不遵守，還有誰會心甘情願地遵守呢？一個不守信用的人，怎麼能統領成千上萬的士兵呢？」

隨即要拔劍自刎，眾人連忙攔住。後來曹操傳令三軍：丞相踐踏麥田，本該斬首示眾。因為肩負重任，所以割掉自己的頭髮替罪。曹操斷髮守軍紀的故事一時傳為美談。

令行禁止

後令繆前者毀。

【注曰】號令不一，心無信而事毀棄矣！

【王氏曰】號令行於威權，賞罰明於功罪，號令既定，眾皆信懼，賞罰從公，無不悅服。所行號令，前後不一，自相違毀，人不聽信，功業難成。

【譯文】朝令夕改，前後發行的法令相違背，事情就難以進行下去。

【釋評】領導者朝令夕改，出爾反爾，下屬就會無所適從，領導者更會失

一言興邦，以德服人

統治者要提高自己的修養，注意自己的一言一行，稍有閃失就有可能導致喪失天下的結局。

●統治者言行謹慎

一個合格的執政者治理國家不能只靠聰明才智，更要以德服人，按照禮的要求去做，這樣就能得人心。

統治者言行謹慎，政令統一，有利於社稷的發展，則可以興國。統治者貪圖享樂，說話口無遮攔，朝令夕改，不利於社稷的發展，則國亡。

去其威嚴，任何政令也就都無法得到執行。

如果朝令夕改，不但顯示領導者思謀欠周到，而且還喪失了法令的公信力和嚴肅，使得眾人無視法規。這條規則也就難以執行了。

作為一個領導者，一定要慎重做出決策，一旦做出決策就一定要堅持執行。這樣一來，領導才能有權威，做事才會成功。

經典故事賞析

商君守信

商鞅聽說秦孝公四下招賢，於是來到秦國，求見秦孝公。商鞅以「伯術」為題展開話題，卻正中秦孝公下懷，兩人交談三日三夜，秦孝公仍意猶未盡。秦孝公封商鞅為左庶長，實施變法。

商鞅為了取信於民，確立新法的威嚴，使得新法能夠順利地推行下去，就派人把一根長木頭放在鬧市中，下令說：「誰能把木頭搬到北門去，就獎賞十金。」人們紛紛過來觀看，但都抱有懷疑的態度。

於是商鞅把賞金加到了五十金。正所謂「重賞之下必有勇夫」，有一個年輕人站出來，他扛起木頭，搬到了北門，後面跟隨著很多百姓。大家都想看看商鞅會不會兌現承諾。

商鞅立即給予這個年輕人五十金。這一下所有人都相信商鞅信守諾言。新法也就得到了人們的尊重。

待人以善

怒而無威者犯。

【注曰】文王不大聲以色，四國畏之。故孔子曰：不怒而威於鈇鉞。

【王氏曰】心若公正，其怒無私，事不輕為，其為難犯。為官之人，掌管法度、綱紀，不合喜休喜，不合怒休怒，喜怒不常，心無主宰；威權不立，人無懼怕之心，雖怒無威，終須違犯。

【譯文】發怒而無法威懾下屬的人，往往會遭致下屬的以下犯上。

【釋評】領導者所具有的威嚴不是故意裝出來給人看的，而是內在素養的表現。有的人不怒自威，有的人怒而有威，而有的人雖怒不威。周文王從來都

城門立木，千金一諾

做人做事都要有誠信，只要你誠懇對待別人，別人也會真誠地對待你，這樣你會得到更多的幫助。

●人無誠則失去一切

做人如果沒有誠信，就會變成一無所有的乞丐。

是溫文爾雅，但四周的國家都很怕他，也都願意臣服於他。

領導者處於統帥地位，沒有必要動不動就對下屬大呼小叫。大呼小叫不一定能夠建立威嚴，反而容易引起下屬的不滿。領導之術講究喜怒不形於色，不怒而威。

經典故事賞析

自取其禍

張飛是三國時期著名的猛將。曹操五大謀士之一的程昱曾經稱讚關羽、張飛乃萬人敵也。張飛雖然勇武過人，但難免容易仗力欺人。張飛非常尊重賢士，龐統就是由張飛發現其才能，然後推薦給劉備的。但張飛對自己的士兵則十分輕慢。

張飛喜歡喝酒，喝完酒就喜歡拿鞭子抽打士兵。劉備因此常常勸告他說：「三弟你殺人太多，喜歡鞭打士兵。這都容易招來禍難。你一定要改正啊。」張飛卻聽而不改。

關羽被殺後，張飛日夜痛苦，發誓要為關羽報仇。劉備準備討伐孫權，讓張飛率兵與自己會合。但是張飛報仇心切，命部將范疆、張達在三日內準備好白盔白甲。范疆、張達覺得無法按期準備好，就請求張飛寬限幾天。張飛一氣之下將二人關入大牢，並在醉酒之後將二人痛打，還揚言要殺這兩個人。

二人被逼之下，在大軍出發的前一天夜晚刺殺了張飛。割取首級，投奔了孫權。

不要當眾辱人

好眾辱人者殃。

【注曰】己欲沽直名而置人於有過之地，取殃之道也！

【王氏曰】言雖忠直傷人主，怨事不干己，多管有怪；不干自己勾當，他人閒事休管。逞著聰明，口能舌辯，論人善惡，說人過失，揭人短處，對眾羞辱；心生怪怨，人若怪怨，恐傷人之禍殃。

【譯文】喜歡在眾人面前置別人於有過錯的境地，而使自己取得好名聲的人，一定會遭受禍患。

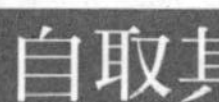

自取其禍

張飛非常尊重賢士，龐統就是由張飛發現其才能，然後推薦給劉備的。但張飛對自己的士兵則十分輕慢。張飛喜歡喝酒，喝完酒後就喜歡將士兵綁在樹上，拿鞭子抽打。

張飛鞭打士兵

殺人犯范疆跪受正義的審判

章武元年（221年），劉備稱為被孫權所殺的關羽報仇，與張飛起兵攻伐東吳。出發前，張飛被部將范疆、張達所殺，二人出於對張飛平日酒後暴怒和遭其鞭笞的怨憤，更帶其首級投奔孫權。張飛軀幹葬在閬中，頭顱葬在雲陽。後主劉禪追謚張飛為桓侯，兩處分別建漢桓侯祠和桓侯廟。

【釋評】自己為了博取正直的好名聲，而置別人於受冤枉、受侮辱的境地。這種損人利己的人最終會遭受禍患。

尊重別人，別人才會尊重你。人人生而平等，無論你多麼優秀，你都沒有高人一等的權力。你侮辱別人，就是在侮辱自己。即使這個人身份卑微甚至是卑鄙小人。你應該有一顆正直的心。俗話說：「可以得罪君子，但千萬不可以得罪小人。」千萬不要當眾侮辱小人，這樣只會為你帶來災禍。

經典故事賞析

丙吉的寬容

丙（或作邴）吉（？-前55年），字少卿，魯國（今山東）人。西漢大臣。治律令，本為魯獄史，累遷廷尉監。武帝末詔治巫蠱郡邸獄。後任大將軍霍光長史，建議迎立宣帝。地節三年為太子太傅，遷御史大夫。元康三年封博陽侯。神爵三年任丞相。政尚寬大。

丙吉當丞相時，有一個愛喝酒的車夫隨侍外出，在一次酒醉後嘔吐在丞相車上。西曹主吏告訴丞相，想趕走車夫。丙吉阻止他：「為酒醉的過失而革除一個僕人，此後他何處可以容身呢？這種事沒有大礙，他只不過弄髒了我的車墊而已。」

這個車夫是邊塞人，熟悉邊塞軍事緊急傳遞文書到京城的作業。有一次外出，正好看見傳遞軍書的人拿著紅、白二色的袋子，知道邊塞的郡縣有緊急事情發生。車夫就跟著傳書的人到官署，打探得知胡虜攻入雲中郡和代郡，於是立刻回府稟告丞相，還建議說：「恐怕胡虜所進攻的邊郡有不少年老多病不能打仗的官員，大人還是先了解一下相關的情況吧。」丙吉聽取他的意見，立刻召見東曹（管理有關軍吏任免職的官吏），查詢邊郡官吏的檔案，分條記錄他們的年紀和經歷等。

很快，皇帝下詔召見丞相和御史大夫，詢問有關受到胡虜侵襲邊郡的官吏情況。丙吉回答得有理有據，而御史大夫倉促間無法說得詳細具體，遭皇帝責備。丙吉則得到皇上稱讚，說他關心邊塞、盡忠職守，但其實是靠了車夫的幫助。

寬以為政

一個人無論做什麼事情，心胸一定要寬廣，當別人冒犯你的時候，不要立即火冒三丈，要心平氣和地去解決問題。寬容可以使你的人格得到提升，事業得到幫助。

●尊重卑微的人

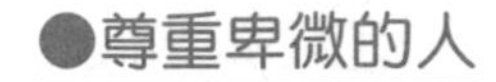

為酒醉的過失而革除一個僕人，此後他何處可以容身呢？忍忍吧，他只不過弄髒了我的車墊而已。

一個車夫喝醉後嘔吐在丙吉的車上，丙吉並沒有生氣，而是寬容地原諒了他。

●知恩圖報

恐怕胡虜所進攻的邊郡有不少年老多病不能打仗的官員，大人還是先了解一下相關的情況吧。

這個僕人熟悉邊塞軍事緊急傳遞文書到京城的作業，有一次探知胡虜攻入雲中郡和代郡，及時通知了丙吉。

尊重卑微的人

齊王宴請眾臣，在宴會結束之後，夷射酒足飯飽往回走。走到一處宮門時，靠在門旁休息。一個受過刑的看門人跪著向夷射乞求說：「大王賞賜給大人的酒真香，您能不能把喝剩下的酒賞賜給小人呢？」

夷射大怒，大聲斥責看門人說：「你這個卑賤的受刑人，也配向高貴的大夫要酒喝？」看門人只好默默地離開。

夷射離開後，看門人就在大門的屋簷下灑水，製造出有人在這裏小便的樣子。第二天，齊王出門時，看到屋簷下的水跡，以為有人在這裏小便，非常憤怒，叱問看門人：「是誰在這裏小便？」

看門人說：「小人沒看到誰在這裏小便。只是昨天夜晚看到夷射大夫在這裏站了一會兒。」

齊王聽後非常生氣，就不分緣由地殺了夷射。

善待下屬

戮辱所任者危。

【注曰】人之云亡，危亦隨之。

【王氏曰】人有大過，加以重刑；後若任用，必生危亡。有罪之人，責罰之後，若再委用，心生疑懼。如韓信有十件大功，漢王封為齊王，信懷憂懼，身不自安；心有異志，高祖生疑，不免未央之患；高祖先謀，危於信矣。

【譯文】殺戮、侮辱自己委以重任的人，這是置自身於險境。

【釋評】一面依靠下屬，讓其為你賣命，一面又侮辱下屬，甚至無端地殺戮。這樣的做法，自然會使自己陷於危險的境地。

打擊自己所任命和倚重的人才，簡直就是自斷臂膀，也就是自尋死路。只能是「仇者快，親者痛」。人不是萬能的，總有不足的地方。只有大家合作才能取得成功。迫害信任的人，自己也會受到傷害。

經典故事賞析

英布反叛

項羽曾經派英布等人領兵活埋了章邯部下秦軍二十多萬人。到達函谷關

漢初三大名將之英布

英布是秦末漢初名將。因受秦律被黥，又稱黥布。初屬項梁，後為霸王項羽帳下五大將之一，封九江王；後叛楚歸漢，封淮南王，為漢初三大名將之一。

●英布反叛

劉邦在彭城大敗楚軍，項羽要英布派兵支援，英布又託辭病重不去。項王因此十分怨恨英布，數次派使者前去責備他。項羽此時非但沒有拉攏英布，反而一再地斥責英布。這簡直就是在逼英布反叛。果然沒過多久，劉邦就按照蕭何的計謀，派遣蕭何勸說英布反叛項羽。英布被蕭何說動，於是反叛項羽。

●英布之死

英布起兵造反，在蘄縣以西的會甀和高祖的軍隊相遇。高祖和英布遙遙相望，高祖對英布說：「何苦要造反呢？」英布說：「我想當皇帝啊！」高祖大怒，隨即兩軍大戰。英布的軍隊戰敗逃走，渡過淮河，幾次停下來交戰，都不順利，最終英布帶領部下一百多人逃到長江以南。長沙成王吳臣假意與英布逃亡誘引其至番陽，番陽人在民宅裏將英布殺死。

 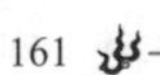

後，又是英布等人從隱蔽的小道進攻，打敗了守關的軍隊，才得進入函谷關，到達咸陽。英布時常擔任軍隊的前鋒，作戰十分勇猛，軍功很大。於是分封諸侯時，項羽封英布為九江王。

英布被封為九江王後，還奉命暗中刺殺義帝。英布派軍襲擊義帝，在郴縣把義帝殺死。

漢二年，齊王田榮反叛楚國，項羽派兵攻打齊國。同時向九江徵調軍隊，一同攻打。英布則託辭病重不能前往，只派遣了幾千人應徵。

後來劉邦在彭城大敗楚軍，項羽要英布派兵支援，英布又託辭病重不去。項王因此十分怨恨英布，數次派使者前去責備英布，並且召英布去見他。英布擺明了要坐山觀虎鬥，項羽此時非但沒有拉攏英布，反而一再地斥責英布。這簡直就是在逼英布反叛。

果然沒過多久，劉邦就按照蕭何的計謀，派遣蕭何勸說英布反叛項羽。英布被蕭何說動，於是反叛項羽。

項羽自斷臂膀

西元前204年，項羽帶兵進攻滎陽，氣勢凶猛。劉邦無法正面抗擊，只得命令閉城固守，不得出戰。劉邦向陳平詢問勝敵之策。

陳平回答說：「大王所慮，無非是因為項王。項王手底下的賢人，只不過有范增、鐘離昧等幾個人忠心願意為他效命。大王不如用重金賄賂項羽的人，進行流言反間，使項羽君臣相互猜忌。只要除掉這幾個人，便不難破楚。」

劉邦聽從陳平的計策後從倉庫中撥出四萬斤黃金，買通了楚軍的一些將領。這些將領就散布謠言說：「在項王的將領中，亞父范增和鐘離昧的功勞最大，項王卻不讓他們稱王。他們二人已經和漢王約定好一起消滅項羽，共同分占項羽的土地。」

范增和鐘離昧的功勞的確很大，而且項羽的確沒有封賞二人。這一點項羽也很清楚。他非但沒有趕快封賞他們，反而對二人產生了懷疑。從此以後任何重大事情項羽再也不和鐘離昧商量。就連亞父范增，項羽都變得很不客氣起來。

楚國的使者來漢軍。陳平派人拿出豐盛的食物，準備款待使者。但聽說是項羽的使者後，就說：「我還以為是范將軍的使者，原來是項羽的使者。」

就把豐盛的飯菜撤掉了，換上了十分寒酸的飯菜。使者受辱之後，就添油加醋地把這件事告訴了項羽。項羽變得更加不信任范增。范增一氣之下告老還

陳平離間項羽范增

巧妙運用間諜，尤其是反間，可以避免千里征戰對國力民力的巨大消耗，可以間離敵人君臣，除掉強大敵將，讓敵人自取滅亡。

●陳平施離間計

西元前204年，劉邦被項羽包圍在滎陽城中已達一年之久，斷絕了漢軍的外援和糧草通道。陳平趁項羽的使者到來的機會，巧施離間計，使得項羽不再信任亞父范增。范增忠心耿耿卻遭猜忌，憤而離去，在歸途中一病死去。項羽在范增離開之後也開始走下坡路。

鄉，而且氣得背上生了一個毒瘡，不久便死去。

就這樣，因為賞罰不明以及疑心太重，導致項羽自廢雙臂，他距離滅亡也就不遠了。

真正的統帥都擁有大仁大義，而項羽卻聽信謠言，無端斥責自己的重要將領，並疏遠他們，簡直就是自斷臂膀。

項羽自恃武力，不把下屬放在眼裏，當賢能之士喪失殆盡之後，距離滅亡也就不遠了。

尊敬賢者

慢其所敬者凶。

【注曰】以長幼而言，則齒也；以朝廷而言，則爵也；以賢愚而言，則德也。三者皆可敬，而外敬則齒也、爵也，內敬則德也。

【王氏曰】心生喜慶，常行敬重之禮；意若憎嫌，必有疏慢之情。常恭敬事上，怠慢之後，必有疑怪之心。聰明之人，見怠慢模樣，疑怪動靜，便可迴避，免遭凶險之禍。

【譯文】對人們尊敬的人或事物輕慢無禮，則會置身於險境之中。

【釋評】如果大家都對一些賢能的人尊重有加，而你卻對此不以為然，甚至以傲慢無禮的態度對待賢能的人，只能說明你的卑陋和無知，而你也終將被眾人所不齒，在道義上陷入被動的境地。所以一定要尊重大家所尊重的這些賢能的人。

經典故事賞析

孟子見梁惠王上

孟子拜見梁惠王。梁惠王說：「你不遠千里而來，一定是有什麼對寡人有利的高見吧？」

孟子則說：「大王！何必說利呢？只說『仁義』就夠了。大王怎麼能說，如何使寡人的國家有利呢？如果大夫也說，如何使我的家庭有利？一般人士和老百姓也說，如何使我自己有利？那樣一來，從上到下互相爭奪利益，國家就危險了。在一個擁有一萬輛兵車的國家裏，殺害國君的人，一定是擁有一千輛兵車的大夫；在一個擁有一千輛兵車的國家裏，殺害國君的人，一定是擁有一百輛兵車的大夫。這些大夫在一萬輛兵車的國家中就擁有一千輛，在一千輛兵車的國家中就擁有一百輛。雖然擁有不算不多，但是如果他們把義放在後面，而把利擺在前面，他們不奪取國君的地位是不會滿足的。反過來說，從來沒有講仁的人而拋棄父母的，從來也沒有講義的人而不顧君王的。所以，大王只說仁義就足夠了，何必說利呢？」

孟子拜見梁惠王，梁惠王正站在池塘邊上，回頭看看大雁和馴鹿，問孟子：「賢能的君主也喜歡看大雁和馴鹿吧？」

孟子則回答說：「賢能的君主並不把這些娛樂當成首要的追求目標，不賢明的君主即使擁有這些東西也沒有辦法欣賞。《詩經》裏面說到：『文王打算建設靈臺，安排這件事，百姓自發地動起手來。文王沒有規定做好的日期，本不打算很快做好靈臺，但民眾都像子女一樣來幫忙。文王來到靈囿，母鹿就靜靜地伏著，母鹿體形肥壯，白鳥浩浩潔白。文王來到靈臺，滿池的魚兒都歡跳。』周文王、武王用民眾的力量修建靈臺、挖掘靈沼，但老百姓都覺得很幸福，把文王的臺叫作靈臺，把文王的池塘叫作靈沼。百姓都高興這裏有麋鹿和魚鱉。古代聖君能夠與民同樂，所以才能夠真正地欣賞享受園、池。《湯誓》上說：『你這個太陽什麼時候滅亡，我和你就什麼時候滅亡，民眾想和夏桀同歸於盡，即使有高臺神馳和飛禽走獸，他難道能獨自享用嗎？」

梁惠王說：「我治理梁國，已經費盡心力了。河內遭受了飢荒，我便把河內的百姓遷移到河東，同時把河東的糧食運到河內。河東遭受了飢荒，也這樣辦。我曾經考察過鄰國的政事，沒有哪個君王能像我這樣的盡心盡力。但是，鄰國的百姓並不因此減少，我的百姓並不因此增多，這是什麼緣故呢？」

孟子回答說：「大王喜歡戰爭，那就請讓我用戰爭打個比喻吧。戰鼓敲響，槍尖刀鋒剛一接觸，有些士兵就拋下盔甲，提著兵器向後逃跑。有的人跑了一百步才停住腳，而有的人則跑了五十步就停住腳。那些跑了五十步的士兵，竟恥笑跑了一百步的士兵，可以嗎？」

惠王說：「不可以。這些士兵只不過沒有跑到一百步而已，但也是逃跑。」

孟子說：「大王如果懂得了這個道理，就不要希望百姓比鄰國多了。如果兵役徭役不妨礙農業生產季節，糧食便會吃不完；如果細密的魚網不到深的池沼裏捕魚，魚鱉就吃不光；如果按季節拿著斧頭入山砍伐樹木，木材就用不盡。糧食和魚鱉吃不完，木材用不盡，百姓對生養死葬也就沒有什麼遺憾了。百姓連對生養死葬都沒有遺憾了，那就是王道的開端了。分給百姓五畝大的宅園，種植桑樹，那麼五十歲以上的人都可以穿絲綢了。雞狗和豬等家畜，百姓能夠適時飼養，那麼七十歲以上的老人都可以吃肉了。每戶人家有百畝的耕地，而官府不去妨礙他們的生產季節，那麼，幾口人的家庭就可以不挨餓了。認真辦好學校，反覆用孝順父母、尊敬兄長的大道理教導百姓，那麼，鬚髮花白的老人也就不會自己背負或頂著重物在路上行走了。七十歲以上的人有絲綢穿，有肉吃，普通百姓餓不著、凍不著，這樣還不能實行王道，是從來不曾有過的事。而現在的梁國呢，富貴人家的豬狗吃掉了百姓的糧食，卻不約束制

尊敬賢者

對人們尊敬的人或事物輕慢無禮，那麼你就會置身於危險的境地之中。

●德治與禮治

孟子以「五十步笑百步」的比喻來說明梁惠王在治國方面並沒有採取什麼實質性的好政策，當然也就別指望達到天下歸心的目標了。

止；道路上有餓死的人，卻不打開糧倉賑救。老百姓死了，竟然說：『這不是我的罪過，而是由於收成不好。』這種說法和拿著刀子殺死了人，卻說『這不是我殺的而是兵器殺的』，又有什麼不同呢？大王如果不歸罪到天災，那麼天下的老百姓就會投奔到梁國來了。」

梁惠王說：「我非常高興地聽您指教！」

親賢臣，遠小人

貌合心離者孤，親讒遠忠者亡。

【注曰】讒者，善揣摩人主之意而中之；忠者，推逆人主之過而諫之。讒者合意多悅，而忠者逆意多怒；此子胥殺而吳亡；屈原放而楚滅是也。

【王氏曰】賞罰不分功罪，用人不擇賢愚；相會其間，雖有恭敬模樣，終無內敬之心。私意於人，必起離怨；身孤力寡，不相扶助，事難成就。

親近奸邪，其國昏亂；遠離忠良，不能成事。如楚平王，聽信費無忌讒言，納子妻無祥公主為后，不聽上大夫伍奢苦諫，縱意狂為。親近奸邪，疏遠忠良，必有喪國、亡家之患。

【譯文】與自己的夥伴貌合神離者，終將眾叛親離。親近讒言的小人，疏遠忠直的人，終將滅亡。

【釋評】如果在一起合作的人貌合神離，那麼他們就會各自被孤立，他們的力量也就會分散。這與「三人同心，其利斷金」的古語，正好成了一反一正的鮮明對比。

因為親小人、遠賢臣而敗亡的歷史教訓實在是太多了。雖然當皇帝的人都知道要「親賢臣，遠小人」，這樣才能事業成，國家興。但實際上沒有幾個皇帝能夠做到這一點。

為什麼會出現這種情況呢？因為每個人都想要過舒適的生活，都喜歡享樂。小人善於拍馬屁，善於迎合皇帝享樂的思想；然而賢臣卻喜好進忠言。馬屁對國家和人民有害，但皇帝聽了舒服；忠言對國家和人民有利，但「忠言逆耳」。俗話說：「千穿萬穿，馬屁不穿。」

貌合神離的表現，就是表面上看起來一團和氣，下屬對上級也是唯命是從，但在內心中，上下級之間是離心離德。

領導者和下屬之間離心離德、貌合神離，主要責任往往在於領導者。正是因為領導者賞罰不公，以權謀私，這才促使下屬離心離德。作為領導者在這些方面一定要時刻檢討、約束自己。

管仲薦相

周襄王七年（前645年），一代名相管仲患了重病，齊桓公親自去探望，並且詢問管仲誰可以接替他的相位。管仲說：「國君應該是最了解臣下的。」齊桓公想要任用鮑叔牙，管仲卻誠懇地說：「鮑叔牙是位君子，但他過於善惡分明，見人之一惡，終身不忘，這樣不可以主政。」

齊桓公又問：「易牙怎樣？」管仲說：「易牙為了滿足您的要求而不惜烹煮自己的兒子，以此來討好國君，這樣的人沒有人性，不宜為相。」齊桓公又問：「開方怎麼樣？」管仲回答說：「衛國公子開方捨棄了做千乘之國太子的機會，屈尊奉您十五年，父親去世了都不回國奔喪，如此無情無義的人，怎麼會忠於國君？況且千乘之國的封地是人人夢寐以求的，他能放棄千乘之國的封地，俯就於您，他心中所追求的必定要超過千乘之封。您應疏遠這種人，更不能任用他為國相了。」齊桓公又問：「易牙、開方都不行，豎刁怎麼樣？他寧願自殘身體來侍奉寡人，這樣的人難道會對我不忠嗎？」管仲搖搖頭說：「不愛惜自己身體的人，違反人情，這樣的人又怎麼會忠於您呢？請您務必疏遠這三個人，寵信他們，國家必定大亂。」

管仲說罷，向齊桓公推薦了為人忠厚、居家不忘公事的隰朋。遺憾的是，齊桓公並沒有聽進管仲的話。

不久之後管仲病逝。齊桓公不聽管仲的勸告，重用了這三人，結果釀成了悲劇。兩年後，齊桓公病重。易牙、豎刁看見齊桓公將不久於人世，堵塞宮門，假傳君命，不許任何人進入宮門。有兩個宮女從狗洞鑽入宮中，探望齊桓公。桓公十分飢餓，欲索取食物。宮女只能把易牙和豎刁作亂、堵塞宮門的情況告訴了齊桓公。桓公仰天長嘆，懊悔地說：「如果死者有知，我有什麼面目去見仲父？」

桓公死後，宮中大亂，齊桓公的幾個公子為了爭奪權位各自勾結黨羽，互相殘殺，以至於齊桓公的屍體停放在床上數十天仍無人收殮，屍體已經腐爛生蛆，情況慘不忍睹。

第二年三月，宋襄公率領諸侯軍隊護送太子昭回國，齊人又殺了作亂的公子無虧，太子昭即位，即齊孝公。經過這場內亂，齊國的霸業逐漸衰落。

管仲

一代名相管仲患了重病，齊桓公親自去探望他，並且詢問管仲誰可以接替他的相位。

●賢臣管仲

管仲（約前723-前645年），姬姓，管氏，名夷吾，謚曰「敬仲」，漢族，中國春秋時期齊國潁上（今安徽潁上）人，史稱管子。春秋時期齊國著名的政治家、軍事家。周穆王的後代，管仲少時喪父，老母在堂，生活貧苦，不得不過早地挑起家庭重擔，為維持生計，與鮑叔牙合夥經商後從軍，到齊國，幾經周折，經鮑叔牙力薦，為齊國上卿（即丞相），被稱為「春秋第一相」，輔佐齊桓公成為春秋時期的第一霸主，所以又說「管夷吾舉於士」。

●管仲薦相

管仲請齊桓公務必疏遠易牙、豎刁、開方這三個小人，並向齊桓公推薦了為人忠厚、居家不忘公事的隰朋。

衛國公子開方捨棄了做千乘之國太子的機會，屈尊奉君主十五年，父親去世了都不回國奔喪，如此無情無義的人，怎麼會忠於國君？況且千乘之國的封地是人人夢寐以求的，他能放棄千乘之國的封地，俯就於君主，他心中所追求的必定要超過千乘之封。君主應疏遠這種人，更不能任用他為國相了。

切莫任人唯親

近色遠賢者惛，女謁公行者亂。

【注曰】如太平公主，韋庶人之禍是也。

【王氏曰】重色輕賢，必有傷危之患；好奢縱欲，難免敗亡之亂。如紂王寵妲己，不重忠良，苦虐萬民。賢臣比干、箕子、微子，數次苦諫不肯；聽信怪恨諫說，比干剖腹、剜心，箕子入官為奴，微子佯狂於市。損害忠良，疏遠賢相，為事昏迷不改，致使國亡。

后妃之親，不可加於權勢；內外相連，不行公正。如漢平帝，權勢歸於王莽，國事不委大臣。王莽乃平帝之皇丈，倚勢挾權，謀害忠良，殺君篡位。侵奪天下，此為女謁公行者，招禍亂之患。

【譯文】親近美色而疏遠賢能是昏聵的做法，裙帶關係泛濫必將導致禍亂。

【釋評】「設想英雄垂暮日，溫柔不住住何鄉？」這句詩說出了多少英雄的不幸。讒言、美色，賞心悅目，那些昏君見到聽到之後，怎麼可能不沉迷於其中，怎麼可能不近色遠賢？

昏君近色，後宮的嬪妃必然會干預朝政。枕邊風吹起來真的很厲害，整個天下都會因此遭受災害。

武則天當政之後，她的女兒太平公主和唐中宗的皇后韋氏，一個想學母親，一個想學婆婆，都想當政，結果唐王朝被她們攪得越來越亂。

經典故事賞析

武則天稱帝

貞觀十一年（637年），武則天入宮成為唐太宗的才人，這一年武則天十四歲。唐太宗最初非常寵愛武則天，賜名「武媚」，不久便發現武則天心機太重、欲望太大，於是將她冷落一邊。武則天做了十二年的才人，始終沒有得到提升地位的機會。然而在唐太宗病重期間，武則天和唐太宗的兒子李治，即後來的唐高宗建立了感情。

貞觀二十三年（649年）唐太宗病死後，武則天和部分沒有子女的嬪妃一起到感業寺為尼，但她在為尼期間，一直與新皇帝唐高宗藕斷絲連。不久，被

一代女皇——武則天

武則天（624-705年），中國歷史上唯一一個正統的女皇帝（唐高宗時代，民間起義，曾出現一個女皇帝陳碩真），也是繼位年齡最大的皇帝（67歲即位），又是壽命最長的皇帝之一（終年82歲）。

●武則天生平

出生

武氏為并州文水（今山西省文水縣東）人，於唐高祖武德七年（624年）生於利州，即今四川省廣元市。其家境殷實、富有。

家庭給予武則天的，一方面是出於上流社會的榮華富貴；另一方面是過去沉跡於下層民間的寒門根底。這樣的家庭環境養成了她不擇手段追逐權力，以及支配一切的欲望。

貞觀十一年（637年）十一月，唐太宗聽說年輕的武氏長得明媚嬌豔，體態豐腴，楚楚動人，且性格剛強，便將她納入宮中，封為五品才人，賜號「武媚」，後世訛稱武媚娘。

削髮

貞觀十七年（643年），太子李承乾被廢，晉王李治被立為太子。此後，在侍奉太宗之際，武才人和李治相識並產生愛慕之心。唐太宗死，武才人依唐後宮之例，入感業寺削髮為尼。

沒有真正地皈依

唐高宗接入宮中。王皇后和武則天爭奪權力，周旋於後宮，後來武則天親手掐死自己的女兒，設計殺死了王皇后。

唐高宗體弱，又十分信任武則天，便逐步將軍政大權交給武則天處理，這也為武則天順利殺害大唐重臣和奪取朝中大權打下了基礎。武則天步步經營，最終在唐高宗病重時期，代替唐高宗行使皇權，成為執政者。

武則天稱帝之後，一直沒冊立太子，她將原來的皇帝李旦貶為「皇嗣」，「皇嗣」的身份近似於太子，但並不是太子。狄仁傑等大臣一再勸說，又有契丹、突厥先後打出匡復李唐的旗號反周，武則天深感民心仍向李唐皇室，武氏子弟又不成器，武則天最終決心重立已經被廢為廬陵王的李顯為太子。李唐王朝得以延續。武則天年齡逐漸增長，已經沒有重大的問題需要解決，志得意滿之後，她便耽於享樂。

武則天進入暮年，她老病纏身，對朝政的控制力下降。她將寵愛的張易之、張昌宗二兄弟當作自己在朝廷的耳目，二張兄弟於是逐漸插手朝政，不僅跟大臣結怨，也使得傳位太子的形勢發生逆轉，引起政局的動蕩，武則天的母子關係以及君臣關係空前緊張。

神龍元年（705年）正月，張柬之、桓彥範等人聯合右羽林大將軍李多祚發動政變，殺死二張兄弟，威逼武則天退位，迎接中宗復位，恢復唐朝。同年十二月，武則天去世。

公平待人

私人以官者浮。

【注曰】淺浮者，不足以勝名器，如牛仙客為宰相之類是也。

【王氏曰】心裏愛喜的人，多賞則物不可任；於官位委用之時，誤國廢事，虛浮不重，事業難成。

【譯文】任人唯親的人膚淺至極。

【釋評】官位對於一個國家來說，是最為重要的，千萬不能委任給缺少德才的人，更不用說那些庸碌之輩了。封建社會一直都有權錢交易的頑疾，這也是歷代政事沉浮的原因之一。

如果授官的人把國家大事當作兒戲，為了一己私利，以權謀私，必定會禍

五臣逼宮——神龍政變

705年，武則天改年號為「神龍」，這一年就被稱為神龍元年。此年正月，武則天病重，以張柬之為首的大臣們抓住時機，聯合羽林軍，發動了政變，殺死了武則天寵幸的張易之、張昌宗兄弟，擁戴時為太子的李顯即唐中宗復位。同年十二月，武則天去世。

●神龍政變

705年正月，張柬之、敬暉、崔玄暐（音偉）、桓彥範、袁恕五位大臣聯合右羽林大將軍李多祚發動政變，殺死二張兄弟，逼武則天退位，迎中宗復位。

亂朝政，進而對整個國家造成傷害，對人民造成傷害。

經典故事賞析

不以權謀私

荀彧是三國時期曹操最為重要的謀士，被曹操視為左膀右臂。曹操掌大權後，任命荀彧為尚書令，掌管國家大權。

荀彧執政公正廉明，從不因私廢公，以權謀私。荀彧有一個侄子，既沒有才幹，又沒有德行。

一天有人向荀彧推薦他的侄子，說：「您如今執掌大權，為什麼不讓您的侄子擔任議郎呢？」

荀彧笑著說：「設官就是為國家求得人才，而不是讓某些人博取功名。若是讓我的侄子擔任議郎，別人又會怎麼議論我呢？」荀彧沒有答應那個人的請求。

做一個好領導者

凌下取勝者侵。

【王氏曰】恃己之勇，妄取強勝之名；輕欺於人，必受凶危之害。心量不寬，事業難成；功利自取，人心不伏。霸王不用賢能，倚自強能之勢，贏了漢王七十二陣，後中韓信埋伏之計，敗於九里山前，喪於烏江岸上。此是強勢相爭，凌下取勝，返受侵奪之患。

【譯文】靠壓制下屬而取得成功的人，終將被下屬算計。

【釋評】上級必須要做到守之以禮，下屬才會盡之以忠，這樣一來，才能夠上下同心。相反，如果上級以勢壓人，以權欺人，下屬必將會離心離德，進而彼此傷害，使整個團隊受到傷害。

唐朝著名宰相陸贄曾說：「官名只是一個頭銜罷了，重要的是為老百姓辦好實事；利益是實在的東西，但相對於仁義來說，則是次要的。然而，只有得到了實實在在的利益，才能擁有好名聲，擁有了好名聲，才會使權力變為實權。名聲和實權互相促進，事情才能夠越辦越好，效果才能夠越來越顯著，政績也就越來越好。假如名不副實，即使得到了顯赫的頭銜，那也是不祥的徵兆。」

東漢末年著名政治家、戰略家

荀彧（163-212年）字文若，潁川潁陰（今河南許昌）人。東漢末年曹操帳下首席謀臣，傑出的戰略家。官至侍中，守尚書令，謚曰敬侯。荀彧在獻計、密謀、匡弼、舉人等方面多有建樹，被曹操稱為「吾之子房」。

荀彧的祖父是荀淑，為朗陵令，是東漢末年名士。荀淑有八子，號稱八龍。荀彧的父親荀緄曾任濟南相，叔父荀爽曾任司空。荀緄忌憚宦官，於是讓荀彧娶中常侍唐衡的女兒為妻。因為荀彧「少有才名，故得免於譏議」（《後漢書・荀彧傳》）。南陽名士何顒見到荀彧後，大為驚異，稱其為：「王佐才也。」（《三國志・魏書・荀彧傳》）

經典故事賞析

名副其實

周勃和陳平平定了諸呂的叛亂。陳平覺得周勃在平叛中的功勞比自己大，於是主動讓賢，請周勃擔任右丞相，自己則為左丞相。

有一天，漢文帝問周勃，國家一年之內審理了多少案子，周勃答不上來。文帝又問周勃，國家今年徵收的賦稅錢糧是多少，周勃又答不上來。周勃慚愧不已。漢文帝又問陳平，陳平則說，這種事情不要問我，要問主管這方面的官員，問斷案，就去問廷尉，問錢糧，就去問治粟內史。漢文帝又問：「既然這些方面都有主管的官員，那還要丞相做什麼？」

陳平說：「宰相就是輔佐天子通曉天地陰陽之氣，和順四時，撫育天下萬物。對外鎮撫諸侯，對內親輔百姓，使文武百官各司其職。」

漢文帝對陳平的回答非常滿意。周勃覺得自己遠不如陳平，不久後又退位讓賢給陳平。

徒有虛名危害大

名不勝實者耗。

【注曰】陸贄曰：「名近於虛，於教為重；利近於實，於義為輕。」然則，實者所以致名，名者所以符實。名實相資，則不耗匱矣。

【王氏曰】心實奸狡，假仁義而取虛名；內務貪饕，外恭勤而惑於眾。朦朧上下，釣譽沽名；雖有名、祿，不能久遠；名不勝實，後必敗亡。

【譯文】徒有虛名的人最終會使自己陷入困境。

【釋評】名聲往往是實力的衍生品，通常依附於實力而存在。名不副實正好顛倒了這種關係，以明為主，以實為次。這種人就是徒有虛名，全無行動的能力。如果這種人位居高位，對國對民皆是百害而無一利。徒有虛名之人往往被名聲所累，雖然外表光鮮，實際上卻十分勞累，困苦不堪。一旦遇到需要真才實學的地方，往往會一敗塗地。做人貴在實在，千萬不要徒有虛名，害人害己。

經典故事賞析

馬謖丟街亭

馬謖本身還是有一些才幹的，但他自高自大，喜歡誇誇其談。劉備在臨死之前就曾告誡過諸葛亮：「馬謖這個人言過其實，不可大用。」可惜諸葛亮並沒有聽進劉備的話。

諸葛亮十分賞識馬謖的才能，常常和他一談就是一通宵，馬謖也在各個方面充分發揮了自己的才能。在諸葛亮征南蠻時，曾對馬謖說：「我就要走了，臨別你還有什麼話要說？」

馬謖說：「攻城為下，攻心為上。」諸葛亮十分贊同馬謖的看法。

諸葛亮第一次出師北伐，取得了不錯的進展，需要有人鎮守街亭這個咽喉之地。一向以軍事自詡的馬謖主動請纓。諸葛亮本不想讓馬謖擔任，但鑑於馬謖之前表現出來的才能，也就答應了馬謖。馬謖雖有謀略，卻無實戰經驗，他不聽王平等人的建議，最終一敗塗地。諸葛亮只得揮淚斬馬謖。

諸葛亮揮淚斬馬謖

建興六年，諸葛亮出軍祁山，決定派出一支人馬去占領街亭，作為據點。當時他身邊還有幾個身經百戰的老將，可是他都沒有用，單單看中參軍馬謖，最終導致街亭失守。

馬謖不聽王平的勸告，將軍隊駐紮在山上。魏軍斷絕了山上的飲水，隨後將小山團團圍住。蜀軍在山上望見魏軍漫山遍野，隊伍威嚴，人人心中惶恐不安，馬謖下令向山下發起攻擊，蜀軍將士竟無人敢下山。不久，飲水點滴皆無，蜀軍將士更加惶恐不安。司馬懿下令放火燒山，蜀軍一片混亂，終至街亭失守。馬謖失守街亭，戰局驟變，迫使諸葛亮退回漢中。

嚴格律己

略己而責人者不治，自厚而薄人者棄廢。

【注曰】聖人常善救人而無棄人；常善救物而無棄物。自厚者，自滿也。非仲尼所謂：「躬自厚之厚也。」自厚而薄人，則人才將棄廢矣。

【王氏曰】功名自取，財利己用；疏慢賢能，不任忠良，事豈能行？如呂布受困於下邳，謀將陳宮諫曰：「外有大兵，內無糧草；黃河泛漲，倘若城陷，如之奈何？」呂布言曰：「吾馬力負千斤過水如過平地，與妻貂蟬同騎渡河有何憂哉？」側有手將侯成聽言之後，盜呂布馬投於關公軍士，皆散呂布被曹操所擒斬於白門。此是只顧自己，不顧眾人，不能成功，後有喪國，敗身之患。功歸自己，罪責他人；上無公正之明，下無信、懼之意。贊己不能為能，毀人之善為不善。功歸自己，眾不能治；罪責於人，事業難成。

【譯文】寬恕自己，對他人卻求全責備，這樣的人是不可能治理好天下的；自以為了不起而又看不起別人，這樣的人是不可能使用人才的。

【釋評】縱容自己，卻對別人要求嚴厲。自己有缺點和過失，就千方百計地找理由辯解，對別人的失誤卻不加體諒，一味地責備求全，這樣的人無以服眾。自己都做不到，拿什麼來要求別人。有些人甚至將自己的錯誤強加到別人身上，這樣的人不但品德卑微，而且能力低下。這種人永遠也無法取得成功。

另一類則是享受在前，吃苦在後。百般限制部下的利益，自己卻吃喝玩樂，百般享受。這種領導者是純粹的個人主義，也終將會遭人唾棄。

作為一個領導者，就是要發揮表率作用。不能以身作則，卻對別人嚴格要求。這樣一來，自己的威信就會大大降低。說出的話，也就無人聽從。正所謂「上梁不正下梁歪」，領導人廉潔，屬下也就跟著廉潔。領導人奢侈浪費，怎麼能夠約束屬下廉潔呢？

經典故事賞析

漢之飛將軍

李廣被任為將軍，出雁門關進攻匈奴。匈奴兵多，打敗了李廣的軍隊，並生擒了李廣。單于知道李廣很有才能，下令說：「俘獲李廣一定要活著送來。」匈奴騎兵俘虜了李廣，因為李廣受傷生病，就讓李廣躺在繩編的網兜裏，放在兩匹馬中間。走了十多里，李廣假裝死去，斜眼看到他旁邊的一個匈奴少年騎著一匹好馬，李廣縱身一躍跳上匈奴少年的馬，趁勢把少年推下去，奪了他的弓，打馬向南飛馳數十里，又遇到他的殘部，於是帶領他們進入關塞。執法官判決李廣損失傷亡太多，他自己又被敵人活捉，應該斬首，李廣用錢物贖了死罪，削職為民。後來，朝廷又任命李廣為右北平太守，匈奴聽說後，稱他為「漢朝的飛將軍」，幾年不敢入侵右北平。

李廣為官清廉，他做二千石俸祿的官共四十多年，家中沒有多餘的財物。他得到賞賜總是分給部下，飲食也總與士兵在一起。李廣語言遲鈍，寡

飛將軍李廣

李廣（？一前119年），漢族，隴西成紀（今甘肅靜寧西南）人，中國西漢時期的名將。李廣一生征戰沙場，與匈奴大小七十餘戰。他英勇善戰，任右北平太守後，匈奴畏懼，避之，數年不敢入侵右北平。

●李廣計退匈奴兵

李廣出獵，看到草叢中的一塊石頭，以為是老虎，張弓而射，一箭射去把整個箭頭都射進了石頭裏。

桃李有芬芳的花朵、甜美的果實，雖然不會說話，但仍然能吸引許多人到樹下賞花嘗果，以至於樹下走出一條小路。比喻一個人做了好事，不用張揚，人們就會記住他。身教重於言教，為人誠懇、真摯，就會深得人心。只要真誠、忠實，就能感動別人。比喻為人誠摯，自會有強烈的感召力而深得人心。

李廣英勇善戰，歷經漢景帝、武帝，立下赫赫戰功，對部下謙虛和藹。文帝、匈奴單于都很敬重他，但年紀不大被迫自殺，許多部下及不相識的人都為他痛哭，司馬遷稱讚他是「桃李不言，下自成蹊」。

言少語，與別人在一起也總是喜歡在地上畫軍陣，或者比賽射箭，以罰酒論輸贏。他一輩子都以射箭為消遣，一直到生命結束。李廣帶兵，遇到缺糧斷水，見到水，士兵還沒有完全喝到水，李廣絕不近水；士兵還沒有完全吃上飯，他絕不嘗食。他對待士兵寬厚和緩，沒有苛刻的要求，士兵因此愛戴他，樂於為他效力。

功過分明

以過棄功者損。

【注曰】措置失宜，群情隔息；阿諛並進，私徇並行。

【王氏曰】曾立功業，委之重權；勿以責於小過，恐有惟失；撫之以政，切莫棄於大功，以小棄大。否則，驗功恕過，則可求其小過而棄大功，人心不服，必損其身。

【譯文】忘記下屬的功勞，卻對他的小過錯施加重罰，這樣的領導必定會為自己招來禍害。

【釋評】對下屬的成績忽略不計，卻偏偏喜歡盯著小小的過失不放，這是領導人的忌諱。

經典故事賞析

用其大功，不問小過

唐朝大將李靖，深受唐太宗喜愛，在唐朝的開國戰爭中所向無敵，還將盛極一時的突厥平滅，立下了汗馬功勞。監察長官溫彥博又羨慕又嫉妒，就上奏檢舉李靖軍隊紀律混亂，縱容士兵搶分突厥人的珠寶財物。太宗接到奏摺後不加理睬。李靖凱旋回京後進宮謝罪，太宗說：「隋朝的將領史萬歲大敗突厥，朝廷沒有賞他，還因罪殺了他。我不願意這麼做，所以免了你的小過失，獎賞你的大功勞。」在當時，關於李靖的流言蜚語存在了很長時間，甚至連襟懷坦蕩的唐太宗也曾經對這樣的功臣產生過懷疑。好在李靖懂得進退，做事從不居功自傲，而且對於什麼事情他都能「忍」受。他在戰場上，所向披靡，是敵人一提起來就害怕的勇猛戰將，在生活中卻是個樸實厚道的好好先生，甚至在遭受不白之冤的時候也不強辯，而是乾脆利落地交出兵權，閉門謝客。正因為有

李靖善忍善存

李靖（571-649年），字藥師，原名藥師，漢族，雍州三原（今陝西三原縣東北）人。出生於官宦之家，唐初傑出的軍事家、軍事理論家。

●生平功績

大業末年（605-617年）

李靖任馬邑郡丞。

武德元年（618年）五月

李靖隨從秦王東進，平定在洛陽稱帝的王世充，以軍功授任開府。

武德四年（621年）正月

李靖上陳攻滅蕭銑的十策，被擢任為行軍總管，兼任孝恭行軍長史。消滅了江南最大的割據勢力後梁，戰功卓著，唐高祖詔封他為上柱國、永康縣公。

武德六年（623年）七月

原投降唐皇朝的農民起義軍將領杜伏威、輔公祏二人不和，輔公祏乘杜伏威入朝之際，舉兵反唐。李靖被命為副帥討伐輔公。後太宗以其功勞大，加授左光祿大夫，賜絹一千匹，加實封戶，通前為五百戶。

貞觀十七年（643年）

與長孫無忌等二十四人圖像安於凌煙閣，尊奉為功臣，並進位開府儀同三司。

貞觀二十三年（649年）

李靖病臥於家中，溘然逝去。

李靖身為將軍，雖然立下赫赫戰功，身居高位，但是從不居功自傲，是人們學習的典範。

李靖閒暇時，在家過著平淡樸素的生活。

如此的心態，才得以善終。

小過不掩功

明朝大將常遇春馳騁疆場，經歷無數戰役，屢建奇功。朱元璋在總結開國之功時曾說：「計其開拓之功。以十分言之，遇春居其七八。」認為常遇春的功勳「雖古名將，未有過之」。常遇春先後做過總管府先鋒、都督、統軍大元帥、中翼大元帥等。在他的軍事生涯中從沒有打過敗仗，所以他豪邁地說能率十萬軍橫行天下，所以軍中常用「常十萬」來稱呼他。但常遇春最大的缺點就是愛屠城和殺降。許多人都認為殺降不吉，這一點也讓朱元璋很是反感。但朱元璋每次都用其大功，不問小過，同時讓徐達作為主帥對其加以節制。

團結就是力量

群下外異者淪。

【注曰】人人異心，求不淪亡，不可得也。

【王氏曰】君以名祿進其人，臣以忠正報其主。有才不加其官，能守誠者，不賜其祿；恩德愛於外權，怨結於內；群下心離，必然敗亂。

【譯文】下屬都起了異心，很快就會遭致滅亡。

再堅固的堡壘，通常也都是從內部攻破。從古至今，每一個被外族侵略的國家，都是內部先出問題。正如：人必自侮，然後人侮之；家必自毀，而後人毀之；國必自伐，而後人伐之。

【釋評】任何一個團隊，如果上級和下屬離心離德，成日不思發展，內部抗爭不斷，人心不齊，最終只能眼睜睜看其死亡。

經典故事賞析

離心離德終滅亡

惠帝是歷史上有名的白癡皇帝，除了貪圖享樂外，一無所知。

他被立為太子後，曾有不少大臣勸武帝廢去他。武帝猶豫不決。有一次，武帝特地送去一卷公文，命太子處理，藉以考驗太子是否傻得不會辦事。太子的妻子賈妃是個機智而又凶悍的女人，她命令太監起草了一份答卷，叫太子抄

「八王之亂」的罪魁禍首——賈南風

賈南風（256-300年），小名旹，平陽郡襄陵縣（今山西襄汾縣）人。西晉開國元勳賈充的三女兒，西晉晉惠帝的皇后，又稱惠賈皇后、賈后。賈南風在皇后位置十年，其間因惠帝懦弱無能而得以專權，直至在政變中被廢殺。

●八王之亂

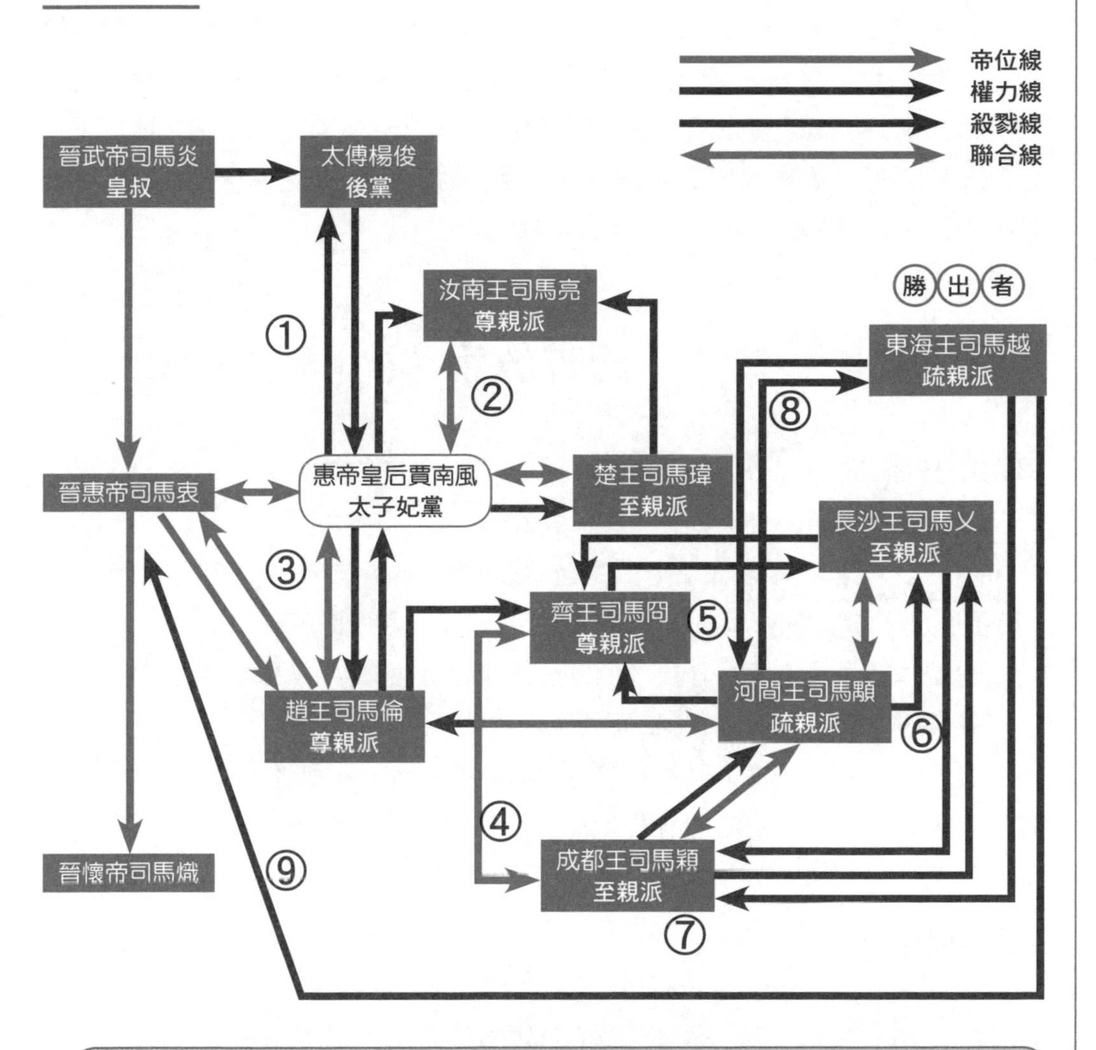

「八王之亂」滑懷太子被廢，引起朝野內外眾情憤怒。賈南風專制以來相對穩定的政治局面再也無法維持下去了。趙王倫矯詔賜賈南風金屑酒。賈南風一生善用權謀，到頭來卻喝下了自釀的毒酒。

寫好送去。武帝一看，內容寫得雖然粗淺，但畢竟還是有問必答，認為太子並不太傻，就沒有廢黜他。

惠帝繼位後，毫無能力處理軍國大事，由楊太后父親楊駿獨攬朝政。

當時，天下飢荒，官員向他報告老百姓沒有飯吃。他想到自己不想吃飯時就喝肉粥，就一本正經地說：「沒有飯吃，不可以多吃些肉粥嗎？」弄得官員們啼笑皆非。

而惠帝的皇后賈南風精明能幹，她不滿意楊駿操縱朝政，便聯絡汝南王司馬亮、楚王司馬瑋殺死了楊駿，接著，她又先後殺死了司馬亮和司馬瑋。她自己沒有生育，擔心大權旁落，又設計毒死了太子。趙王司馬倫以此事為藉口，帶兵進京，殺了賈皇后，廢黜晉惠帝，自立為帝。齊王司馬冏、成都王司馬穎、河間王司馬顒等不服，起兵攻打洛陽，展開了皇族之間殘酷的混戰、殺戮，史稱「八王之亂」。

適時放手

既用不任者疏。

【注曰】用賢不任，則失士心。此管仲所謂「害霸也」。

【王氏曰】用人輔國行政，必與賞罰威權；有職無權，不能立功行政。用而不任，難以掌法施行；事不能行，言不能進，自然上下相疏。

【譯文】如果想好好任用一個人，無疑要給他職權，給他職權後又不能放手任其發揮才能，這樣的領導必定要眾叛親離。

【釋評】任用一個人就得相信他，如此則是給了他希望。假如激起他做事的信心，而後又不讓他把事情做下去，結果只會導致別人的痛恨，對己對人都不利。

經典故事賞析

新君嫉賢

樂毅留在齊國巡行作戰五年，攻下齊國城邑七十多座，都劃為郡縣歸屬燕國，只有莒和即墨沒有被收服。這時恰逢燕昭王死去，他的兒子立為燕惠王。惠王從做太子時就對樂毅有所不滿，等他即位後，齊國的田單造謠說樂毅想在

樂毅破齊

樂毅是戰國後期傑出的軍事家。西元前284年，他統率燕國等五國聯軍攻打齊國，連下七十餘城，創造了古代戰爭史上以弱勝強的著名戰例。

●破齊過程

破齊過程

1. 燕昭王任用樂毅聯合韓、趙、魏、楚共同伐齊。
2. 西元前284年，樂毅率五國聯軍大舉伐齊，在濟水之西一舉擊破齊軍主力。
3. 濟西之戰後，樂毅遣散各諸侯國援軍，之後率燕軍一舉攻下齊國國都臨淄。
4. 攻克臨淄後，樂毅又兵分五路攻齊，連下七十餘城，齊國幾乎亡國。

報燕惠王書

燕惠王後來派騎劫代替樂毅，以致軍隊被打敗，曾經占領的齊國土地又丟失了。他派人向樂毅道歉並責難樂毅：「我之所以派騎劫代替將軍，是因為怕你太辛苦。將軍卻誤聽傳言，和我產生怨隙，棄燕降趙。將軍為自己打算，這樣做是合宜的，可是你如何報答先王的知遇之恩呢？」

樂毅慷慨地寫下了著名的《報燕惠王書》，他針對惠王的無理指責和虛偽粉飾，表明自己對先王的一片忠心，駁斥惠王對自己的種種責難、誤解，抒發功敗垂成的憤慨。燕惠王這才打消了對樂毅的某些偏見，封樂毅之子樂間為昌國君。

齊國稱王。燕惠王就召回樂毅，任命騎劫為將領。樂毅擔心回國後被殺，便投降了趙國。趙國封其為望諸君。

後來，田單和騎劫交戰，收復了失去的所有城邑。燕惠王十分後悔，就派人到趙國向樂毅道歉。樂毅寫信給燕惠王，表明自己的一片忠心，他往來於趙國、燕國之間。燕、趙兩國都任用他為客卿。

以人為鏡

唐太宗李世民曾說過：「以人為鏡，可以明得失。」所以他很重視人才，且用人唯賢，不拘一格。魏徵曾與李世民有過一段過節，然而李世民不但不記舊恨，而且還重用魏徵，拜他為大夫。魏徵是個有學問的人才，並敢於大膽進諫，使唐太宗一生中少犯許多錯誤。後來唐太宗為了納賢，還確立了一套科舉制度，選拔了大批優秀人才。在他的統治時期，國家更加興旺，社會更加安定，經濟與文化得到了較快發展。這個時期被譽為「貞觀之治」。唐太宗能治理好國家，正是由於他「以人為鏡」，瞭解到人才的重要性，善於用人，愛護人才。不像郭氏那樣雖尊重有才能的人，卻未重用；雖厭惡壞人，卻未清除。兩方面都不能做完善，結怨反多，使其城池變為一片廢墟。

任而不用，卻想得以發展，無疑是不行的，郭氏之墟已經成為我們的前車之鑑，後人一定要引以為戒。

身為領導者不要太吝嗇

行賞吝色者沮。

【注曰】色有靳吝，有功者沮，項羽之刓印是也。

【王氏曰】嘉言美色，撫感其勞；高名重爵，勸賞其功。賞人其間，口無知感之言，面有怪恨之怒。然加以厚爵，終無喜樂之心，必起怨離之志。

【譯文】當部下功勞卓著，論功行賞時，領導人卻表現得小氣吝嗇，這樣的領導人難成氣候。

【釋評】對部下論功行賞時表現得吝嗇，則表明此人過分貪婪，在分享利益時，首先忽略他人。這種人看似精明，實則愚蠢。這類人只可與其共患難，而難與其同富貴。面對這樣的領導人，無疑沒人願意死心塌地地跟著他。人人

唐太宗以人為鏡，愛民如子

唐太宗在位二十三年，使唐朝經濟發展，社會安定，政治清明，百姓安居樂業，出現了空前的繁榮。

●以人為鏡，愛民如子

唐太宗是歷史上著名的皇帝之一，在他的治理下，出現了人們理想中的國度：夜不閉戶，路不拾遺，真正一派太平盛世的景象。

都不願盡力，事情則難以發展，其敗亡也是自然之事。

經典故事賞析

「美人計」義收羌酋

據《宋史・种世衡傳》記載，宋夏戰爭年代，西北邊境各少數民族的地位非同小可，是宋朝與西夏爭相拉攏的對象，他們倒向誰，誰就在戰爭中處於優勢，所以，在宋夏戰爭中，爭取各少數民族的歸順與支持，成了另一場沒有硝煙的戰爭。

當時的慕恩部，是羌族中最強大的部落，一天晚上，种世衡熱情邀請酋長慕恩到軍帳中飲宴，推杯換盞之際，种世衡又喚出一名美麗的侍女出來勸酒，慕恩頓時興致大增。酒過三巡，种世衡故意起身走到裏間，從門縫暗中細細觀察慕恩的一舉一動。果然不出所料，慕恩真的乘种世衡離開之機，對侍女動手動腳，調戲於她，這時，种世衡奪門而入，裝作很意外、很震怒的樣子，慕恩大驚失色，羞愧難當，趕緊伏地請罪。种世衡轉怒為喜，笑著說：「酋長喜歡她？」隨即就十分爽快地把侍女送給了慕恩，從此，慕恩對种世衡忠心耿耿，以死力效。羌族中凡有貳心者，种世衡便安排慕恩率軍征討，攻無不勝，戰無不克。羌人兀二族已接受了西夏冊封的官職，种世衡召之不至，就命令慕恩進兵征討，直到兀二族歸順。別看一個小小的「美人計」，它卻幫助种世衡順利收服在西北的少數民族，從慕恩部開始，种世衡採用這種恩威並施的辦法，逐漸收服大大小小的部族百餘個，為宋朝緩和民族衝突，加強民族團結，抵抗西夏入侵，發揮了重要的作用。

承諾要慎重

多許少與者怨。

【注曰】失其本望。

【王氏曰】心不誠實，人無敬信之意；言語虛詐，必招怪恨之怨。歡喜其間，多許人之財物，後悔慳吝；卻行少與，返招怪恨；再後言語，人不聽信。

【譯文】在他人面前許下很多的承諾，卻屢屢不能兌現，最終會招致他人的埋怨。

【釋評】輕諾必寡信，多許必少與，這也許就是人性的弱點。但凡空許諾的人，做起事情來往往很刻薄。

經典故事賞析

齊襄公之死

齊襄公，左傳對他的評語是「無常」二字。何為無常，就是言行和準則讓人琢磨不透。聰明且自大的國君往往可以用這兩個字來形容，比如明朝的嘉

齊襄公出爾反爾

齊襄公在下屬面前狂妄自大，妄圖用巧智把下屬玩弄於鼓掌之間，卻不知是在給自己掘下墳墓。

●齊襄公狂妄自大

靖皇帝。且不論他的治國本領，單就個人的私生活，這位國君也是讓人大跌眼鏡，因為他和他的妹妹文姜通姦，並且導致了魯桓公的死亡。

齊襄公最後滅亡的導火線眾說紛紜，左傳卻給出了一個看似不起眼的理由，那就是連稱、管至父的叛亂。事情大概是這樣的，這兩位大夫在葵丘戍邊，按照春秋魯國的規矩，戍邊的將領應該是一年一換，《尉繚子》有「兵戍過一歲，遂亡，不侯代者，法比亡軍」。這兩位大夫是走也不是，不走又實在受不了了。因為葵丘是邊塞，這裏經常打仗。他們心想，好不容易挨過一年，齊襄公應該趕快把我們調回國都啊。於是兩位就在甜瓜成熟的時候拉了好些甜瓜去見齊襄公，實指望襄公能把自己調離葵丘這個多事之地，沒想到齊襄公吃完甜瓜後說：「兩位鎮守葵丘，寡人也知道很辛苦，但是暫時朝廷抽不了人手，你們先回去，來年瓜再熟的時候，寡人一定派人來替換你們。」

兩人雖然沒有被調回來，有些鬱悶，但是好歹有些希望啊，於是就等著來年瓜熟的時候齊襄公把他們調離葵丘。第二年瓜熟之時，兩位又去找齊襄公，沒有想到齊襄公卻出爾反爾，不認帳了，於是這兩位就暗暗發誓，要把這個不守信義、荒淫無道的國君弄死。

齊襄公不知道臣下的秉性脾氣，一律以「無常」對待，這就是導致他死亡的原因。現在的領導者，不能看清自己的下屬，或者自以為看清了，一味在下屬面前狂妄自大，妄圖用巧智把下屬玩弄於鼓掌之間，卻不知是在為自己掘墳墓。有些人當時不發作只不過是隱忍而已，當你的狂妄到達頂點，必然招致更多下屬的怨恨，怨恨你的人多了，便處於危險的境地了。

請神容易送神難

既迎而拒者乖。

【注曰】劉璋迎劉備而反拒之是也。

【譯文】把別人邀請來之後，卻又將人趕開，必定會讓人心生怨氣。

【釋評】「狼來了」的故事人們耳熟能詳。一個小牧童，一而再、再而三地大喊「狼來了」，最終自食惡果。所以做每一個決定都要審慎而行。

經典故事賞析

周幽王烽火戲諸侯

周幽王有個寵妃叫褒姒，為博取她的一笑，周幽王下令在都城附近二十多座烽火臺上點起烽火——烽火是邊關報警的信號，只有在外敵入侵需召諸侯來救援的時候才能點燃。結果各路諸侯見到烽火，率領兵將們匆匆趕到，弄明白這是君王為博寵妃一笑的花招後又憤然離去。褒姒看到平日威儀赫赫的諸侯們手足無措的樣子，終於開心一笑。五年後，西夷太戎大舉攻周，幽王烽火再燃而諸侯未到——誰也不願再上第二次當了。

結果幽王被逼自刎，而褒姒也被俘虜。

一笑相傾國便亡

愛美之心，人皆有之，但是為了滿足一己色欲，不顧天下安危，棄江山愛美人，有違天意、有失民心，到頭來除了遭人唾棄，還會成為別人茶餘飯後的笑料，甚至遺臭萬年。

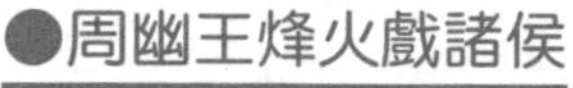

●周幽王烽火戲諸侯

色之忍

愛美之心，人皆有之，但絕不可因為貪戀美色而誤了大事，或者為了得到美色而做一些違法之事。

周幽王為了褒姒一笑而失信於各諸侯，以致戰爭到來卻無人應援。

俗話說「色字頭上一把刀」，一時的滿足很可能換來的就是以後的千刀萬剮，怎麼敢不去忍住好色之心呢！

褒姒，生卒年不詳，因姓姒，故稱為褒姒。成為周幽王的寵妃，生一子伯服。

不要心存僥幸

薄施厚望者不報。

【注曰】天地不仁，以萬物為芻狗；聖人不仁，以百姓為芻狗。覆之載之，含之育之，豈責其報也。

【王氏曰】恩未結於人心，財利不散於眾。雖有所賜，微少輕薄，不能厚恩深惠，人無報效之心。

【譯文】給予別人很少，卻總是期盼得到他人更多的回報，這是不可取的。

【釋評】施恩不要心裏老想著得到別人的回報，接受了別人的恩惠應該時時記在心上，這樣才會少煩惱，少恩怨。許多人怨恨人情淡薄，好心不得好報，甚至做了好事反而結了冤家，原因就在於做了點好事，就天天盼望著人家報答，否則就怨恨不已，惡言惡語。他們不明白，施而不報是常情，薄施厚望則有失天理。富貴了，有權了，就翻臉不認人，這樣的人是不會長久的，這是一種典型的小人得志心態。他們不明白，貴賤榮辱，是時運機遇造成的，並不是他們真的比別人高明多少。倘若因此而目空一切，即便榮華富貴，也轉眼成泡影。不管是做事還是與人交往，都應懷有一顆平常心。自己有所付出，則未必能得到相應的回報，甚至沒有回報。更不要心存僥幸能得到意外的大回報。正如「平時不燒香，臨時抱佛腳」一樣，作用不會很大。唯有明白這些道理，面對成功，不會得意忘形；勞而無功，也不會喪失信心。

經典故事賞析

淳于髡智諫齊威王

齊威王八年（前349年），楚國發兵大舉進攻齊國。為了東西夾擊對付楚國的進攻，齊威王派淳于髡為使臣，去趙國請求援兵，並以黃金百斤、車馬十駟作為禮品，淳于髡見了仰天大笑，笑得連繫帽子的帶子都鬆了。齊威王大惑不解，問：「先生是嫌所帶的禮品少嗎？」淳于髡說：「臣怎麼敢呢？」威王又問：「那又笑什麼呢？」淳于髡說：「剛才臣從東方來，看見大路旁有人在祭祀神靈，祈福消災，拿著一隻豬蹄、一杯酒，禱告說：『願上蒼保佑我家有燒不完的柴，施不完的肥，五穀豐登，糧食滿倉。』我見他所拿的祭品這麼

淳于髡智諫齊威王

淳于髡出身卑微，其貌不偉，卻得到了齊國幾代君主的尊寵和器重。淳于髡在齊桓公田午創辦稷下學宮時已經是稷下先生。齊威王剛繼位時，沉湎酒色，不理朝政，淳于髡率先進諫，使齊威王幡然悔悟，厲行改革，齊國由是大治。

●隱語智諫

少，而求取的願望又這麼多，所以在笑他呢。」齊威王聽了，立即明白是怎麼回事，於是把贈送趙國的禮品改為黃金千鎰、白璧十雙，車馬百駟。淳于髡帶了禮品到趙國，交涉十分順利。趙王立即發兵十萬，戰車千乘。楚國聽到消息，嚇得連夜撤兵。

人不能忘本

貴而忘賤者不久。

【注曰】道足於己者，貴賤不足以為榮辱；貴亦固有，賤亦固有。唯小人驟而處貴則忘其賤，此所以不久也。

【王氏曰】身居富貴之地，恣逞驕傲狂心；忘其貧賤之時，專享目前之貴。心生驕奢，忘於艱難，豈能長久？

【譯文】富貴而忘本的人不可能長久。

【釋評】有的人一旦富貴，就會忘記昔日貧賤的生活，這種人往往沒有遠大志向，所以易一時得意而忘形，必然也不能長久。一個人忘了本質，進若不利，退便無路，使自己身處絕境。

經典故事賞析

陳勝功成忘本

陳勝稱王總共六個月的時間。當了王之後，以陳縣為國都。從前一位曾經與他一起受雇用給人家耕田的農民聽說他做了王，來到了陳縣，敲著宮門說：「我想要見陳勝。」守宮門的人要把他捆綁起來。經他反覆解說，才放開他，但仍然不肯為他通報。等陳王出門時，他攔路呼喊陳勝的名字，陳王聽到了，才召見了他，與他同乘一輛車子回宮。走進宮殿，看見殿堂房屋、帷幕帳簾之後，客人說：「多啊！陳涉大王的宮殿多氣派啊！」楚地人把「多」叫作「夥」，所以天下流傳「夥涉為王」的俗語，就是從陳勝開始的。

這客人在宮中行為越來越隨便，常常跟人講陳勝從前的一些事。有人就對陳王說：「您的客人愚昧無知，專門胡說八道，有損於您的威嚴。」陳王就把來客殺死了。於是陳王的老朋友都各自離開了，從此再沒有人親近陳王了。

不要緊抓別人的小辮子不放

念舊而棄新功者凶。

【注曰】切齒於睚眥之怨，眷眷於一飯之恩者，匹夫之量。有志於天下者，雖仇必用，以其才也；雖怨必錄，以其功也。漢高祖侯雍齒，錄功也；唐太宗相魏鄭公，用才也。

【王氏曰】賞功行政，雖仇必用；罰罪施刑，雖親不赦。如齊桓公用管仲，棄舊仇，而重其才；唐太宗相魏徵，捨前恨，而用其能。舊有小過，新立大功，因恨不錄者凶。

陳勝

面對秦二世的殘暴統治，陳勝、吳廣帶領前往服苦役的人民揭竿而起，他們打著公子扶蘇的旗號，一起征討秦二世。

●揭竿起義，征討秦二世

陳勝、吳廣押著壯丁來到大澤鄉，誰知卻趕上了連綿大雨，只好在此紮營，待天晴再走。這場雨連綿不停，眼看日期要耽誤了，陳勝與吳廣商量，乾脆反了，免得再受秦二世的迫害。

陳勝

功成忘本

陳勝稱王後，其思想逐漸發生變化，與群眾的關係日益疏遠。與此同時，群起響應的各地英豪也不再聽從陳勝的號令，孤立了作為反秦主力的陳勝「張楚」政權。

【譯文】若下屬有小的過錯，則心生怨恨，心生報復，對其新建的功勞卻只字不提，不加賞賜，會使自己陷入凶險之境。

【釋評】能成就一番大業的人往往胸懷寬廣，重之功，容之過。如此才能獲得下屬的真心歸附，其仇敵也會因此心服口服。

經典故事賞析

齊桓公不計私仇，任人唯賢

齊國大亂，公子小白和公子糾都從別的國家趕回齊國爭奪王位。管仲率軍去莒國通往齊國的道路上守候，攔截公子小白回國。管仲見鮑叔牙和公子小白的車匆匆向齊國趕去。管仲便暗中拿出弓箭，對準公子小白射去。只見小白中箭，大叫一聲，口吐鮮血，倒在車下。誰知公子小白並沒有死，鮑叔牙叫人抄小道快馬加鞭往齊國跑，日夜兼程趕到齊國的首都臨淄，齊國的大貴族國氏和高氏等立即擁立公子小白為國君，稱齊桓公。

之後，公子糾被殺，管仲也被抓起來了，但是鮑叔牙勸公子小白說：「當君主的應當把眼光放遠大一點。如果大王只想治理好一個齊國，那麼我和高氏、國氏來協助您就夠了；如果大王想稱霸諸侯，就非管仲不可。管仲的才能遠遠在我之上，大王如果重用他，他一定能使齊國成就一番大事業。」齊桓公是一個有鴻鵠之志的君主，聽了鮑叔牙的這番話，又知鮑叔牙與管仲是知心朋友，相知甚深，消除了對管仲的怨氣。於是派鮑叔牙到邊境去迎接管仲，管仲一到臨淄，齊桓公沐浴三次，親自在郊外迎接管仲，拜管仲為宰相。

用好人，好用人

用人不得正者殆，強用人者不畜。

【注曰】曹操強用關羽，而終歸劉備，此不畜也。

【王氏曰】官選賢能之士，竭力治國安民；重委奸邪，不能奉公行政。中正者，無官其邦；昏亂讒佞者當權，其國危亡。賢能不遇其時，豈就虛名？雖領其職位，不謀其政。如曹操愛關公之能，官封壽亭侯，賞以重祿；終心不服，後歸先主。

【譯文】選用人才卻心生邪念是很危險的，勉強別人為自己效勞終究留不

齊桓公不計私仇，任人唯賢

齊桓公即位後，急需找到有才幹的人來輔佐，因此就準備請鮑叔牙出來任齊相。此時，鮑叔牙力薦管仲才是最佳人選。齊桓公聽了鮑叔牙的話，原諒了管仲，並拜他為相。

●鮑叔牙舉薦管仲

住人才。

【釋評】領導者想用對人，做好事，則不能重用奸邪之人，否則後患無窮。而如何用對人才，則需要發揮智慧，所以領導者會用人是一件不容易的事情。

經典故事賞析

用人不正，禍國殃民

蔡京（1047-1126年），福建仙遊人，字元長，為徽宗朝「六賊」之首。「元更化」時，他力挺保守派司馬光廢免役法，獲重用，紹聖初，又力挺變法派章變行免役法，繼續獲重用，首鼠兩端，投機倒把，人所不齒。徽宗即位，因其名聲太臭，被劾削位，居杭州。適宦官童貫搜尋書畫珍奇南下，蔡京變著法兒籠絡這位內廷供奉，得以重新入相。從此，趙佶像吃了他的迷魂藥一樣，言出必從。無論蔡京如何打擊異己，排斥忠良，竊弄權柄，恣為奸利，宋徽宗總是寵信有加，不以為疑。

所以，朝廷中每一次的反蔡風潮掀起，宋徽宗雖然迫於情勢，對蔡京不得不或降黜，或外放，以撫平民意，但總是很快便令其官復原職。從崇寧元年（1102年）宋徽宗登基，任蔡京為尚書右僕射兼中書侍郎起，到靖康元年（1126年）罷其官爵止，二十多年裏，趙佶四次罷免，又四次起用蔡京。最後，蔡京年已八十，耳聾目昏，步履蹣跚，趙佶仍然倚重他，直到自己退位。

任何一位領導人，輕信失察，用人不當，被假象蒙蔽，作錯誤決策，也時有發生，但宋徽宗一錯再錯，實在是不可救藥。

一位好皇帝，遇上一位賢能的宰相，乃國家的幸事，百姓的幸事；但一位無能的昏君，再遇一位奸邪的宰相，是國家之大不幸。北宋之亡，固然亡在皇帝趙佶手裏，卻也是亡在宰相蔡京手裏。

用人不要存有私心

為人擇官者亂。

【王氏曰】能清廉立紀綱者，不在官之大小，處事必行公道。如光武之任董宣為洛縣令，湖陽公主家奴殺人，董宣不顧性命，苦諫君主，好名至今傳說。若是不問賢愚，專擇官大小，何以治亂安民。

【譯文】任人唯親，因人設官必定會導致朝綱紊亂。

【釋評】為官擇人則能者上，庸者下，使在其位者各謀其政。如果擇官時任人唯親，任人唯私，則會導致國家的正常秩序被打亂。

經典故事賞析

楊國忠亂政

楊釗從小行為放蕩不羈，喜歡喝酒賭博，因此窮困潦倒，經常向別人借錢，人們很瞧不起他。三十歲時，他在四川從軍，發憤努力，表現優異，但因節度使張宥瞧不起他，只任他為新都尉，任期滿後，更為貧困。四川的大富翁鮮於仲通在經濟上經常資助他，並把他向劍南節度使章仇兼瓊推薦。章仇兼瓊一見楊釗身材魁梧，儀表堂堂，又伶牙俐齒，非常滿意，遂任他為採訪支使，兩人關係密切。章仇兼瓊當時正憂慮李林甫專權，祿位難保，所以欲使楊釗進入朝廷，作一內援。此時楊玉環已封為貴妃，貴妃的三位同胞姐姐也日益受寵。章仇兼瓊便利用這一裙帶關係，派楊釗到京城向朝廷貢俸蜀錦。當楊釗路過郫縣時，兼瓊的親信奉命又給了他價值萬緡的四川名貴土特產。到長安後，楊釗把土特產一一分給楊氏諸姐妹並說這是章仇兼瓊所贈。於是，楊氏姐妹經常在玄宗面前替楊釗和章仇兼瓊美言，並將楊釗引見給玄宗，玄宗任他為金吾兵曹參軍。從此，楊釗便可以隨供奉官隨便出入禁中。

楊釗在長安立腳之後，便憑藉貴妃和楊氏諸姐妹，巧為鑽營。在宮內，他經常接近貴妃，小心翼翼地侍奉玄宗，投其所好；在朝廷，則千方百計巴結權臣。每逢禁中傳宴，楊釗掌管樗蒲文簿（一種娛樂活動的記分簿），玄宗對他在運算方面的精明十分賞識，曾稱讚他是個好度支郎。不久，楊釗便擔任了監察御史，很快又遷升為度支員外郎，兼侍御史。在不到一年的時間裏，他便身兼十五餘職，成為朝廷的重臣。

天寶七載（748年），楊釗建議玄宗把各州縣庫存的糧食、布帛變賣掉，買成輕貨送進京，各地丁租地稅也變賣布帛送到京城。他經常告訴玄宗，現在國庫很充實，古今罕見。於是，在天寶八載（749年）二月玄宗率領百官去參觀左藏，一看果然如此，很是高興，便賜楊釗紫金魚袋，兼太府卿，專門負責管理錢糧。從此，他越來越受到唐玄宗的寵幸。天寶九載（750年）十月，楊釗因為圖讖上有「金刀」二字，請求改名，以示忠誠，玄宗賜名「國忠」。

隨著地位的升遷，楊國忠在生活上也變得極為奢侈腐化。每逢陪玄宗、貴妃遊華清宮，楊氏諸姐妹總是先在楊國忠家聚集，競相比賽裝飾車馬，他們用黃金、翡翠做裝飾，用珍珠、美玉做點綴。出行時，楊國忠還持劍南節度使的旌節（皇帝授予特使的權力象徵）走在前面，耀武揚威。

楊國忠與宰相李林甫的關係，起初二人一唱一合，互相利用。楊國忠為了向上爬，竭力討好李林甫，李林甫也因為楊國忠是皇親國戚，盡力拉攏。李林甫陷害太子李亨，楊國忠等人充當黨羽。他們在京師另設立推院，屢興大獄，株連太子的黨羽數百家。由於楊國忠恃寵敢言，所以每次總是由他首先發難。楊國忠與太子李亨的心結也由此愈結愈深。後來，李林甫與楊國忠由於新舊貴族之間的爭權奪利產生了衝突，主要表現在對待王鉷的問題上。因王氏的寵遇太深，本是李林甫和楊國忠共同嫉妒的對象，但是為了牽制楊國忠，李林甫則極力提拔王氏。當楊國忠陷害王氏時，李林甫又竭力為其開脫罪責。由於楊國忠做了手腳，玄宗便開始疏遠李林甫，王氏也以莫須有的罪名被置於死地。王氏所兼職務全部歸楊國忠。

玄宗之所以如此信任楊國忠，除了取悅楊貴妃之外，主要是藉以牽制李林甫的專權，同時為取代已經衰老了的李林甫做準備。終於在天寶十一載（752年）十一月，李林甫死後，玄宗派楊國忠擔任右相，兼文部尚書，判使照舊。楊國忠以侍御史升到正宰相，身兼四十餘職。

楊國忠執政期間，曾兩次發動征討南詔的戰爭。天寶十載（751年），楊國忠上任京兆尹不久，遂乘機推薦自己的老友和黨羽鮮於仲通為劍南節度使，並命其率兵攻打南詔，結果大敗，士卒陣亡六萬人，南詔投附吐蕃。對此楊國忠不但沒有處罰鮮於仲通，而且還為其大敘戰功。接著，楊國忠又請求第二次發兵攻打南詔。玄宗便命令在長安、洛陽、河南、河北各地廣泛招兵。楊國忠派御史到各地去抓人，給他們戴上枷鎖送到軍營。父母、妻兒哀傷無助，哭聲遍野。天寶十三載（754年）六月，楊國忠又命令留後、侍御史李宓率兵，再次攻打南詔，結果又遭慘敗。兩次攻打南詔，損兵折將近二十萬人。楊國忠專權誤國，好大喜功，窮兵黷武，動輒對邊境少數民族地區用兵，不僅使成千上萬的無辜士卒暴屍邊境，給少數民族地區造成了災難，而且使內地田園荒蕪，民不聊生。

楊國忠對人民的疾苦漠不關心。天寶十二載（753年），關中地區連續發生水災和嚴重飢荒。玄宗擔心會傷害莊稼，楊國忠便叫人專拿好莊稼給玄宗

安史之亂

唐玄宗逃離長安，到了馬嵬坡（今陝西興平市西北），途中將士飢疲，六軍不發，龍武大將軍陳玄禮請殺楊國忠父子和楊貴妃。楊國忠被亂刀砍死，玄宗命令高力士縊死楊貴妃。後兵分兩路，玄宗入蜀。天寶十五年安祿山占領長安、洛陽，進入安史之亂的最高峰。

●馬嵬兵變

楊玉環可謂是集三千寵愛於一身，她深受唐明皇的寵愛，楊氏一門也因此而封官進爵，權傾朝野。但是盛極必衰，安史之亂中，楊氏一門全部被誅殺，楊貴妃也死在馬嵬坡下。

看，並說：「雨水雖多但並未傷害莊稼。」玄宗信以為真，扶風太守房琯奏報當地出現水災，楊國忠便叫御史將其關押審問，從此再沒有人敢匯報實情。

天寶十四載（755年）爆發了安史之亂。安祿山發動叛亂的藉口是討伐楊國忠。楊國忠與安祿山都是天寶年間的新貴，同樣受著玄宗的寵愛。但是，楊國忠的發跡要比安祿山晚得多。當楊國忠尚未擔任高官要職時，安祿山早在天寶元年（742年）正月就升任平盧節度使，以後又兼范陽節度使、河北採訪

使、御史大夫，稍後又兼河東節度使。天寶九載（750年）又封為東平郡王。楊國忠雖有外戚關係，但遲至天寶七載（748年）始遷給事中，兼御史中丞，專判度支事。安祿山在朝中對老謀深算的李林甫還算懼怕，而對楊國忠則根本瞧不起。楊國忠接替宰相後，看到不能制服安祿山，便經常向玄宗說安祿山有謀反的野心和跡象，想借玄宗之手除掉安祿山。玄宗認為這是將相不和，不予理睬。楊國忠一計不成又生一計，奏請讓隴右節度使哥舒翰兼河西節度使，以便排斥和牽制安祿山。天寶十三載（754年）春，玄宗按照楊國忠的意見召安祿山入朝，試其有無謀反之心。安祿山由於事先得到楊貴妃的通風報信，故將計就計，裝模作樣地向玄宗訴說自己的一片「赤心」，贏得玄宗更大信任，打算讓安祿山當宰相（加同平章事），並令太常卿張垍草擬詔敕。楊國忠知此立即勸阻道：「安祿山雖有軍功，但他目不識丁，怎能當宰相。如果發下詔書，恐怕四夷皆輕視朝廷。」玄宗只好作罷，任安祿山為左僕射。至此，安祿山與楊國忠以及唐王朝的衝突更加尖銳激烈，以至於後來一觸即發。加之楊國忠任宰相後，官吏貪瀆，政治腐敗，民怨沸騰，終於使安祿山發動了以討伐楊國忠為名，行奪取皇位之實的叛亂。

保持自己的優勢

失其所強者弱。

【注曰】有以德強者，有以人強者，有以勢強者，有以兵強者。堯舜有德而強，桀紂無德而弱；湯武得人而強，幽厲失人而弱。周得諸侯之勢而強，失諸侯之勢而弱；唐得府兵而強，失府兵而弱。其於人也，善為強，惡為弱；其於身也，性為強，情為弱。

【王氏曰】輕欺賢人，必無重用之心；傲慢忠良，人豈盡其才智？漢王得張良陳平者強，霸王失良平者弱。

【譯文】如果失去了令自己強大的東西，必會導致自己迅速衰弱。

【釋評】每個人都要瞭解自己的長處和弱處，並努力保持自己的優勢，則對自己有很大的益處。

田忌賽馬

齊國的大將田忌非常喜歡賽馬，有一回，他和齊威王約定，要進行一場比賽。

他們商量好，把各自的馬分成上、中、下三等。比賽的時候用同等級的馬進行比賽。由於齊威王每個等級的馬都很強，所以比賽幾次，田忌都失敗了。

田忌覺得很掃興，垂頭喪氣地離開賽馬場，這時，田忌的好朋友孫臏招呼他過來說：「我剛才看了賽馬，威王的馬比你的馬快不了多少呀。」

孫臏還沒有說完，田忌瞪了他一眼：「想不到你也來挖苦我！」

孫臏說:「我不是挖苦你，我有辦法能讓你贏了大王。」

齊威王屢戰屢勝，看見田忌陪著孫臏迎面走來，便站起來譏諷說：「怎麼，莫非你還不服氣？」田忌說：「當然不服氣，我們再賽一次！」齊威王把前幾次贏得的銀錢全部抬來，另外又加了一千兩黃金，放在桌子上。

孫臏先以下等馬對齊威王的上等馬，第一局輸了。齊威王站起來說：「想不到赫赫有名的孫臏先生，竟然想出這樣拙劣的對策。」

孫臏不去理會。接著孫臏拿上等馬對齊威王的中等馬，獲勝了一局。第三局比賽，孫臏拿中等馬對齊威王的下等馬，又戰勝了一局。

這下，齊威王目瞪口呆，心服口服。比賽的結果是三局兩勝，當然是田忌贏了齊威王。

別和不仁者商量大計

決策於不仁者險。

【注曰】不仁之人，幸患樂禍。

【王氏曰】不仁之人，智無遠見；高明若與共謀，必有危亡之險。如唐明皇不用張九齡為相，命楊國忠、李林甫當國。有賢良好人，不肯舉薦，恐讒了他權位；用奸讒歹人為心腹耳目，內外成黨，閉塞上下，以致祿山作亂，明皇失國，奔於西蜀，國忠死於馬嵬坡下。此是決策不仁者，必有凶險之禍。

【譯文】與不仁之人商量大計，所做出的決策其結果是極其危險的。

揚長避短

每個人身上都有優點和缺點，在發展自己的時候一定要將優點表現出來，當然也不能忽略缺點，要將缺點一一改正。

●田忌賽馬

田忌和齊威王賽馬，由於田忌的馬沒有齊威王的好，輸掉了比賽。

●變換角度

孫臏幫助田忌，用下等馬對上等馬，上等馬對中等馬，中等馬對下等馬的方式贏了齊威王。

【釋評】仁者必具惻隱之心，能施惠澤於萬物。天空包含著大海，大海容納著雨露，而雨露又滋潤萬物，故仁者與天地同在，與日月同輝。不仁者，小人也。因此，親君子必遠小人，親小人必遠君子。如若小人擅權，政權就危在旦夕了。

經典故事賞析

口蜜腹劍

唐玄宗做了二十多年太平天子，漸漸滋長了驕傲怠惰的情緒，追求起享樂的生活來。

大臣李林甫是一個不學無術的人，但他專學了一套奉承拍馬的本領。唐玄宗找他商量什麼事，他都對答如流。唐玄宗聽了很舒服，覺得李林甫又能幹，又聽話。

牛仙客雖目不識丁，但是在理財方面很有辦法。唐玄宗想提拔牛仙客，張九齡沒有同意。李林甫在唐玄宗面前說：「像牛仙客這樣的人，才是宰相的人選；張九齡是個書呆子，不識大體。」

有一次，唐玄宗又找張九齡商量提拔牛仙客的事，張九齡還是不同意。唐玄宗發火了，厲聲說：「難道什麼事都得由你做主？」

唐玄宗越來越覺得張九齡討厭，聽信李林甫的誹謗之言，終於找個理由撤了張九齡的職，讓李林甫當宰相。

李林甫一當上宰相，第一件事就是要把唐玄宗與百官隔絕開來，不許大家在玄宗面前提意見。有一次，他把諫官召集起來，公開宣布：「現在皇上聖明，做臣下的只需按皇上意旨辦事，用不著大家七嘴八舌。你們沒看到立仗馬（一種在皇宮前作儀仗用的馬），牠們吃的飼料相當於三品官的待遇，但是哪一匹馬如果叫了一聲，就被拉出去不得再用。」

有一個諫官不聽李林甫的話，上奏本給唐玄宗。第二天，就被降職到外地去做縣令。大家知道這是李林甫的意思，以後誰也不敢向玄宗提意見了。

李林甫知道自己在朝廷中的名聲不好，凡是大臣中能力比他強的，他就千方百計地把他們排擠掉。他要排擠一個人，表面上不動聲色，笑臉相待，背地裏卻是搬弄事非，暗箭傷人。

虎狼肆害，為人所恥

自古以來，就有不勞而獲的人，更有一些人被稱為豺狼虎豹，他們貪贓枉法，殘害百姓。奸臣掌權，國家就會陷入不堪的境地。

李林甫

（683-752年），唐宗室，小字哥奴。善音律，會機變，善鑽營。開元中，遷御史中丞、吏部侍郎，深結唐玄宗寵妃武惠妃及宦官等，偵伺帝意，故奏對皆稱旨。開元二十二年（734年）五月，拜相，為禮部尚書、同中書門下三品。開元二十四年（736年）抵代張九齡為中書令，大權獨握。李林甫居相位十九年，專政自恣，杜絕言路，助成安史之亂。天寶十一年（752年）十月抱病而終。李林甫死後遭楊國忠誣陷，時尚未下葬，被削去官爵，子孫流嶺南，家產沒官，改以小棺材如庶人禮葬之。

●笑裏藏刀

機密被識破，最終必失敗

陰計外洩者敗。

【王氏曰】機若不密，其禍先發；謀事不成，後生凶患。機密之事，不可教一切人知；恐走透消息，返受災殃，必有敗亡之患。

【譯文】機密的計劃一旦洩露出去，必然會招致失敗。

【釋評】所謂陰計，目的是要出其不意，攻其不備。其計既洩，敌人即可知己知彼，明暗易形，強弱易勢，所以沒有不失敗的。

經典故事賞析

黔驢技窮

貴州本來沒有驢子，有一個人用船運來一頭驢，把牠先暫放在山腳下。一頭老虎經過看到這個龐然大物，嚇得跑得遠遠的。老虎躲在樹林裏偷偷觀察驢子，慢慢接近它，小心謹慎。

有一天，驢發出一聲長鳴，老虎以為驢子要咬自己，十分恐懼。但是老虎來來往往地觀察牠，覺得驢子沒有什麼特別的本領。老虎漸漸地習慣了驢的叫聲，又靠近牠在牠身旁四處走動，但始終不敢出擊。老虎小心地靠近驢子，態度更為隨便，試著碰一碰牠，驢禁不住發怒了，用蹄子踢老虎。老虎一看大喜，心想：本領不過如此罷了！於是撲過去，一口咬斷了驢子的喉管。

唉！外形龐大好像有力量，聲音洪亮好像有能耐，如果看不出驢的本領，老虎即使再凶猛，也不敢輕易出擊。可是驢子輕易就暴露了自己的本領，最終成了老虎的食物。

真正的持續發展才是大道

厚斂薄施者凋。

【注曰】凋削也。文中子曰：「多斂之國，其財必削。」

【王氏曰】秋租夏稅，自有定例；廢用浩大，常是不足。多斂民財，重征賦稅，必損於民。民為國之根本，本若堅固，其國安寧；百姓失其種養，必有

黔驢技窮

強大的東西並不可怕，只要敢於抗爭，善於抗爭，就一定能戰而勝之。

雕殘之禍。

【譯文】對百姓徵收重稅而不施加恩惠，必然會讓民生凋敝，國家也會因此而衰亡。

【釋評】好的領導者，一定會以國家的長遠利益為重，不會貪圖一時小利而置國家的利益於不顧。貪圖一時之欲而置長遠於不顧者，與飲鴆止渴有何區別。

經典故事賞析

光武中興

劉秀，字文叔，南陽郡蔡陽人，為高祖九世玄孫。西漢末年，政治混亂，外戚專權，民不聊生。劉秀加入綠林軍後在昆陽尋臣訪將，姚期、馬武、岑彭、鄧宇用當地的青龍酒招待劉秀，席間他們義憤填膺、慷慨陳詞，氣氛十分活躍。劉秀喝得酩酊大醉，姚期等人扶著他經過一條溝而歸。隨後姚期四人隨劉秀南征北戰，並輔佐劉秀登基；姚期四人則位列二十八宿之中。

後來人們為紀念姚期四人，把扶劉秀而經過的溝叫「扶主溝」，當地叫「扶溝村」，並留下民謠：「劉秀痛飲青龍酒，豪氣上升沖斗牛；姚期馬武誠相助，打敗王莽坐神州。」

劉家的賓客有很多人投奔了王匡、王鳳的義軍。劉秀本無心參加起義，便躲到新野（今河南省新野縣）去當了穀商。其兄劉先自起兵，自稱拄天都部。劉秀在新野遇到宛縣人（今河南省南陽市）李通，並成為好友。編造一條讖語「劉氏復起，李氏為輔」，勸說劉秀起兵。這年十月，劉秀和李通及徒弟劉軼等在宛起兵。這時劉秀二十八歲，開始了推翻新朝、重興漢室天下的戎馬生涯。

西元23年，義軍攻破長安，王莽敗亡。更始帝劉玄遷都洛陽，拜劉秀為司錄校尉。劉秀持節出巡黃河以北，此時官拜破虜將軍行大司馬事。為了與在邯鄲稱帝的王郎爭奪河北，自行招兵買馬，招降納叛，依靠地方官僚集團，並利用和聯絡一部分民軍，奪取邯鄲，消滅了王郎，終於在河北站穩了腳根，有了立足之地。

劉玄看到劉秀的勢力越來越大，便命令他停止作戰返回洛陽。劉秀以黃河以北尚未平定為由，第一次公開違抗劉玄的旨意。

此時的長安政壇十分混亂，赤眉軍各自為政。形勢對劉秀擴展勢力、擴大地盤很有利。劉秀先征發銅馬，逼降銅馬、高湖等義軍，兵力由數千人發展到十餘萬人，這時有人便鼓動劉秀稱帝。建武元年（西元25年），六月己未日，劉秀稱帝，國號漢。

劉秀建立東漢後，在政治上改革官制，加強對官吏的監察，強化對軍隊的控制。在經濟上實行度田，把公田借給農民耕種，提倡墾荒，發展屯田，安置流民，賑濟貧民。在思想上提倡經學，表彰名節。由於這一切措施，使當時社會安定，生產發展，東漢王朝得以興盛，史稱「光武中興」。

崇軍尚武，國家富強

戰士貧，游士富者衰。

【注曰】游士鼓其頰舌，惟幸煙塵之會；戰士奮其死力，專捍強場之虞。富彼貧此，兵勢衰矣！

【王氏曰】游說之士，以喉舌而進其身，官高祿重，必富於家；征戰之人，舍性命而立其功，名微俸薄，祿難贍其親。若不存恤戰士，重賞三軍，軍勢必衰，後無死戰勇敢之士。

【譯文】一個國家，如果士兵貧困不堪，游說之士卻身掛相印，這個國家的兵勢不久就會衰敗。

【釋評】游士說客，搖唇鼓舌，朝為布衣，暮即鄉相。所以凡說客，唯恐天下不亂。天下大亂，才有他們風光的機會。然而戰士浴血捐軀，渴望的是天下太平，合家團圓。如果流血犧牲的曝屍疆場，游說四方的身掛相印，這肯定是一個戰亂流離的時代，像戰國年間就是這樣。

經典故事賞析

要想富國就要強兵

戰國初年，魏文侯以吳起為將，實施了一系列軍事改革，其中最著名的就是實行「武卒制」。

「武卒」其實是古代的特種部隊，是吳起花費巨大心血訓練的精銳步兵。他選拔武卒的標準非常嚴格：士兵要穿三層鎧甲，手持十二石的強弩，背負五十支箭，另外還將一根長戈放置其上。頭載重盔，腰懸長劍，攜帶三天軍糧，從早上到中午急行軍一百里還能投入戰鬥，這樣的士兵才有資格成為武卒。武卒雖然選拔嚴格，但待遇非常優厚。成為武卒後，不但要免除全家的徭役，而且享受田宅免稅的特權；即使武卒年老退役，其享受的待遇不會有絲毫改變。武卒陣亡，國家對其妻子兒女大加撫恤。立有戰功者，國家必加以爵賞，大力重用提拔。

吳起不但注重武卒的選拔訓練，而且在魏國普遍提高士兵的待遇，獎勵戰功。魏文侯根據吳起獎賞戰功的建議，在宴請群臣時，按軍功大小排列座次，給予不同的飲食待遇，並頒賜有功者的父母妻子於殿外參加宴飲的殊榮。對戰

死者父母，每到歲末，魏文侯就會派遣使臣前去慰勞和賞賜。

由於魏文侯和吳起重視軍隊建設，提高士兵待遇，魏國的軍隊強悍勇猛，無與倫比。吳起統率魏國軍隊南征北戰，「大戰七十二，全勝六十四，其餘不分勝負」，奪取了秦國黃河西岸的五百多里土地，將秦國壓縮到了華山以西的狹長地帶。周安王十三年（前389年），魏國和秦國在陰晉激戰，吳起以五萬魏軍擊敗了十倍於己的秦軍。魏武卒的精幹和剽悍，可見一斑。

正是依靠強悍的軍力，魏國聯合韓國、趙國，兼弱攻昧，所向披靡，橫行天下，諸侯莫敢當其鋒。魏武侯時期，魏國終於坐穩了中原霸主的寶座。魏國強盛七十餘年，魏惠王後來在追憶以往的強盛時發出了「晉國，天下莫焉」的感嘆。

秦孝公時，諸侯認為秦國與戎狄雜處，都看不起秦國，秦孝公於是下定決心變法以富國強兵。他任用商鞅主持變法，商鞅變法中最重要的一項就是獎勵軍功。商鞅下令「有軍功者，各以率受上爵」，規定爵位依軍功大小授予，官吏從有軍功爵的人中選用。將卒在戰爭中斬敵人首級一顆，授爵一級，可為五十石之官。斬敵首兩顆，授爵二級，可為百石之官。各級爵位均有占田宅、奴婢的數量標準和衣服等次的規定。宗室未有軍功不得列入公族簿籍。「有功者顯榮，無功者雖富無所榮華」：有軍功的貴族子弟可享受榮華富貴，無軍功的，即使家庭富有，也不得享受與其財富相稱的待遇。

由於推崇戰功，秦國軍隊的戰鬥力大大增強。秦國在削弱六國的戰爭中越戰越強，秦王嬴政時，終於掃滅六國，一統天下。

貪汙受賄要嚴懲

貨賂公行者昧。

【注曰】私昧公，曲昧直也。

【王氏曰】恩惠無施，仗威權侵呑民利；善政不行，倚勢力私事公為。欺詐百姓，變是為非；強取民財，返惡為善。若用貪饕掌國事，必然昏昧法度，廢亂紀綱。

【譯文】行賄受賄明目張膽、堂而皇之地進行，是政治黑暗的表現。

【釋評】如果貪汙受賄不加嚴厲指正，而一貫助長這種壞的風氣，甚至在

光天化日之下公開進行，這個國家就要與人民離心離德了。

經典故事賞析

跋扈將軍

西元125年，東漢第七個皇帝漢順帝即位，外戚梁家掌了權。梁冀是一個十分驕橫的人，他胡作非為，公開勒索，全不把皇帝放在眼裏。

漢順帝死後，梁冀就在皇族中找了一個八歲的孩子接替，就是漢質帝。有一次，漢質帝在朝堂上當著文武百官的面，朝著梁冀說：「真是個跋扈將軍！」梁冀聽了，氣得要命，當面不好發作，暗地裏給漢質帝下毒，將其毒死。梁冀害死了質帝，又從皇族裏挑了一個十五歲的劉志接替皇帝，就是漢桓帝。漢桓帝即位後，梁皇后成了梁太后，朝政全落在梁冀手裏，梁冀更加飛揚跋扈。

梁冀肆無忌憚，掌握大權將近二十年，最後竟派人暗殺桓帝寵愛的梁貴人的母親。漢桓帝祕密聯絡了單超等五個跟梁冀有怨仇的宦官，趁梁冀不防備，發動羽林軍包圍了梁冀的住宅。梁冀最後只好服毒自殺。梁家倒臺，老百姓拍手稱快。漢桓帝沒收了梁冀的家產，折合的銀兩相當於當時全國一年租稅的半數。

用人之長，容人之短

聞善忽略，記過不忘者暴。

【注曰】暴而生怨。

【王氏曰】聞有賢善好人，略時間歡喜；若見忠正才能，暫時敬愛；其有受賢之虛名，而無用人之誠實。施謀善策，不肯依隨；忠直良言，不肯聽從。然有才能，如無一般；不用善人，必不能為善。

齊之以德，廣施恩惠；能安其人，行之以政。心量寬大，必容於眾；少有過失，常記於心；逞一時之怒性，重責於人，必生怨恨之心。

【譯文】聽到正確的意見不採納，有了錯誤抓住不放，是殘暴的表現。

【釋評】一個企業需要的人才是多種多樣的，而每個人也只是在某一方面或某幾個方面比較出色，不可能在各個方面都非常出色，因此，精明的企業

貪得無厭

人會因為虛榮陷入欲望的泥潭，如果不能用理智來控制自己的欲望，最終會被欲望擊得粉身碎骨。

●貪欲殺身

主應該容人之短，用人之長，只要把合適的人才放在合適的位置上，同樣可以產生出人意料的效果。正所謂尺有所短，寸有所長，每一個人才都有自己的優點和缺點，對於企業主來說，不要緊盯著人才的短處，而要善於利用人才的長處。同時，要有大度的心態，善於容人之短。

楚將子發

子發是楚國的一位將領，他很看重有一技之長的人，善於利用這些人的長處為自己服務。楚國有一位擅偷竊的人聽說了這件事，便去投靠子發，小偷對子發說：「聽說您願起用有技藝的人，我是個小偷，以前不務正業，如果您能收留我，我願為您當差，以我的技藝為您服務。」

子發聽小偷這麼說，又見他滿臉誠意，很是高興，連忙從座位上起身，對小偷以禮相待，竟連腰帶也顧不上繫緊，帽子也來不及戴端正。小偷見子發果然是真心相待而受寵若驚。

子發手下的官員、侍從都來勸諫：「小偷是天下的盜賊，為人們所不齒，您怎麼對他如此尊重？」

子發擺擺手說：「你們一時難以理解，以後就會明白，我自有道理。」

適逢齊國興兵攻打楚國，楚王派子發率軍隊前去迎戰齊兵。結果，連續交鋒三次，楚軍都敗下陣來。

軍帳內，子發召集大小將領商議退齊兵的策略，將領們個個忠誠無比，可是對擊退齊兵一籌莫展，齊兵反而愈戰愈強。

面對緊張的形勢，那個小偷來到帳前求見，主動請纓。小偷說：「我有個辦法，請讓我去試試吧。」子發同意了。

夜間，小偷溜進齊軍營內，神不知鬼不覺地將齊將首領的帷帳偷了出來，回到楚營交給子發。子發便派了一個使者將帷帳送還齊營並對齊軍說：「我們有一個士兵出去砍柴，撿到了將軍的帷帳，特前來送還。」齊兵面面相覷，目瞪口呆。

第二天，小偷又潛進齊營，取回齊軍首領的枕頭。子發又派人送還。

第三天，小偷第三次進了齊營，取回齊軍首領的髮簪。子發第三次派人將髮簪送還，這一回，齊軍首領驚恐萬分、不知所措。

齊軍營中議論紛紛，各級將領大為驚駭。於是，齊軍首領召集軍中將士商議對策。首領對大家說：「今天再不退兵，楚軍只怕要取我的頭了！」將士們無言以對，首領立即下令撤軍。

齊軍終於退兵。子發嘉獎立功的小偷，眾將士無不佩服子發的用人之道。

楚將子發用人之長

子發是楚國的一位將領，他很看重有一技之長的人，善於利用這些人的長處為自己服務。

●子發重用小偷

親信人才

所任不可信，所信不可任者濁。

【注曰】濁，溷也。

【王氏曰】疑而見用懷其懼，而失其善；用而不信竭其力，而盡其誠。既疑休用，既用休疑；疑而重用，必懷憂懼，事不能行。用而不疑，秉公從政，立事成功。

【譯文】德才兼備的人畢竟是少數，所以有才能的人可用其才，而不能完全信賴他的人品；相反，有的人德行高尚，可以完全信賴，但不能委以重任，因為其才力不足。這與「用人不疑」的原則似乎矛盾，其實不然，不可將之混為一談。

【釋評】俗話說，物以類聚，人以群分。那些親近庸人、疏遠賢者的領導，則與平庸小人沒什麼兩樣。既然「良禽擇佳木而棲」，更何況是人呢，所以在選擇事業時，如果遇到這樣的領導，則要趕緊離開。

經典故事賞析

劉鋹昏聵亡國

劉鋹為五代十國時期南漢的亡國之君。他昏聵懦弱，將國家大事全部委任給宦官龔澄樞和妃嬪盧瓊仙。每次決定國家大事，都是盧瓊仙在幕後指揮。劉鋹整日只知和宮女、波斯美女一起淫樂嬉戲。宦官陳延壽將女巫樊胡引薦入宮，說樊胡是玉皇大帝下派凡間任命劉鋹為太子皇帝的。劉鋹信以為真，在皇宮中搭起帳篷，陳列珍奇玩物，設置玉帝牌位，每日供奉祭拜。樊胡裝神弄鬼，頭戴遠遊冠，上身穿紫衣，下身穿紫袍，整日坐在大帳之中對劉鋹講述吉凶禍福，還要劉鋹下拜聽命。樊胡還對劉鋹說，盧瓊仙、龔澄樞、陳延壽都是玉皇大帝派遣下來輔佐太子皇帝的，即使有罪，太子皇帝也不能給他們治罪。樊胡還把梁山師、馬媼、何擬之等道士、道姑推薦給劉鋹。這些神漢、巫婆就這樣肆無忌憚地來往於皇宮之中。宮中的女人都穿朝服，擔任國家的正式官職。

劉鋹時期，宮中宦官的人數增加至七千人，有的竟然位至三師（太師、太傅、太保）、三公（司徒、司空、太尉），只不過在這些官職前面都加一個「內」而已。宮中使官的名稱不下二百，女官也有三公、宰相的稱號。把朝廷百官看作「門外人」。稍有過失的大臣，以及文人、和尚、道士稍有才能的，劉鋹全部將其閹割，讓其能夠出入宮闈，成為自己的親信。劉鋹還創制火燒、火煮、剝皮、剔骨等酷刑或是讓人與猛獸搏鬥。

他還向百姓徵收重稅。廣西的百姓進入廣州的，都要繳納稅銀一錢。瓊州的百姓，每斗米都要繳稅四錢。劉鋹又設置媚川都，治下三千人，給他們設立重稅，逼迫他們下到深海採集珍珠。劉鋹所居的宮殿都以珍珠、玳瑁等珍貴的物品裝飾。陳延壽還為他製作一些奇巧物品，每天都要耗費幾萬金。皇宮周圍又建造幾十處離宮別館，劉鋹出去遊玩，就住在這些離宮別館裏。他向地方上的財勢之家徵稅，作為自己飲宴賞賜的費用。

開寶三年（970年），宋太祖派遣大將潘美、尹崇珂討伐南漢。南漢的賀州刺史陳守忠向劉鋹告急，劉鋹也無計可施。南漢能征善戰的老將都因讒言而被劉晟、劉鋹父子誅殺，劉氏宗室也被劉鋹父子斬殺殆盡，執掌兵權的只有幾個宦官。南漢自劉晟以來，皇帝沉迷於飲宴淫樂，城池堡壘也都成為皇帝的離宮別館，戰艦被毀，兵器腐爛，軍備廢弛。

劉鋹讓龔澄樞前往賀州，郭崇岳（宮女梁鸞真的養子）前往桂州，宦官李託前往韶州謀劃防禦之策。三人都無軍事才略，只能做做樣子。潘美和尹崇珂剛剛包圍賀州，龔澄樞嚇得立即逃回廣州，駐紮在雙女山下，離廣州城只有十裏。劉鋹看到宋軍逼進，趕緊想辦法逃跑。他讓人找來十幾艘大船，載上自己的金銀珠寶、妃嬪宮女，想從海上逃走。還沒有來得及行動，宦官樂範和上千名衛兵就把他的大船開走了。

劉鋹絕望之下，就派使者向潘美投降，潘美接受他的投降，準備派人把劉鋹一干人送到汴梁。劉鋹要派弟弟劉保興率領百官迎接宋軍入城，但郭崇岳反對投降。郭崇岳沒有什麼本事，整天只知道燒香請求玉皇大帝派遣天兵天將來阻擋宋軍，潘美發動進攻，劉保興率軍迎戰，很快就將劉保興打得七零八落，最後廣州城破，郭崇岳死於亂兵之中。潘美把劉鋹一干人捆綁起來押送到汴梁，南漢遂告滅亡。

以德服人大過刑

牧人以德者集，繩人以刑者散。

【注曰】刑者，原於道德之意而恕在其中；是以先王以刑輔德，而非專用刑者也。故曰：「牧之以德則集，繩之以刑則散也。」

【王氏曰】教以德義，能安於眾；齊以刑罰，必散其民。若將禮、義、廉、恥，化以孝、悌、忠、信，使民自然歸集。官無公正之心，吏行貪饕；僥幸戶役，頻繁聚斂百姓；不行仁道，專以嚴刑，必然逃散。

【譯文】刑法雖然是強制性的手段，但它是建立在道德基礎上的。所以在實行法制的時候，千萬不能忘記刑法內含的寬恕原則。聖明的君王不得已而用刑法，目的是輔助道德禮制的建設，並不單純是為了懲治人。

【釋評】孔子認為，居上位者有高尚的道德，然後嚴格要求下屬，下屬犯了錯誤，自己就覺得羞恥，會自覺約束自己；如居上位者沒有德行，全憑政治法令管理人，刑法威懾人，人們就會專找法律的漏洞，迴避了懲罰反而認為很高明，內心毫無愧意。因此說，以德恕為歸宿的法制會使全國上下日益團結；相反，只能上下離心，全民離德。

經典故事賞析

梁上君子

陳實是東漢人，他為人仁厚慈愛。有一年鬧飢荒，百姓困苦不堪。有一天，一個盜賊在天黑的時候進入他的屋子，爬到梁上等候時機，想要從陳實家盜取一些財物。陳實暗中看到了他，但沒有驚動這個盜賊，而是不動聲色地起身整理衣服，並且把他的兒子孫子都叫起來。陳實看著站在面前的兒孫，神情嚴肅地對他們說：「人不能夠懶惰，應該勤勉，不善良的人本性未必是惡的，只是習慣成為了習性，於是就成了這樣子。」兒子、孫子問：「成了誰？」陳實指著梁上的盜賊說：「就是那梁上的君子。」盜賊聽到這裏大吃一驚，趕緊從梁上跳下來，磕頭賠罪。陳實並沒有責備他，而是慢慢地開導他說：「看你的形貌，不像大惡之人，應該反省自己為好。」陳實看他貧窮，於是給了他二匹絹。從此縣中沒有了偷盜的人。

賞罰必信

小功不賞，則大功不立；小怨不赦，則大怨必生。

【王氏曰】功量大小，賞分輕重；事明理順，人無不伏。蓋功德乃人臣之善惡；賞罰，是國家之紀綱。若小功不賜賞，無人肯立大功。志高量廣，以禮寬恕於人；德尊仁厚，仗義施恩於眾人。有小怨不能忍，捨專欲報恨，返招其禍。如張飛心急性躁，人有小過，必以重罰，後被帳下所刺，便是小怨不捨，則大怨必生之患。賞輕生恨，罰重不共。有功之人，升官不高，賞則輕微，人必生怨。罪輕之人，加以重刑，人必不服。賞罰不明，國之大病；人離必叛，後必滅亡。

德治大於刑治

以德恕為歸宿的法制會使全國上下日益團結；相反，只能上下離心，全民離德。

●以德服人

陳實

字仲弓，河南許州（今河南許昌）人。生於漢和帝永元十六年，卒於靈帝中平四年，年八十四歲。

一個盜賊，潛伏在陳實家的房梁上準備行竊。陳實對著兒孫說：「人不能夠懶惰，應該勤勉，不善良的人本性未必是惡的，只是習慣成為了習性，於是就成了梁上君子。」

陳實對盜賊說：「看你的形貌，不像大惡之人，應該反省自己為好。」

對待小人

❶不要心生厭惡
❷要從愛護的角度出發去教育他們
❸使他們具備改過自新的信心

對待君子

❶要恭敬有加
❷禮節有度
❸不要過於恭敬，流於諂媚

一件平凡的事情足以展現一個人的人格德行。

【譯文】部下有了小功勞而不及時表彰，就不可能鼓勵他們建立大的功績；部下有了小的怨恨而不及時疏導，就會積累起大怨大恨。

【釋評】下屬立小功，得不到行賞時，就冷落了下屬的心，如此很難再激勵下屬立功的信心。所以身為領導，一定要賞罰分明，否則會使自己陷入很不利的境地中。

經典故事賞析

宗澤雙將

岳飛在作下級軍官時，有一次觸犯軍法，將要被斬首。宗澤看到岳飛，認為他是個奇才，就說：「這是個將才啊！」於是赦免了岳飛的死罪。正趕上金兵進攻汜水關（古稱「雄鎮」，河南滎陽境內），宗澤讓岳飛率領五百騎兵，戴罪立功。岳飛大敗金兵，勝利而歸，宗澤立即提拔岳飛為統制，岳飛由此而知名。

當初，宗澤離開磁州（今河北磁縣）的時候，將磁州的軍務全部託付給兵馬鈐轄李侃，磁州兵馬統制趙世隆與李侃不和，於是將李侃殺死。後來，趙世隆和弟弟趙世興帶領三萬人馬投奔宗澤，宗澤手下的將領都擔心因此而產生變亂。宗澤說：「趙世隆不過是我手下的一個小將罷了，不能怎樣。」趙世隆歸服後，宗澤立即命人將其斬殺。當時趙世興佩刀侍奉在宗澤身邊，趙世隆的人馬也全部在院子中拔出兵刃。宗澤從容自若，慢慢對趙世興說：「你哥哥因為觸犯軍法，已經伏誅。你若是能夠奮發立功，足以洗刷前日的恥辱。」趙世興感動得淚流滿面，誓死效力。金兵進攻滑州，宗澤派遣趙世興前往救援，趙世興攻其不備，大敗金兵。宗澤聲威如日中天，金兵聽說其名聲，無不敬畏，對宋人提起宗澤，必稱「宗爺爺」。

賞罰分明

賞不服人，罰不甘心者叛；賞及無功，罰及無罪者酷。

【注曰】人心不服則叛也。非所宜加者，酷也。

【王氏曰】施恩以勸善人，設刑以禁惡黨。私賞無功，多人不忿；刑罰無罪，眾士離心。此乃不共之怨也。

●以德服人

宗澤，婺州義烏（今屬浙江）人。字汝霖，博學廣識，文武兼備，是北宋、南宋之交在抗金戰爭中湧現出來的傑出政治家、軍事家，歷史上著名的民族英雄。

元祐八年（1093年），被派往大名府館陶縣任縣尉兼攝縣令職事。元符元年（1098年）至政和四年（1114年），先後任衢州龍游、萊州膠水、晉州趙城、萊州掖縣四縣知縣。政和五年（1115年），升任登州通判。宣和元年（1119年），年屆六十的宗澤乞請告老還鄉，獲准授予主管南京（即應天府，今河南商丘）鴻慶寺的虛銜，後被人誣告蔑視道教，宗澤被發配鎮江「編管」。宣和四年（1122年），徽宗舉行祭祀大典，實行大赦，宗澤重獲自由。先掌監鎮江酒稅，兩年後調任巴州通判。靖康元年（1126年）初，在御史大夫陳過庭的推薦下，朝廷召宗澤進京，出任臺諫。

【譯文】如果領導者賞罰不公，不能讓人心服，必然會引起下屬的怨恨，從而導致他們的叛離。賞賜太濫，無功之人卻不勞而獲；刑罰太濫，無罪之人都要受牽連，這樣的領導者就是一個失敗的人。

【釋評】如果違背了賞罰的原則和道理，叛亂必生。

經典故事賞析

賞罰分明的乾隆帝

乾隆皇帝統兵將帥，對於有功者往往大力獎賞，對於無功者的處罰也很嚴厲。在其重賞破格提拔的政策下，乾隆時期湧現出一批作戰勇猛、浴血殺敵的將領，取得一系列戰事的勝利。

乾隆二十二年，甘肅守備高天喜與參軍邁斯漢一起與准葛爾部作戰，邁斯漢指揮不當，致使部下將軍兆惠被困。這時，高天喜冒著大雪，獨自前往營救，邁斯漢不僅不派一兵一卒，而且還百般阻撓。事後，邁斯漢被革職，而高天喜則得到破格提拔，短短一年之內就升職為西寧總兵。在平定川邊大小金川的戰役中，總督張廣泗以三萬清軍在近兩年時間裏僅攻下五十餘城池，進展遲緩，且死傷慘重。後來乾隆加派大學士納親為經略，至川指揮作戰，張廣泗與納親政見不同，各持己見。進攻四月有餘，損兵折將，仍毫無進展。因此，乾隆將張廣泗、納親撤職誅殺，以示軍威。

針對這次事件乾隆還特意規定了三條軍律：其一，統兵將帥苟圖安逸，故意拖延不將真實情形上奏，貽誤軍機者，斬立決。其二，將帥因私相互推諉牽制，以至貽誤戰機者，斬立決。其三，身為主帥不能克敵，散布流言蠱惑眾心，藉以陷害他人貽誤軍機者，斬立決。這三條軍律一經公布，眾將士既懼怕法律，又禁不住重賞的誘惑，於是人人效命，盡職盡責。每遇戰事，無不效命疆場，不敢存苟且偷安之念。

乾隆帝的懲必信、罰亦嚴的馭將政策產生了勵將奮進的作用。乾隆朝武功極盛，大的戰役有十次，均獲勝利，這與乾隆帝實施信賞嚴罰的馭將政策有著直接的關係。每次戰役他親選強帥，批答奏章。每克一城，都要舉行盛大儀式，祭告宗廟，重賞有功將士，破格提拔有功之將士，並在紫禁城建紫光閣，將戰役中有大功之臣繪於其上，為其賦詩立傳，極盡渲染之能事，以勵將帥奮進之心。與此同時，乾隆帝對那些在戰場上不能勇敢作戰、臨陣畏縮的將帥，不能和衷共濟、爭功疾能的將帥，不能遵守軍紀、腐敗無能的將帥，均嚴懲不貸。在上述十次戰役中乾隆帝誅殺身為皇親國戚、王公權貴的高級將領數十人，可謂用典嚴峻。

領導者要遠讒言，近忠言

聽讒而美，聞諫而仇者亡。

【王氏曰】君子忠而不佞，小人佞而不忠。聽讒言如美味，怒忠正如仇仇，不亡國者，鮮矣！

【譯文】領導人最容易犯的過失有三：一是好諛，二是好貨，三是好色。英明的領導人可以避免珍寶美色的誘惑，但最難避免的是阿諛奉承。對阿諛之言，往往最初有所警覺，日久天長，慢慢就習慣了。最後聽不到讚美，甚至說得不中聽就開始生氣了。到了對歌功頌德者重用，對犯顏直諫者仇恨的地步，倘不知悛改，那就離滅亡不遠了。

【釋評】讒言雖動聽，但除了阿諛逢迎和構陷他人之外，於事無補。愛聽好話是人類的共性，但一味地聽信讒言，是一個人愚昧和虛弱的表現。

經典故事賞析

范睢見秦昭王

范睢到秦國後，第一次入秦宮見秦昭王，他早已成竹在胸，但佯裝不知地徑直闖進宮闈禁地「永巷」。見秦昭王從對面被人簇擁而來，他故意不趨不避。一個宦官見狀，快步趨前，怒斥道：「大王已到，為何還不迴避？」范睢並不懼怕，反唇相譏道：「秦國何時有王，獨有太后和穰侯！」說罷，繼續頭也不回地往前走。然而，范睢這一句表面上頗似冒犯的話，恰恰擊中了昭王的要害，收到了出奇制勝的效果。昭王聽出弦外之音，非但不怒，反而將他引入內宮密室，屏退左右，待之以上賓之禮，單獨傾談。范睢頗善虛實之道，一張一弛，運用得恰到好處。面對秦昭王的問題，范睢卻一再避實就虛，避而不答。如此者三次。最後，秦昭王深施大禮，苦苦祈求道：「先生難道終不願賜教嗎？」

范睢見昭王求教心切，態度誠懇，這才婉言作答：「臣不敢如此。當年呂尚見周文王，之所以先棲身為漁父，垂釣於渭水之濱，在於自知與周王交情疏淺；等到同載而歸，立為太師，才肯深入交談。其後，文王倚靠呂尚建立功德，而最終得以稱王天下。假使文王疏遠呂尚，不與他深入交談，那是周無天子之德，而文王、武王難與之共建王業。」這一席話打動了秦昭王。

貪婪之人不可作

能有其有者安，貪人之有者殘。

【注曰】有無之有，則心逸而身安。

【王氏曰】若能謹守，必無疏失之患；巧計狂徒，後有敗壞之殃。如智伯不仁，內起貪饕、奪地之志生，奸絞侮韓魏之君，卻被韓魏與趙襄子暗合，返攻殺智伯，各分其地。此是貪人之有，返招敗亡之禍。

【譯文】能珍惜自已有的，則心安理得，朝夕泰然；貪求別人所有的，始

●范雎見秦昭王

范雎初見秦昭王，不趨不避，說：「秦國何時有王，獨有太后和穰侯！」

秦昭王三問范雎，范雎婉言作答，打動秦昭王。

而寢食不安，繼而不擇手段，最後就要鋌而走險。最終的結果輕則身心交瘁，眾叛親離；重則鋃鐺入獄，災禍相追。

【釋評】知足者不會患得患失，內心安寧詳和。能對形勢做出清醒的認識，進而做出準確的判斷，使自己遠離禍害。如利欲熏心，便會迷失心智。

經典故事賞析

和珅跌倒，嘉慶吃飽

和珅深得乾隆皇帝喜愛。自和珅掌了大權，一味地搜刮財富。不但接受賄賂，而且公開勒索；不但暗中貪汙，而且明裏掠奪。和珅利用他的地位權力，千方百計搜刮財富，致使大官壓小吏，小吏又壓榨百姓，百姓的日子自然越來越難過了。後來乾隆帝將皇位傳給了太子顒琰，顒琰即位，就是嘉慶帝。

嘉慶帝早知道和珅貪贓枉法的情況。過了三年，乾隆帝一死，嘉慶帝馬上

●和珅之死

把和珅逮捕起來，叫他自殺；並且派官員查抄和珅的家產。長長的一張抄家清單裏，記載著金銀財寶，綾羅綢緞，稀奇古董，多得數都數不清，粗粗估算一下，大約值白銀八億兩之多，抵得上朝廷十年的收入。

安禮章第六

【注曰】安而履之為禮。

【王氏曰】安者，定也。禮者，人之大體也。此章之內，所明承上接下，以顯尊卑之道理。

【釋評】順天而行也罷，招攬英雄也罷，加強道德修養、文明建設也罷，都必須有良好的社會環境。「春秋無義戰」、「禮崩樂壞」，弒君殺父八十八起，此無他，皆因社會環境之動盪不安。於是政體之建設、君臣之大義、政策法規之完善，就成了一切的關鍵。

領導者胸襟要寬闊

怨在不捨小過。

【王氏曰】君不念舊惡。人有小怨，不能忘捨，常懷恨心；人生疑懼，豈有報效之心？事不從寬，必招怪怨之過。

【譯文】招致他人的怨恨，究其原因則是自己不能對別人的小過錯予以寬容。

對於別人的小過失一直盯在眼裏，如此則會看此人處處不順眼，當然也不會心懷善意。僅因這點小過失則被你全盤否定，別人自然會對你有所埋怨。

【釋評】有智慧的領導者往往善於看到他人的長處，對於他人的小過，則會以寬容之心坦然處之。

經典故事賞析

宰相肚裏能撐船

宋朝宰相王安石中年喪妻，後來續娶了一個妾，名字叫姣娘。姣娘年方十八，出身名門，有閉月羞花的美貌，琴棋書畫更是無所不通。二人結婚之後，因為王安石身為大宋的宰相，整天忙於政務，時常奔忙於朝廷之上，所以經常不在家。姣娘正值妙齡，難以忍受獨居空房的苦楚，久而久之，便與府裏的一個年輕僕人有了私情，他們時常在王安石出去的時候幽會。不久之後，這

宰相之忍

寬容是一種非凡的氣度，是對人、對事的包容、接納和尊重。寬容是一種博大的精神，是比海洋和天空更寬廣的胸襟。

●大人不計小人過

宰相之忍

忘懷得失，不計小過

大人大量，胸襟寬廣

位高權重之人該如何面對他人。

平常人如何像宰相那般大度？

老宰相用自己的大度，將小妾的偷情一笑了之，反而還成全了她的真愛。

老宰相對待他人寬宏大量，則嚴格約束自己。

事傳到了王安石的耳朵裏，於是王安石使了一計，謊稱自己要去上朝，卻在半路的時候返回，悄然藏在家中。人夜之後，他潛在臥室外竊聽，果然聽見姣娘與僕人在屋內調情。他氣得火冒三丈，舉拳就要砸門而入，但是他轉念一想，自己是堂堂的當朝宰相，為一個小小的愛妾如此動怒，實在是犯不著。於是，他轉身走了。不料，沒留神，撞上了院中的大樹，王安石一抬頭，卻見樹上有個鳥窩。他靈機一動，隨手抄起一根竹竿，捅了鳥窩幾下，巢中之鳥驚叫而飛，聞聲後，僕人慌忙跳後窗逃走。在這之後，王安石一直裝作什麼事情都沒有發生。

一晃就到了中秋節，王安石邀請姣娘在花前賞月。酒過三巡，王安石隨即離席吟詩一首：「日出東來還轉東，烏鴉不叫竹竿捅。鮮花摟著棉蠶睡，撇下乾薑門外聽。」姣娘本來就是個才女，不用王安石細講，她已品出了這首詩的寓意，知道自己跟僕人偷情的事被老爺知道了。想到這兒，她頓時感到無地自容。於是，她靈機一動，立馬跪在王安石面前，也吟了一首詩：「日出東來轉正南，你說這話夠一年。大人莫見小人怪，宰相肚裏能撐船。」王安石細細一想，自己年已花甲，姣娘正值豆蔻年華，偷情之事也不能全怪她，與其糾纏不清，還不如來個兩全其美吧。過了中秋節後，王安石就贈給姣娘白銀千兩，讓她與那個僕人成親，然後離開這裏，去他鄉生活。

有備無患

患在不豫定謀。

【王氏曰】人無遠見之明，必有近憂之事。凡事必先計較、謀算必勝，然後可行。若不料量，臨時無備，倉卒難成。不見利害，事不先謀，返招禍患。

【譯文】往往眼前的禍患，來源於事先沒有採取措施加以防範。

【釋評】俗話說：「工欲善其事，必先利其器。」也就是說在採取行動時，一定要有所謀劃，做到有備而動，這樣才能掌握主動權。

經典故事賞析

英明君主晉悼公

春秋時期，有一個英明的君主叫晉悼公。他有一個部下叫司馬魏絳，也是一個執法嚴明的好官。有一次，晉悼公的弟弟楊干，他的座車擾亂了軍陣，魏絳就把替楊干趕車的僕人斬首示眾。楊干跑去向晉悼公哭訴：「魏絳實在太目中無人了，連王室都敢侮辱。」晉悼公聽了很生氣：「這個魏絳太無禮了，居然讓我的弟弟受到侮辱，我一定要殺了魏絳，替我弟弟出這口氣，來人哪！去把魏絳抓來。」

另一個大臣羊舌赤聽到了，馬上向晉悼公說：「大王，魏絳是個忠臣，如果是他做錯了，他絕對不會逃避責任的。」話還沒說完，魏絳就到了宮外，他呈給晉悼公一封奏書，然後拔出佩劍準備自刎。衛兵看到了，立即勸阻魏

居安思危，有備無患

一個聰明人，在自己安穩的時候就多想一想之後的事情，做一些防範，多想一想可能遇到的困難，這樣做好準備，當遇到突發事件，才能應變自如，做事才能遊刃有餘。

●眼光長遠

絳：「您先不要自殺呀，等大王看了奏書再說！」晉悼公看完了魏絳的奏書感慨道：「原來是我弟弟楊干不對，我錯怪魏絳了。」晉悼公連鞋子都來不及穿就急忙跑出宮外，把正準備自殺的魏絳扶起來：「都是我的過失，不關你的事呀！」從此以後，晉悼公對魏絳更加信任，並派他去訓練新軍。

有一天，北方的戎族來向晉國獻禮，請求晉國能和戎族和睦相處。晉悼公說：「戎族沒什麼情義，又貪心，不如把它攻下來吧！」魏絳馬上勸晉悼公說：「戎狄既然來求和，就是我們晉國之福，何必去攻打它呢？」晉悼公聽了魏絳的話，和戎族和睦相處，從此斷了北方的外患，專心地治理國事。過了幾年，晉國在魏絳的輔助下，愈來愈強大。

鄭國出兵攻打宋國，宋國向晉國求救，晉悼公馬上召集魯、衛、齊、曹等十一個國家的軍隊，由魏絳率領，把鄭國的都城團團圍住，逼鄭國停止侵略宋國，鄭國害怕了，就和宋、晉、齊等十二國簽訂合約。

楚國看到鄭國和宋、晉、齊等十二國簽訂了和約，非常地不高興，便出兵攻打鄭國。鄭國無法抵抗強大的楚兵，只好又和楚國簽訂合約。北方十二國知道了，就又出兵攻打鄭國，鄭國沒有辦法，派使臣來向晉國求和。晉國答應平息戰爭，鄭國為了答謝晉國，就送了大批的珍寶、歌女等。晉悼公要把一半歌女賜給魏絳，魏絳不但拒絕了晉悼公的好意，還勸晉悼公說：「大王，居安思危，思則有備，有備則無患。」晉悼公一聽：「嗯！你說得很對！」就把歌女送還給鄭國。之後，晉悼公在魏絳的幫助下，順利地完成了晉國的霸業。所以，後人用「有備無患」形容做事情有了萬全的準備，就不怕任何突發的狀況，可以避免失敗了！

善惡各有報

福在積善，禍在積惡。

【注曰】善積則致於福，惡積則致於禍；無善無惡，則亦無禍無福矣。

【王氏曰】人行善政，增長福德；若為惡事，必招禍患。

【譯文】積德行善，往往會為人帶來福氣；積累惡行，最終會招來惡果。

【釋評】患禍的出現，在於沒有防患於未然並採取相應的對策。如果能在災禍未成規模的時候就採取相應的措施加以疏導，化變故於無形，就可以達到

「我無為而民自安」的祥和目的。恕小過，防未患，這是無為而治天下必須掌握的一個要則。

一個人行善還是作惡，並非總是現世現報，災禍或福壽都是由一件件、一樁樁的惡行或善舉逐漸積累而成的。孔子說：一個對別人有恩德的人，其福報是在三代人受到澤被之後才會消失。周朝由於文王的先人和子孫累世積德，才會有八百多年的江山；秦始皇以霸道得天下，政權只維持十五年。國家大事如此，個人、家庭又何嘗不是這樣呢！所以看其動機是為善還是為惡，這是從政、為人首先要明白的最高原則。至於自然法則，並無善惡之分，故而大道、至德是無法分辨善惡、禍福的。

呂布之死

儘管曹操愛惜人才，但是當武藝高強、驍勇善戰的呂布向其表明歸降之意，曹操一想到呂布是個反覆無常、賣主求榮的小人時，則毅然殺死呂布。

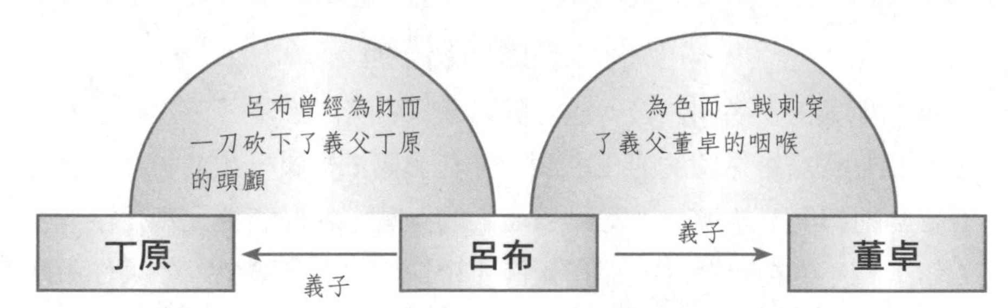

漢獻帝時期，董卓專政，他陰險狠毒，濫施殺戮，並有謀朝篡位的野心。司徒王允為了除去董卓父子，於是使用美人計，以至於董卓父子相互殘殺，終於除去了董卓這個大奸臣。

曹操殺呂布

曹操愛惜人才，他招納人才遵循一定的原則，那就是必須對自己的主公忠心不二。所以，當武藝高強、驍勇善戰的呂布被俘後表示願意歸降，並向曹操陳述了「明公所患，不過於布，布今已服矣。公為大將，布副之，天下不難定也」的利害關係後，求賢若渴的曹操沒有立即表態，而是問站在一邊的劉備「如何」，這說明曹操對呂布這樣一個武藝超群的猛將是喜愛的，甚至想像到一旦擁有呂布便會使自己如虎添翼，內心是準備接受的。但是在劉備不懷好意、煽風點火般的提醒下，曹操回想到呂布曾經為財而一刀砍下了義父丁原的頭顱，為色而一戟刺穿了義父董卓的咽喉，認知到呂布確實是一個反覆無常、賣主求榮的小人，這時候曹操的心裡發生了動搖。儘管呂布身懷絕世武功，但本來就疑心很重的曹操也斷然不敢留在身邊，以免引狼入室、養虎為患。最後呂布被縊殺。

引人向善終是福

從前有個國王，名叫仁義；他有個兒子，名叫仁德。

後來這個國家被鄰國的惡王占領了，仁義國王被殺，死前告誡自己的兒子仁德不要為他報仇，並說：「當兒子最大的孝順，就是能讓父親死後無恨。兒子啊，你千萬不要為我報仇，那我死後才會快樂，沒有憂愁；如果你不聽我的話，一定要殺人報仇，那我在九泉之下也不會安心的。」

但是仁德心裏憤憤不平，他隱姓埋名一直尋找報仇的機會。

由於仁德會武藝，不久被惡王提拔做自己的貼身衛士並對仁德說：「我有個仇人，就是已死的仁義王的兒子仁德。我一直防備著他，怕他來找我報仇。現在我提拔你做我的貼身衛士，希望你幫助我、保護我，防備仁德前來暗殺我。」

終於在一次打獵的時候，仁德有了殺惡王的機會，但又想起父親遺命。

仁德心中的兩種念頭互相交戰著，但想來想去父命不可違，最後他長嘆一聲，把劍扔在地上，不再打算殺掉惡王了。

仁德把惡王叫醒，對惡王說：「我其實就是仁義王的兒子仁德。我到你身邊來本意是想殺死你，為我父親報仇；但我不能違背父命，所以決定不殺你。」

引人向善終是福

人性本來都是善良的，只是由於外界環境的影響，才出現了種種不好的念頭，其實只要加以引導，人性的善良還是會表現出來的。

●眼光長遠

當兒子最大的孝順，就是能讓父親死後無恨。兒子啊，你千萬不要為我報仇，那我死後才會快樂，沒有憂愁；如果你不聽我的話，一定要殺人報仇，那我在九泉之下也不會安心的。

仁德的父親被殺害，在死前囑咐仁德不要為他報仇，但是仁德心裏不平，還是想要為父報仇。

當機會到來的時候，仁德心中的善念使他放棄了仇恨，由此感動了惡王，使其將國家交還給仁德，兩國交好。

從今天起，我回到我原來的國家去，這個國家就交還給仁德。我將與仁德結為兄弟，以後若有其他國家敢來侵犯，我一定前來救援。

我其實就是仁義王的兒子仁德。我到你身邊來實意是想殺死你，為我父親報仇；但我不能違背父命，所以決定不殺你。

惡王聽了以後非常感動，也非常後悔。後來他們回到城裏，惡王鄭重宣布：「從今天起，我回到我原來的國家去，這個國家就交還給仁德。我將與仁德結為兄弟，以後若有其他國家敢來侵犯，我一定前來救援。」

要重視基礎

飢在賤農，寒在墮織。

【注曰】唐堯之節儉，李悝之盡地利，越王勾踐之十年生聚，漢之平準，皆所以迎來之術也。

【王氏曰】懶惰耕種之家，必受其飢；不勤養織之人，必有其寒。種田、養蠶，皆在於春；春不種養，秋無所收，必有飢寒之患。

【譯文】發生飢荒，往往在於農民因社會鄙棄、輕視農耕，對耕作喪失了積極性，導致糧食緊缺；人們受凍，就在於農婦缺乏積極性而怠於織布，導致衣被不足。

【釋評】一個國家的農業基礎不牢固，則會導致國民經濟大力衰退。高樓大廈直沖雲宵，但是地基受到破壞，則會頃刻倒塌。人民是政府執政的基礎，當人民的利益受到損害，則政府也會倒臺。

經典故事賞析

朱元璋休養生息

明朝建立伊始，朝野大地經過近二十年戰亂的破壞，一片凋敝。對此情形，朱元璋實行了發展生產、與民休息的政策。1368年，朱元璋稱帝不久，外地州縣官來朝見，朱元璋對他們說：「天下初定，老百姓財力困乏，像剛會飛的鳥，不可拔牠的羽毛；如同新栽的樹，不可動搖它的根。現在重要的是休養生息。」朱元璋鼓勵開墾荒地，為了恢復和發展生產，朱元璋十分重視興修水利和賑濟災荒。在即位之初，朱元璋就下令，凡是百姓提出有關水利的建議，地方官吏須及時奏報，否則加以處罰。他常常減免受災和受戰爭影響地區的農民的賦稅，或給以救濟。朱元璋還十分愛惜民力，提倡節儉。他即位後，在應天修建宮室，只求堅固耐用，不求奇巧華麗，還命人在牆上畫了許多歷史故事，以提醒自己。在朱元璋積極措施的推動下，農民生產熱忱高漲。明初農

與民休養，鞏固政權

人性本來是善良的，只是由於外界環境的影響，人們才有了這樣或那樣不好的舉動，其實只要加以引導，人性的善良還是會表現出來的。

●休養生息

朱元璋實行的發展生產、與民休息的政策，鞏固了政權的基礎。

業發展迅速，元末農村的殘破景象得以改觀。農業生產的恢復發展，促進了明代手工業和商業的發展。朱元璋的休養生息政策鞏固了新王朝的統治，穩定了農民生活，促進了生產的發展。這些舉措為其今後大明王朝的發展奠定了基礎。

千軍易得，一將難求

安在得人，危在失士。

【王氏曰】國有善人，則安；朝失賢士，則危。韓信、英布、彭越三人，皆有智謀，霸王不用，皆歸漢王；拜韓信為將，英布、彭越為王；運智施謀，滅強秦，而誅暴楚；討逆招降，以安天下。漢得人，成大功；楚失賢，而喪國。

【譯文】國家安定，在於人才濟濟，共謀富強；國家危殆，在於人才流失，人心離散。

【釋評】在人類社會發展進程中，人才是社會發展進步、國強民富的重要推動力量。

經典故事賞析

楚漢相爭

秦朝末年，群雄逐鹿，劉邦和項羽為了天下統治權而展開了激烈的爭奪。開始時，項羽占據絕對優勢，劉邦被打得狼狽不堪。但劉邦很注重招納賢才、安撫民心，越戰越強，垓下一戰徹底扭轉局勢，逼得項羽烏江自刎。項羽在個人能力方面雖然遠高出劉邦，但他嫉賢妒能，殘暴好殺，最後落得眾叛親離，淒慘自刎。

楚懷王孫芈心想派兵西進，進攻秦朝。當時秦兵勢盛，諸將都不願意與秦兵強力對抗。只有項羽一直對秦兵大敗項梁耿耿於懷，堅持要求向西進攻秦軍，直搗咸陽。懷王的老將們一致反對項羽入關攻秦，上奏懷王：「項羽為人強悍狡猾，攻克襄城後把城中人口全部活埋，一個不留。項羽經過的地方，幾乎被破壞殆盡，片瓦不留。而且楚國屢次進攻，都損失慘重，陳王、項梁全部兵敗而死。現在不如另派忠厚長者仗義西行，向秦地的百姓宣傳我們的仁厚政

項羽的成名戰——鉅鹿之戰

鉅鹿之戰是項羽率領五萬楚軍與秦將章邯、王離所率四十餘萬秦軍主力在鉅鹿（今河北平鄉西南）進行的一場重大決戰性的戰役，也是中國歷史上以少勝多的戰役之一。

●鉅鹿之戰

❶

西元前207年，秦軍上將軍章邯打敗楚地反秦義軍首領項梁後，認為楚地已不足憂，遂率二十餘萬秦軍北上攻趙。

❷

章邯同時急調上郡的王離部二十萬秦軍南下，圍困趙王歇於鉅鹿（今河北平鄉西南）。

❸

趙王被困於鉅鹿時，趙相張耳游說各地諸侯前來救趙。當時秦軍十分強大，齊、燕、魏等救趙諸軍駐紮在鉅鹿城北，沒有人敢前去迎戰。

❹

項羽為報秦軍殺叔父項梁之仇主動請纓，於是楚懷王便以宋義為上將軍，項羽為次將，范增為末將，率軍六萬餘北上以解鉅鹿之困。援趙大軍進至安陽（今山東曹陽東南）後，宋義被秦軍的氣焰嚇倒，逗留四十六天不敢前進。項羽痛斥宋義的怯懦行為並殺死了他。楚懷王遂封項羽為上將軍。

沒有鍋，我們可以輕裝前行，迅速到達敵方軍營，挽救危在旦夕的趙國！至於吃飯，讓我們到章邯軍營中取鍋做飯吧！

策。秦地的百姓遭受殘酷的壓迫太久了，現在我們派遣忠厚長者過去，不搶掠百姓，安撫民心，秦國也照樣能被我們收服。項羽太過殘暴，不能派他西去。只有沛公（劉邦）是寬厚長者，可以派他前往。」項羽最終沒有西去。劉邦一路向西，攻城略地，收集陳勝、項梁的敗兵，實力不斷增強。

劉邦採用張良的謀略，先於各路諸侯入關，將軍隊駐紮在霸上。秦王子嬰乘坐白車白馬，脖子上戴著枷鎖，封好皇帝的玉璽符節，恭恭敬敬地向劉邦投降。諸將都勸劉邦殺掉子嬰，劉邦說：「懷王之所以派我入關破秦，就是因為我能夠寬容待人。秦王既然已經降服了，再殺了，是一件不吉利的事情。」劉邦就讓子嬰擔任自己的屬官，然後進入咸陽。

劉邦進入咸陽後，封好秦朝的府庫珍寶，將軍隊撤回霸上駐紮，然後召集秦地有影響的人物，對他們說：「父老都被秦朝的嚴刑峻法壓迫得太久了，詆毀皇帝的人就要被滅族，竊竊私語就要被砍頭，這太殘酷了。我曾和各路諸侯約定：先進入秦地的人就封他為關中王。按照約定，我應該成為關中王。我和父老鄉親們約法三章：殺人的要以死抵罪，傷人和偷搶百姓東西的都要受到嚴厲懲罰。秦朝的嚴刑酷法將要全部廢除，官府的辦事人員都要像從前一樣辦公。我來到秦地，就是為你們消除秦朝苛政的，請你們不要擔心！我現在之所以將軍隊撤回霸上駐紮，就是等各路諸侯前來共同制定政策啊。」然後，劉邦派人到各地宣傳自己的安民政策，讓百姓正常地生活。秦地的百姓大喜，爭著以牛羊美酒犒勞劉邦的士兵。劉邦推辭不受，說：「我們的軍糧很充足，請大家把各自的東西都帶回去吧。」秦人更加高興，生怕像劉邦這樣的寬仁之人不為關中王。

不久，項羽大軍到來。他殺掉子嬰，大肆屠殺秦地的百姓，焚燒秦朝的宮殿，大火三月不滅。凡是他所經過的地方，無不是斷壁殘垣、屍橫遍野。秦人大失所望，但迫於項羽的武力，不得不屈服。項羽將秦朝的珍寶美女全部收入自己囊中，然後準備東出函谷關回老家去。這時，有人對項羽建議說：「關中地勢險要，土地肥沃，可以此為都城，治理天下。」項羽看到秦朝的宮殿已經燒成一片廢墟，自己又確實想回家，就說：「人富貴了若是不回故鄉，就像穿著錦繡的衣服在夜裏行走一樣，又有誰能看見呢？」來人很失望，說道：「人們都說楚人沐猴而冠（猴子穿衣戴帽看起來像個人，但究竟不是人），現在我算看到了！」項羽大怒，立即下令把這個人烹了。

滅秦之後，項羽自封西楚霸王，大封諸侯為王。他猜忌劉邦，就違反當初

鴻門宴

在遇到大事的時候，謀劃好了就要有決斷，切不可猶豫不決，項羽就因此葬送了天下，最終自刎而死。

●范增怒斥項羽

鴻門宴上，項羽猶豫不決，致使劉邦逃脫。

「先破秦入關者王」的約定，將劉邦封到貧瘠的蜀地作漢王。他覺得義帝是個累贅，就派人殺死義帝。

劉邦不甘於坐守貧瘠的蜀地，加之士卒不願意留在巴蜀，紛紛逃亡。劉邦明修棧道，暗度陳倉，設奇兵打敗了項羽所封的三秦王，占領了關中地區。劉邦在關中撫恤百姓，很快就為自己建立了穩固的後方。常山王張耳被陳餘打得狼狽逃竄，前來投靠劉邦，劉邦厚待於他。

準備充分之後，劉邦便出兵函谷關，與項羽爭奪天下。他為義帝發喪，守孝三天，收買人心。義帝的老臣有許多前來投靠劉邦，共同討伐項羽。

劉邦出兵進攻三秦之時，項羽正忙著進攻齊地的田榮。項羽和田榮在城陽

（現山東青島城陽）展開激戰，田榮慘敗，逃到平原（現山東德州東南）。平原的百姓殺掉田榮，齊地全部投降項羽。項羽怨恨齊地的百姓背叛自己，就一把火燒掉百姓的房子，搶了齊地的女人。齊人大失所望，再次背叛項羽。

項羽平定齊地後，掉過頭來攻打劉邦。范增為項羽出謀劃策，把劉邦打得狼狽不堪。劉邦對范增很忌憚，想盡辦法要除掉范增。劉邦採納了陳平的建議，使用反間計，使得項羽對范增產生了懷疑，逐漸剝奪了范增的權力，范增憤怒離去，病死在回家的路上。范增一死，項羽失去了最有力的謀士，劉邦也除掉了一個心腹大患。

項羽眾叛親離，最後陷入四面楚歌的境地，他自覺無顏再見江東父老，絕望自刎。劉邦取得了最後的勝利，正所謂得人心者得天下。

謀事在人，成事在時

富在迎來，貧在棄時。

【王氏曰】富起於勤儉，時未至，而可預辦。謹身節用，營運生財之道，其家必富，不失其所。貧生於怠惰，好奢縱欲，不務其本，家道必貧，失其時也。

【譯文】一個人成功，在於平時用心，關鍵時刻能抓住機遇；一個人失敗，在於平時怠惰，關鍵時刻與機遇失之交臂。

【釋評】好的時機是可遇不可求的，因此人要時刻做好準備，當時機一到，則要緊緊抓牢它。諸葛亮在時機未到之時隱居隆中，躬耕於南陽。此時，他依然胸懷大志，廣交天下名士，滿腹經綸，腹藏良謀，隱居求志，寧靜致遠。當時的大名士龐德公把他比作一條待時騰飛的「臥龍」。漢建安十二年（207年），劉備三顧茅廬，拜請諸葛亮出山。自此，二十七歲的諸葛亮離開了躬耕十載的隆中，投在了劉備門下，為劉備的三分天下運籌帷幄。

垓下之戰

垓下之戰是楚漢相爭中決定性的戰役，它既是楚漢相爭的終結點，又是漢王朝繁榮強盛的起點。它結束了秦末混戰的局面，奠定了漢王朝四百年基業。

●殘暴好殺，眾叛親離，淒慘自刎

垓下之圍

西元前202年十二月，劉邦、韓信、劉賈、彭越、英布五路大軍於垓下完成了對十萬楚軍的合圍。韓信親自率領三十萬大軍與楚軍交戰，楚軍大敗。項羽被迫入壁而守。

四面楚歌

為了儘快取勝，張良用計，讓漢軍夜夜高唱楚歌，項羽軍隊中的士卒聽到家鄉民歌，都無心打仗了。

霸王別姬

項羽聽到從漢軍傳來的歌聲，大吃一驚，心想：「劉邦難道已經完全占領了楚地？為什麼他的部隊裏面楚人這麼多呢？」滿懷愁緒之下，他起身在帳中飲酒。酒過三巡，項羽感慨良多，作歌道：「力拔山兮氣蓋世，時不利兮騅不逝。騅不逝兮可奈何，虞兮虞兮奈若何！」虞姬和道：「漢兵已略地，四面楚歌聲，大王意氣盡，賤妾何聊生！」歌罷，虞姬淒然自刎。

烏江自刎

項羽趁夜率領八百精銳騎兵突圍南逃。行至東城時，手下僅剩二十八騎。項羽指揮這二十八騎，將漢軍騎兵殺得人仰馬翻，他向南疾走，來到烏江邊，自覺無顏見江東父老，於是下令從騎皆下馬，與漢兵搏殺，項羽一人殺漢軍數百人，自己也負傷十餘處，最後自刎而死，年僅三十一歲。楚漢戰爭以劉邦的勝利而告終。

領導者要大度沉穩

上無常躁，下多疑心。

【注曰】躁靜無常，喜怒不節；群情猜疑，莫能自安。

【王氏曰】喜怒不常，言無誠信；心不忠正，賞罰不明。所行無定準之法，語言無忠信之誠。人生疑怨，事業難成。

【譯文】在上的領導者沒有固定的操行，喜怒無常，舉止失度，下面就沒有做事的準則，因而滿心狐疑，不知所措。

【釋評】身居上位的領導者，一定要胸懷寬廣，沉穩大度，方能讓下屬誠心歸屬。否則，喜怒無常，朝令夕改，會讓下屬不知所從，成天揣摩上級的心思，事情必定難成。

經典故事賞析

左宗棠移營

晚清名將左宗棠在征服陝甘後，凱旋入關。入關當晚，駐軍剛剛紮營完畢，左宗棠忽然傳下將令：立即拔營，繼續前進！當時全軍將士已疲憊不堪，正想好好地休息一下，因此誰也不願再動彈了。將領們則相約來到統帥的大營，請求左宗棠收回成命。

左宗棠勃然大怒：「我命令這就上馬出發，敢違命落後者，軍法處置！」左宗棠軍令極嚴，將士們雖然怨聲載道，卻也不得不裝束停當，整隊緊隨其後，於黑夜中摸黑而行。

過了兩個時辰，左宗棠扭頭問身邊的偏將：「我們走了多少路？」偏將答道：「距離先前宿營之處已有四十多里了。」左宗棠點點頭，道：「那好，就在這兒紮營吧！」

將士們重新安歇不久，就聽到身後隱隱傳來陣陣爆炸聲。過了一會兒，後隊巡邏兵來到帥營稟報：「先前宿營的地方忽然被炸，已經陷成一個個巨坑。」全軍將士驚駭萬分，都為躲過這一劫難而慶幸不已，對統帥左宗棠更是佩服得五體投地。

眾將領進帳詢問左宗棠是如何預測到這場災難的，左宗棠答道：「當時剛剛駐軍，我忽然想起：那些頭領們雖然投降了，卻是迫於我們的軍威，並非

左宗棠的大將風範

將帥也是一個國家軍事實力的象徵，軍隊的表率，如果不能自律、自重，置國家的榮譽和戰爭的勝敗於不顧，自己就算苟活，也要背負千古罵名。

●遷營避禍

●將帥之德

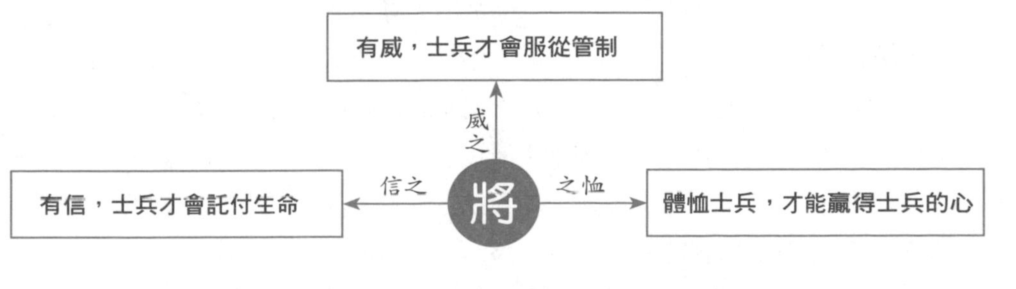

個個都誠心誠意地歸順，肯定有人會挾恨報復，而我們第一晚的駐軍之處也早在他們的預料之中。後來，軍中擊打更鼓時我又凝神一聽，地下似乎有回應之聲，像是有地洞，於是我立即傳令速速避開。現在已經證實，那兒不但有地洞，而且洞中藏著不少硫黃、火藥。可是當時由於無法確定，又怕引起慌亂，才沒有明說啊！」

謙虛親和得人心

輕上生罪，侮下無親。

【注曰】輕上無禮，侮下無恩。

【王氏曰】承應君王，當志誠恭敬；若生輕慢，必受其責。安撫士民，可施深恩厚惠；侵慢於人，必招其怨。輕蔑於上，自得其罪；欺罔於人，必不相親。

【譯文】輕慢上級往往會招致罪過，凌辱下級往往會導致部下的叛離。

【釋評】名利得到的多和少，自然天定。進爵受祿的等級，造物主早已安排好了。應當富有的結果卻遭受窮困，是陰和陽互相轉化的原因。應當給予卻被剝奪，是鬼神在暗中掌管的緣故。得和失聽憑自然，你就會心曠神怡。

經典故事賞析

康熙智擒鰲拜

鰲拜是滿洲鑲黃旗人，清初三朝元老，一生功勳卓著，順治帝駕崩前擢他為四大輔政大臣之一，佐理政務。然而，鰲拜勢力日漸龐大，獨攬大權，根本不把康熙帝放在眼裏。

鰲拜把持議政王大臣會議和六部的實權，肆意釁逆康熙皇帝的權威，無人敢對他提出異議。此時的鰲拜對康熙的皇權構成了嚴重威脅。

康熙帝羽翼漸漸豐滿，對鰲拜的所作所為忍無可忍，生出了除掉他的心思。然而，鰲拜的勢力已經遍布朝廷內外，外人稍有動作，就會打草驚蛇，釀成大變。康熙不露聲色地挑選了一批身強力壯的貴族子弟，在宮內偷偷練習布庫（清代八旗最重視的一門格鬥技）為戲。鰲拜見了，以為是皇帝年少，沉迷玩樂，不僅不以為意，反而暗自高興。

輕上侮下禍將至

輕慢上級往往會招致罪過，凌辱下級往往會導致部下的叛離。

●鰲拜專橫遭擒拿

康熙懂得隱忍自己的不滿，悄悄練兵制伏了鰲拜，如果他太早表露出自己的不滿，肯定會被鰲拜所害，就不會有歷史上赫赫有名的康熙大帝了。

正　不滿　誤

正

- 不滿足於自己的知識就會發憤學習。
- 不滿足於自己的技能就會刻苦鑽研。
- 不滿足於自己的生活狀況就會努力改變。

不滿不一定是壞事，要看針對什麼，追求什麼。

誤

- 不滿足於自己的錢財就會起歹意。
- 不滿足於自己的官職就會玩弄手段。
- 不滿足於自己的所得就會肆意掠奪。

康熙八年（1669年），清除鰲拜的時機終於到來。康熙先將鰲拜的親信派往各地，離開京城，讓自己的親信掌握了京師的衛戍權。為了生擒鰲拜，康熙帝步步為營，制訂出一系列計劃。

康熙帝決定趁召鰲拜進宮的機會，對鰲拜下手。康熙帝做了周密的安排，他調任索尼之子索額圖做自己的侍衛，在實行計劃那天，索額圖在門外站崗，負責繳鰲拜的兵器。他又命人把給鰲拜坐的椅子右前方的腿鋸斷，然後簡單黏合起來。因為面聖時，鰲拜的身體勢必要朝皇帝那方傾斜，不會向這條折了的椅腿施力，所以這個小手腳也就不容易露出破綻。康熙帝從他訓練出來的十幾個布庫少年中選出功夫最好的兩個，一個在椅子後面服侍鰲拜，另一個則端上在開水中煮了一個多時辰的茶杯，送茶給鰲拜。

因為擒拿鰲拜時必然發生武鬥，所以康熙帝將生擒鰲拜的地點選在寬闊的武英殿。最後，將訓練好的十幾名布庫少年藏於武英殿內。這群少年正是英氣勃發的年紀，並不了解鰲拜風光的過往，也不懼他的權勢，有著初生牛犢不怕虎的果敢。

擒拿鰲拜當天，鰲拜受皇帝召見，進入武英殿。在門外，索額圖讓他交出兵器。鰲拜不以為意，認為小皇帝對自己沒有任何威脅，於是輕易交出了隨身佩劍。來到武英殿之上，康熙賜座，鰲拜就坐在了那張動過手腳的椅子上。一個布庫少年喬裝成太監送茶給鰲拜，鰲拜接過滾燙的茶杯，燙得差點脫手，但是不能擲向皇帝，於是他把身體靠向那條斷過的椅子腿。藏在椅子後面的布庫少年見狀，用力一推椅子，鰲拜連同手中的茶杯都摔在了地上。這時，布庫少年一擁而上，打得鰲拜措手不及，鰲拜被生擒，康熙數出他三十大罪狀，將他終身監禁。最終鰲拜死於獄中。

用人就要信人

近臣不重，遠臣輕之。

【注曰】淮南王言：去平津侯如發蒙耳。

【王氏曰】君不聖明，禮衰法亂；臣不匡政，其國危亡。君王不能修德行政，大臣無謹懼之心，公卿失尊敬之禮，邊起輕慢之心，近不奉王命，遠不尊朝廷。君上去，須要知之。

後唐莊宗李存勖

李存勖（885-926年），是五代十國之後唐莊宗，全稱是光聖神閔孝皇帝，應州人，小名亞子，為李克用長子。虎父無犬子，李存勖「及長，善騎射，膽勇過人」，唐昭宗見了他不禁讚歎「此子可亞其父」。李存勖的「亞子」，即「李亞子」（《舊五代史》）的綽號由此而來。

●後唐莊宗，昏闇無知

早年經歷

李存勖自幼喜歡騎馬射箭，膽力過人，為李克用所寵愛。少年時隨父作戰，十一歲就與父親到長安向唐廷報功，得到了唐昭宗的賞賜和誇獎。成人後狀貌雄偉，稍習《春秋》，略通文義，作戰勇敢，尤喜音律、歌舞、俳優之戲。

即位晉王

開平二年（西元908年）正月，李克用病死，李存勖於同月襲晉王位。辦完喪事，他就設計捕殺了試圖奪位的叔父李克寧，並率軍解潞州（山西上黨）之圍。李存勖認為潞州是河東屏障，失去潞州對河東極為不利，所以他立即率軍從晉陽出發，直取上黨，乘大霧突襲圍潞州的梁軍，大獲全勝。

建立後唐

西元911年，李存勖在高邑（河北高邑縣）打敗了朱全忠親自統率的五十萬大軍。接著，攻破燕地，將劉仁恭活捉回太原。九年後，他又大破契丹兵。於西元923年攻滅後梁，統一北方，四月，在魏州（河北大名縣西）稱帝，國號為唐，不久遷都洛陽，年號「同光」，史稱後唐。

後期統治

李存勖在戰場上出生入死，不惜生命，是員勇將；但是在政治上，卻是一個昏闇無知的蠢人。稱帝後，他認為父仇已報，中原已定，不再進取，開始享樂。他自幼喜歡看戲、演戲，即位後，常常面塗粉墨，穿上戲裝，登臺表演，不理朝政，並自取藝名為「李天下」。

身死國破

西元926年，李存勖聽信宦官讒言，冤殺了大將郭崇韜。另一戰功卓著的大將李嗣源也險遭殺害。是年三月，李嗣源在將士們的擁戴下，率軍進入汴京。

【譯文】上層領導的下屬不受信任，則這個下屬在基層民眾間也就失去了權威，誰都敢輕視他，從而引起內部混亂。

【釋評】好的領導者，既要善於傾聽基層民眾的意見，又要善於維護下屬的權威。一個管理體制完善的團隊，是禁止下屬越級辦事的。領導者如不信任下屬，最好不用。一旦重用，則對下屬深信不疑。

經典故事賞析

唐莊宗不信大將

五代後唐同光四年（926年）二至四月，蕃漢總管李嗣源乘出討鄴都（今河北大名東北）趙在禮兵變，回師攻取大梁（今河南開封），入洛陽作戰，史稱鄴都兵變。

同光元年（923年），後唐滅後梁後，莊宗李存勖嫉賢妒能，冷遇、猜忌宿將功臣，致上下離心。同光四年二月，魏博（治魏州，今河北大名東北）戍守瓦橋關（今河北雄縣西南）兵輪番（即換防）歸鎮，行軍至貝州（治今河北清河西），聽說莊宗頒令就地屯駐，不准返回鄴都，激起譁變。軍士皇甫暉乘人心浮動，劫殺指揮使楊仁晸，脅迫銀槍效節指揮使趙在禮為首，長驅南下，連破臨清（今河北臨西西）、永濟（今河北館陶東北）、館陶等州後，攻入鄴都，據城反唐。

莊宗聞訊，先命歸德節度使元行欽（又名李紹榮）為鄴都行營招討撫使，率領三千（一說兩千）騎兵前往招撫；同時命各路兵馬繼續前進，以備鎮壓。元行欽至鄴都，撫戰兼施，以皇帝敕令招諭。遭拒後，舉兵攻城，又遭鄴都兵頑強抗擊，久久不能攻克，於是退兵城南，與鄴都相持待援。莊宗因元行欽出討久無功，想御駕親征，又怕京師有變，不得已，就起用李嗣源，命他率侍衛親軍（號從馬直）出征。

李嗣源雖平日遭猜忌，但並無貳心，奉詔立即率親軍北上。

三月初六，抵達鄴都，安營於城西。初八夜，從馬直軍士張破敗突起，率眾譁變，殺都將，焚營舍，劫持李嗣源，聲稱與城中兵合勢，擊退各路兵馬，擁戴李嗣源在河北稱帝。初九，趙在禮領諸校出城迎拜李嗣源入鄴都。李嗣源假託收撫散兵，脫身出城，遣牙將張虔釗召元行欽一同誅殺亂兵。元行欽懷疑其中有詐，率步騎萬人棄甲而撤，誣奏李嗣源反叛。李嗣源於是到達魏縣（今

五代十國唐明宗

明宗李嗣源，五代後唐皇帝。以戰功官至蕃漢內外馬步軍總管。同光四年，李存勖在兵變中被殺，嗣源入洛陽監國。即位後改名亶，改元天成。但以文盲君臨朝廷，無駁駕能力，又兼用人不明，姑息藩鎮，權臣安重誨跋扈，次子李從榮驕縱，以致變亂迭起。彌留之際，從榮舉兵造反，飲恨而死。

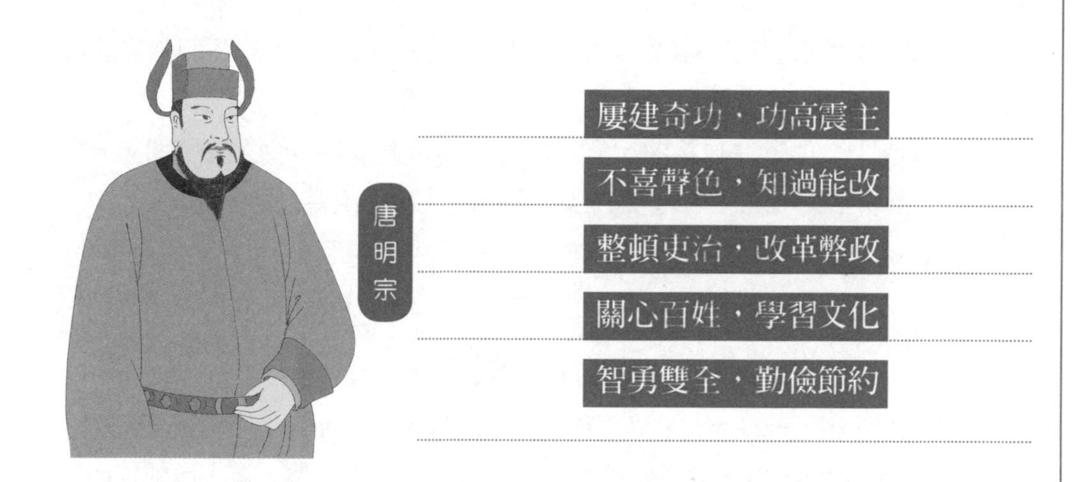

河北大名西北），收得鎮州（治真定，今河北正定）兵五千人，馬兩千匹，另組成一軍。後來屢次派遣使者上表申訴，以表明心跡，都被元行欽阻遏。為此，李嗣源疑懼不安，於是採納部將石敬瑭回師攻取大梁的策略，派使者徵召齊州防禦使李紹虔、泰寧節度使李紹欽、貝州刺史李紹英、北京右廂馬軍都指揮使安審通等，即得擁戴，於是揮師南下，直奔汴梁。

莊宗聞變，令懷遠指揮使白從暉率騎兵扼守河陽橋（一說河橋，今河南孟縣西南），以護衛京城；又出金帛賞賜諸軍，並親率軍前往汴梁，但為時已晚。途中得知李嗣源已入汴梁，即倉皇回逃，到滎陽（今河南滎陽東北），隨從士卒已散逃過半。剛抵達洛陽，從馬直指揮使郭從謙也率所部兵馬譁變，與京城駐軍展開混戰。四月初一，莊宗率諸王及近衛騎兵出戰，中流箭而死。初三，李嗣源乘京城大亂，攻入洛陽，不久稱帝（是為後唐明宗），戰亂於是平息。

自信豁達成大器

自疑不信人，自信不疑人。

【注曰】暗也；明也。

【王氏曰】自起疑心，不信忠直良言，是為昏暗；己若誠信，必不疑於賢人，是為聰明。

【譯文】連自己都不相信的人，自然也不會相信別人；自信而胸襟開闊的人不會動不動就猜疑他人。

【釋評】自信者往往豁達大度，待人坦誠，更不會隨便去猜忌別人。持心公正的人不會去動用邪念，習慣於行走大路的人往往不會去抄小路。

經典故事賞析

趙匡胤自信豁達

宋乾德元年（963年），宋軍攻克南漢的郴州城，抓住十幾個宦官，這幾個並不是普通的內官太監，而是朝廷命官。宋太祖問其中一個，這人自稱是南漢的扈駕弓箭手官，誰知拿出弓箭來，此人卻用盡氣力也拉不開，隨後他歷數其國君劉鋹的罪惡，其奢華與殘暴令趙匡胤瞠目結舌，趙匡胤連連歎息，說：「我要救這一方百姓！」

此時執掌南漢政權的是劉鋹，此公之所以能在史書中留名，主要是由於他原創了一套詭異的人才理論。他認為，一般人沉迷於兒女情長，如果有了後代，就想將榮華富貴世襲下去，從而產生私心，只有宦官無牽無掛，可以全心全意為朝廷服務。於是頒布詔書，如果想要進朝廷做事，第一道門檻就是「揮刀自宮」，不管你是狀元還是進士，概莫能免。

根據史家統計，當時南漢全國，每一百個人裏面，就有兩名太監，稱得上是「太監帝國」。

身為一國之主，劉鋹整天和一個黑胖的波斯女子廝混。這女子小字「媚豬」，居住之處必須用五百尺下深海的珍珠來裝飾。南漢的庫房裏堆滿了搜刮自民間的奇珍異寶，整個國家處於一種癲狂的狀態。

南漢所轄範圍大致在今天的廣東、廣西以及越南一帶，地處偏遠，堪稱蠻夷之地。劉鋹根本不知道大宋的強悍，還敢不時地騷擾一下中原。而彼時的趙

宋太祖趙匡胤

宋太祖趙匡胤（927-976年），北宋王朝的建立者，廟號太祖，漢族，涿州（今河北）人。出身軍人家庭，高祖趙朓，祖父趙敬，父趙弘殷。

●陳橋兵變，黃袍加身

此次兵變最後導致後周的滅亡和宋朝的建立，推動了歷史的發展。

西元959年，周世宗柴榮死，七歲的恭帝即位。殿前都點檢、歸德軍節度使趙匡胤，與禁軍高級將領石守信、王審琦等結義兄弟掌握了軍權。翌年正月初，傳聞契丹兵將南下攻周，宰相範質等未辨真偽，急遣趙匡胤統率諸軍北上禦敵。周軍行至陳橋驛，趙光義和趙普等密謀策劃，發動兵變，眾將以黃袍加在趙匡胤身上，擁立他為皇帝。

匡胤剛剛結束五代十國群雄割據的混亂局面，建立了大宋朝，急需開疆擴土，證明自己的實力。

開寶三年九月，趙匡胤派潘美發兵討伐南漢。勝負懸殊，劉鋹毫無懸念地被拿下。

史載劉鋹體態豐碩，眉目俱竦，口才非常好，一見太祖，就把自己的責任推得一乾二淨說：都是手下那些奸臣害了自己，把持朝政，他們才是國主，我反倒是臣子。太祖一笑作罷，也不怪罪於他。

為了保住性命，劉鋹在太祖手下可謂戰戰兢兢，每次太祖召集臣下議事他都提前到達，有一次他又提前來到，太祖倒了一杯酒賜給他，劉鋹臉色大變，以為太祖要毒害於他，他手捧酒杯哭哭啼啼：「我繼承祖業，違抗朝廷，有勞您的討伐，實在是罪該萬死，陛下既然已經讓我不死，就希望成為平頭百姓，欣賞這太平盛世。這杯酒我確實不敢喝呀！」

太祖看此情形，哈哈大笑，說：「原來你把我當成你了，我待人推心置腹！」取過劉鋹的酒杯一飲而盡。

劉鋹滿臉通紅，急忙叩頭謝罪。

上梁不正下梁歪

枉士無正友，曲上無直下。

【注曰】李逢吉之友，則「八關」、「十六子」之徒是也。元帝之臣，則弘恭、石顯是也。

【王氏曰】諂曲、奸邪之人，必無志誠之友。不仁無道之君，下無直諫之士。士無良友，不能立身；君無賢相，必遭危亡。

【譯文】常言道：「人以群分，物以類聚。」人品、行為不端正的人，所結交的朋友大多也是不三不四之輩。又道：「上有所好，下有所效。」居高位者品德不規，邪僻放浪，身邊總要聚集一批投其所好的奸佞小人或臭味相同的怪誕之徒。楚王好細腰，國中盡餓人；漢元帝庸弱無能，才導致弘恭、石顯這兩個奸宦專權誤國；宋徽宗愛踢球，才重用高俅而客死他鄉；唐敬宗的宰相李逢吉死黨有八人，另有八人為其附庸。凡有求於他的，必先經過這十六人，故被稱為「八關」、「十六子」……一部《二十五史》，此類事例，俯拾皆是。

【釋評】邪曲的小人往往結交不到正直的朋友，邪僻的領導者，其下屬也不會對他忠誠。

楚王好細腰

居高位者品德不規，邪僻放浪，身邊總要聚集一幫投其所好的奸佞小人或臭味相同的怪誕之徒。正如楚王好細腰，國中盡餓人。

經典故事賞析

楚王好細腰

《戰國策楚一‧威王問於莫敖子華》篇記錄了楚威王和大臣莫敖子華的一段對話。威王聽了莫敖子華對過去五位楚國名臣的介紹，羨慕不已，慨嘆道：「當今人才斷層，哪裏能找得到這樣的傑出人物呢。」

於是莫敖子華講了如下的故事：「從前，先帝楚靈王喜歡他的臣子有纖細的腰身，楚國的士大夫們為了細腰，大家每天都只吃一頓飯，因此，餓得頭昏眼花，站都站不起來。坐在席子上的人要站起來，非要扶著牆壁不可；坐在馬車上的人要站起來，一定要借力於車軾。誰都想吃美味的食物，但人們都忍住了不吃，為了腰身纖細，即使餓死了也心甘情願。

莫敖子華接著說：「臣子們總是希望得到君王的青睞，如果大王真心誠意喜歡賢人，引導大家都爭當賢人，楚國不難再出現像五位前賢一樣的能臣。」

唐敬宗放縱享樂

唐敬宗李湛，初封為鄂王，後封為景王，穆宗在位時，於西元823年被立為太子。穆宗於西元824年正月病死後，李湛於同月丙子日繼位。第二年改年號為「寶曆」。敬宗繼位時，年僅十六歲，內有王守澄、梁守廉等宦官攬權，外有李逢吉、牛僧孺專政，他只是宦官和朝臣馴服的一個工具。他滿足於奢侈放縱的享樂，根本不關心朝政，連每天形式上的上朝也不顧，常常晚幾個時辰，害得大臣們常在朝堂久等。

有一天，一個臣子勸諫他要勤於政事，不能讓宦官執掌大權，這位臣子才說了幾句話，敬宗就雙手亂揮，不停地吆喝那臣子快滾出去。朝政昏暗，河北（今北京市、河北省、遼寧省大部、河南省、山東省古黃河以北地區）的成德、幽州、魏博等三個藩鎮相繼反叛，脫離朝廷，割據一方，百姓反抗也時有發生。

長安城內的染坊工張韶和另一個名叫蘇玄明的人，祕密集結了一百多個染工發動起義。這一天，張韶和蘇玄明扮作送柴草進宮的趕車人，一百多人藏在許多輛柴車中，混進銀臺門。守門的衛兵見柴草異常沉重，頓生疑心，便上前檢查，張韶拔刀將他們殺死。眾人跳下柴車，拔出兵器，吶喊著殺向朝堂。此時敬宗正和太監在清思殿玩球，倉皇間逃到左神策軍營中，最後，起義軍被禁衛軍包圍，全部被斬殺。事後，敬宗依然只顧遊玩宴飲。

敬宗平時最愛玩球和徒手格鬥，左右小太監體力不支，往往被摔得頭破血流，但敬宗不滿意，還出高價招入力士。他喜歡在深更半夜親自去捕捉野獸，這叫作「夜打獵」。力士有不賣力的，就被發配邊遠地區，家屬也連帶受罰。小太監稍有過失，敬宗便要動手把他們打得頭破血流，左右宦官和力士無不怨恨萬分。

西元827年十二月，敬宗「夜打獵」回宮，與宦官劉克明、田務澄、許文端和擊球將軍蘇佐明、王喜憲、石從寬、王惟直等二十八人飲酒，飲至一半，敬宗入內室更衣，劉克明等便把燈燭吹熄，蘇佐明在黑暗中闖入內室將敬宗殺死，對外則謊稱敬宗是暴病而亡。

昏君理政

敬宗繼位時，年僅十六歲，內有王守澄、梁守廉等宦官攬權，外有李逢吉、牛僧孺專政，他只是宦官和朝臣馴服的一個工具。

●奢侈享樂

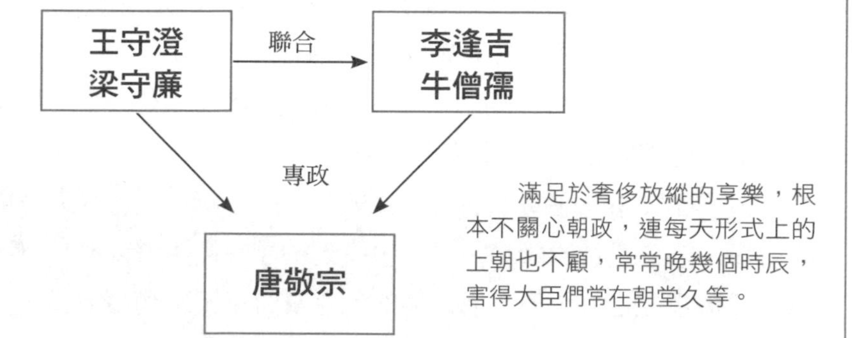

滿足於奢侈放縱的享樂，根本不關心朝政，連每天形式上的上朝也不顧，常常晚幾個時辰，害得大臣們常在朝堂久等。

唐代寶曆年間，唐敬宗李湛曾特製一種紙箭，箭頭也是用紙製作，裏面裹著少許麝香或龍涎香的粉末。宮中閒暇無事的時候，李湛就把宮嬪們召集起來，他站在一定距離之外用紙箭射她們，被射中的宮女或妃嬪身上就撒上了香末，遍體散發出濃烈的香味，卻不會感到疼痛。當時宮中把這種紙箭叫作「風流箭」，宮嬪們都希望能射中自己，由此可以進一步得到君王的寵幸。她們之中流傳著這樣的順口溜：「風流箭，中的人人願。」李湛常用這種辦法在宮中尋歡作樂。

難與小人共處

危國無賢人，亂政無善人。

【注曰】非無賢人、善人，不能用故也。

【王氏曰】讒人當權，恃奸邪毒害忠良，其國必危。君子在野，無名位，不能行政；若得賢明之士，輔君行政，豈有危亡之患？縱仁善之人，不在其位，難以匡政、直言。君不聖明，其政必亂。

【譯文】瀕於滅亡的國家，則這個國家的賢人得不到重用；政治混亂的國家，則掌控時局者必定不是什麼仁善之人。

【釋評】在一個朝綱混亂、政乖民怨、危機四伏、民心浮動，朝野上下豺狼當道、邪惡橫行的國家，是不會找到德才兼備的賢人的，倒不是缺少德行高邁、才情卓立之人，只不過這樣的人在當時不被當權者賞識，不被重用罷了。在這種社會風氣下，好人受氣，善人含冤。魏晉南北朝時，許多才識之士或遁入空門，與世無爭；或隱逸山林，自甘清貧。諸葛亮的「苟全性命於亂世，不求聞達於諸侯」，這句話充分表達了生逢亂世賢德之士的心態。

經典故事賞析

史魚尸諫衛靈公

史魚是春秋時期衛國大夫，以敢於直諫著稱。當時，衛靈公不肯重用賢才，反而對作風不正的人委以重任，這讓史魚十分憂慮，但他屢次進諫都沒有得到衛靈公的採納。

後來，史魚得了重病，奄奄一息，將要去世前，將兒子喚了過來，囑咐他說：「我在衛國做官，卻不能夠進薦賢德的蘧伯玉而勸退彌子瑕，是我身為臣子卻沒有能夠扶正君王的過失啊！生前無法正君，那麼死後也無以成禮。我死後，你將我的屍體放在窗下，這樣對我就算完成喪禮了。」

史魚的兒子不敢不從父命，於是在史魚去世後，便將屍體移放在窗下。

衛靈公前來弔喪，見到大臣史魚的屍體竟然被放置在窗下，因而責問史魚的兒子。史魚的兒子於是將史魚生前的遺命告訴了衛靈公。

衛靈公聽後驚愕，說道：「這是我的過失啊！」於是馬上讓史魚的兒子將史魚的屍體按禮儀安放妥當，回朝後，便重用蘧伯玉，接著又辭退了彌子瑕並

賢德之士史魚

史魚也稱史鰍，字子魚，名佗，春秋時衛國（都於濮陽西南）大夫。衛靈公時任祝史，故稱祝佗，負責衛國對社稷神的祭祀。

●史魚尸諫衛靈公

疏遠他。

孔夫子聽到此事後，讚歎道：「古來有許多敢於直言相諫的人，但到死了便也結束了，未有像史魚這樣的，死了以後，還用自己的屍體來勸諫君王，以自己一片至誠之心使君王受到感化，難道稱不上是秉直的人嗎？」

跟對領導前途廣

愛人深者求賢急，樂得賢者養人厚。

【注曰】人不能自愛，待賢而愛之；人不能自養，待賢而養之。

【王氏曰】若要治國安民，必得賢臣良相。如周公攝正輔佐成王，或梳頭、喫飯其間，聞有賓至，三遍握髮，三番吐哺，以待迎之。欲要成就國家大事，如周公憂國、愛賢，好名至今傳說。聚人必須恩義，養賢必以重祿；恩義聚人，遇危難舍命相報。重祿養賢，輒國事必行中正。如孟嘗君養三千客，內有雞鳴狗盜者，皆恭養、敬重。於他後遇患難，狗盜秦國狐裘，雞鳴函谷關下，身得免難，還於本國。孟嘗君能養賢，至今傳說。

【譯文】愛護人才而有深厚感情的，必定求賢似渴；得到賢人而有無窮快樂的，必定待遇豐厚。

【釋評】古人將賢才稱為「國之大寶」。真正有志於天下，誠心愛才的當權者，不但求賢若渴，而且一旦得到治世之才，就不惜錢財，給予豐厚的待遇。因為凡是明主，都知道人才是事業的第一要務。

經典故事賞析

禮賢下士

齊桓公聽說小臣稷是個賢士，渴望與其見面並交談一番。一天，齊桓公連著三次去見他，小臣稷託故不見，跟隨桓公的人說：「主公您貴為萬乘之主，他是個布衣百姓，一天中您來了三次，既然未見他，也就算了吧。」齊桓公頗有耐心地說：「不能這樣，賢士傲視爵祿富貴，才能輕視君主，如果其君主傲視霸主也就會輕視賢士。縱有賢土傲視爵祿，我哪裏又敢傲視霸主呢？」這一天，齊桓公接連五次前去拜見，才得以見到小臣稷。

這天，桓公與管仲在宮內商討征伐莒國的事，還沒行動，消息已在外面傳開。桓公氣憤地對管仲說：「我與仲父閉門謀劃伐莒，沒有行動就傳聞於外，這是什麼原因？」管仲說：「宮中必有聖人。」桓公尋思了一下，說：「是的，白天雇來做事的人中，有一個拿拓杵舂米，眼睛向上看的，一定是他吧？」那人叫東郭郵，等他來到齊桓公跟前，桓公把他請到上位坐下，詢問道：「是你說出我要伐莒的消息吧？」東郭郵果敢地說：「是的，是我。」桓

禮賢下士

齊桓公是一位愛惜人才賢士的君主，只要是有才之人，上至侯王爵士，下至黎民百姓，他都以禮相待。正因為他禮賢下士，才為他的霸業儲備了大量的有用之才。

●齊桓公三次訪賢

公說：「我密謀要伐莒，並未走漏消息，而你也直言伐莒，是何原因？」東郭郵回答：「我聽說過，君子善於謀劃，而小人善於推測。這是我推測出來的。」桓公又問：「你是如何推測出來的？」東郭郵說：「我聽說君子有三種表情，悠悠欣喜是慶典的表情，憂鬱清冷是服喪的表情，紅光滿面是打仗的表情。我看見君主坐在臺上紅光滿面，精神煥發，是打仗的表示。君王長出一口氣卻沒有出聲，看口型應是說莒國，君主舉起手遠指，也是指向莒國的方向，我私下認為小諸侯國中不服君主的只有莒國，因此，我斷定你是在謀劃伐莒。」桓公聽言欣喜地說：「好！你從細微的表情和動作上斷定大事，了不起！我要與你共謀事。」不久，齊桓公就提拔了東郭郵，委以重任。正是齊桓公禮賢下士，選賢任能，才為其霸業儲備了大量的有用人才。

人才濟濟，事業興盛；人才流失，事業必衰

國將霸者士皆歸；邦將亡者賢先避。

【注曰】趙殺鳴犢，故夫子臨河而返；微子去商，仲尼去魯是也。

【譯文】一個國家將要崛起稱霸，天下的人才就會紛紛前來歸附。一個即將滅亡的國家，賢明的人將紛紛逃離故園，避難他鄉。

【釋評】一個國家，如果顯示出即將稱雄四海的景象，有識之士就會爭先恐後，趨之如鶩前來歸順，為之效力；相反的，就要滅亡的國家，賢明的人將紛紛逃離故園，避難他鄉。因為一介草民，即使他才德超群，也不能不顧身家性命，像喪家之犬一樣過日子，只有得到明君的重用，他才會實現自己濟世救民的抱負，否則只好「擇木而棲」。當年孔子想去晉國實現他的政治理想，他和弟子們已經走到了晉國邊境的黃河之濱，聽到趙簡子殺了輔佐他的賢大夫鳴犢，便取消了投靠趙簡子的計劃。所以，從人才的流向，就可以看出一個國家的興亡。

經典故事賞析

羊皮換相

百里奚，字井伯，虞國（今山西陸縣東北）人。此人飽讀詩書，有經世之學，但家境貧寒。他一直想外出謀事，卻又不捨得扔下妻兒。其妻杜氏深明「好男兒志在四方」的道理，支持他外出展現自己的才華。

遊走天下的百里奚輾轉齊、宋兩國，後來當上了虞國的大夫。之後虞國被滅，百里奚便成了晉國的俘虜。

有個叫公孫枝的晉國人告訴秦穆公：「百里奚有治國之才，可惜一直懷才不遇，真所謂英雄無用武之地啊，大王若得此人，必堪大用！」

此時的百里奚已流落到了楚國，在那裏被當作奸細抓住，繼續做看牛養馬

秦穆公與百里奚

秦穆公（？—前621年），春秋時代秦國國君。秦穆公非常重視人才，在位期間獲得了百里奚、蹇叔、丕豹、公孫枝等賢臣的輔佐。

●秦穆公求賢

百里奚是虞國的大夫。晉國滅虞後，晉獻公想重用百里奚，百里奚卻寧死不從。此時，秦穆公派公子縶到晉國代自己去求婚。晉國就讓百里奚做了陪嫁的奴僕。公子縶帶著百里奚等回國時，百里奚卻在半道上逃到楚國，楚國邊境的人捉住了他。

穆公聽說百里奚很有才能，想用重金贖買他，但又擔心楚國不答應，就用五張黑色公羊皮贖回了百里奚。此時百里奚已經七十多歲。穆公親自接見百里奚，與他談了三天，非常高興，把國家政事交給了他。

羊皮換賢

百里奚是秦穆公的宰相，因為他是秦穆公用五張黑公羊皮換來的，又被稱為「五羖大夫」。百里奚出身貧苦百姓家，但勤奮學習，又有才幹，他到過許多國家，都不受重用，最後被秦穆公任命為宰相，成就了大業。

百里奚入秦，為秦國帶去了周先進的文化、政治和耕作技術，使秦國由一個偏僻的小國一舉成為可與晉國、楚國爭高低的強國，位居春秋五霸，為以後秦國兼併六國、統一中國，奠定了基礎。

的奴僕。求賢心切的秦穆公聽從公孫枝的勸說，打聽清楚百里奚的下落後，用五張羊皮將百里奚換回。

幾番深入長談之後，秦穆公心悅誠服，感到百里奚確實是一位難得的治國奇才，便誠懇地請他當相國。百里奚告訴穆公：「我的朋友蹇叔要比我強許多，大王要是想闖一番大事業，就把他請來吧！」秦穆公立即派公子縶前去聘請蹇叔，秦穆公與蹇叔一番談論，亦是心悅誠服。第二天，秦穆公便拜蹇叔為右相，百里奚為左相，在二人的協助下，秦國經濟和軍事實力快速提升，很快稱霸諸侯。

英明少主漢昭帝

漢昭帝即位後，他的同父異母兄長燕王劉旦，因為沒有當上皇帝，心裏怨恨不已，想把輔政大臣霍光除掉。反對霍光的勢力和燕王劉旦相勾結，密謀策劃先擠垮霍光，再廢昭帝擁立燕王為帝。燕王劉旦恨不得馬上當皇帝，就催上官桀等人早點想辦法動手。以燕王劉旦為首的政變集團，在暗中布下了羅網，就等著霍光往裏鑽了。

有一天，霍光出長安城去檢閱御林軍（皇帝的近衛隊）操練，並調一名校尉（僅次於將軍的軍職）到大將軍府裏來。上官桀等人認為這是整垮霍光的好機會，於是乘機假冒燕王劉旦的名義給昭帝上書，狀告霍光。他們一告霍光出城集合御林軍操練，一路上耀武揚威，坐著像皇帝出巡時一樣的車馬，違反禮儀規定，不像個大臣的樣子。二告霍光擅自作主張，私自調用校尉，有圖謀不軌的嫌疑。最後還表示燕王願交還大印，回到宮裏來保護皇上，並幫皇上查處奸臣作亂的陰謀等。昭帝看了告狀信後，未置可否，把此事先放下了。

第二天早朝時，霍光已知道被誣告，就不敢上朝，留在偏殿裏等待昭帝的處置。昭帝一上朝，沒有看見霍光，馬上問：「大將軍怎麼沒來上朝？」上官桀立即回答說：「大將軍因被燕王告發，心虛不敢進來了。」漢昭帝派人去叫霍光進來。霍光心裏忐忑不安，脫下帽子叩頭請罪說：「臣罪該萬死！請皇上發落。」

漢昭帝當著滿朝文武的面對霍光說：「大將軍戴上帽子，請起來。我知道這封告狀信是假的，你沒有過錯。」

霍光聽了小皇帝的話後，又驚又喜，問昭帝：「陛下怎麼知道信是假的呢？」昭帝說：「你出京城閱兵，只是近幾天的事，選調校尉也不過十天，可

英明少主漢昭帝

漢昭帝（前94-前74年），原名劉弗陵，即位後以難避諱的緣故更名劉弗，「弗」字避諱「不」。劉弗陵，漢武帝少子，武帝死後繼位。劉弗陵繼位時年僅八歲，遵照武帝遺詔，由霍光輔政，在位十三年，病死，終年二十一歲。葬於平陵（今陝西省咸陽市西北十三里處）。

●誅殺上官桀

漢昭帝繼位時年僅八歲，遵照武帝遺詔，由霍光輔政，因霍光大權獨攬，與很多大臣結怨。左將軍上官桀、桑弘羊和霍光不和，多次設計陷害霍光。

霍光，字子孟，約生於漢武帝元光年間，卒於漢宣帝地節二年（前68年）。漢族，河東平陽（今山西臨汾市）人。是漢昭帝的輔政大臣，執掌漢室最高權力近二十年，為漢室的安定和中興建立了功勳，成為西漢歷史發展中的重要政治人物。

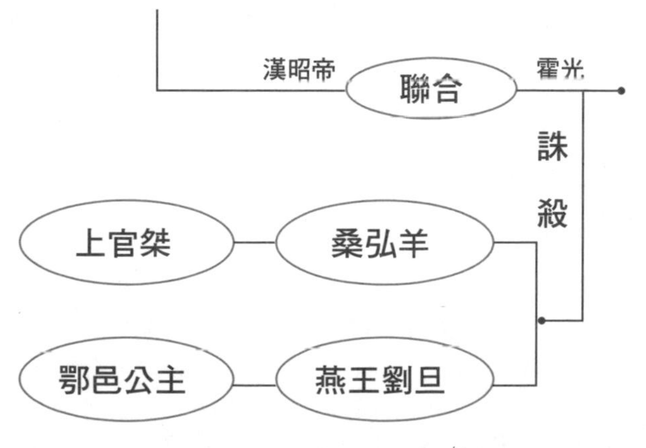

是燕王遠在北方，怎麼就知道了呢？就算知道了，立即寫信派人送來，恐怕現在也不能到達。如果大將軍真的要作亂，也用不著調一個校尉。這件事明擺著是有人想陷害你。我雖然只有十四歲，但也不會上這種當的。」聰明機智的漢昭帝下令追查冒名偽造信件的人。上官桀等人焦急不安，怕查下去會暴露自己的陰謀，就勸昭帝說：「這點小事算了，不必再追查了吧！」昭帝不僅沒有鬆口，反而更加懷疑上官桀等人了。

上官桀等人陷害霍光的目的沒有達到，不肯就此罷休，還是經常在昭帝面前說霍光的壞話，昭帝不僅不聽，反而大發脾氣，警告他們說：「先帝臨終前託大將軍輔佐我治理國家。他為國效力，忠心不貳，這是臣民有目共睹的，以後再有人毀謗他，我一定要從嚴懲處了。」這樣上官桀等人想借皇帝的手來除掉霍光的陰謀也破滅了。

殷末三賢之一——箕子

箕子是商末貴族，商紂王的叔叔，與微子、比干齊名，史稱「殷末三賢」。

相傳商紂王性情怪僻，暴虐無道，整天酗酒淫樂，揮霍無度。紂王的叔父箕子，見紂王這般無道，苦心諫阻，反被紂王囚禁起來，貶為奴隸。

箕子見成湯所創六百年江山即將斷送在紂王手中，心痛如割，索性割髮裝癲，每日裏只管彈唱《箕子操》曲以發洩心中悲憤。後來周武王滅了紂王，箕子便趁亂逃往陵川隱居。

箕子在陵川的棋子山上，用那些天然的黑白兩色石子擺卦占方，藉以觀測天象，未曾想不知不覺演繹出了圍棋，於是經常與其弟子們開局對壘。

有一次，求賢若渴的周武王訪道太行，在陵川找到了箕子，懇切請教治國的道理，箕子便將夏禹傳下的「洪範九疇」告訴了武王。武王聽了，十分欽佩，就想請箕子出山治理國事。無奈，箕子不從。武王走後，他便率領弟子與一批商的後裔匆匆離開陵川向東方而去。從此陵川便留下了箕子履跡的傳說，棋子山也被人們稱作謀棋山、謀棋嶺。

據說，箕子一行到了黃海邊，便乘了木筏向東漂去。幾天後登上一島，因見山明水秀，芳草連天，一派明麗景象，便將那地方叫作朝鮮。從此，箕子帶領的五千餘人在那裏定居下來。

相傳箕子到朝鮮後便建築房屋、開墾農田、養蠶織布、燒陶編竹，還施用八種簡單的法律，來防止和解決人們的爭執，並把故國的文化傳播開來，把圍

殷末賢人箕子

無論做人做事，都不可以忽略細枝末節，禍害的產生都有它的萌芽狀態，及時發現即可避免。防微杜漸，防患於未然。

●賢者見微知著

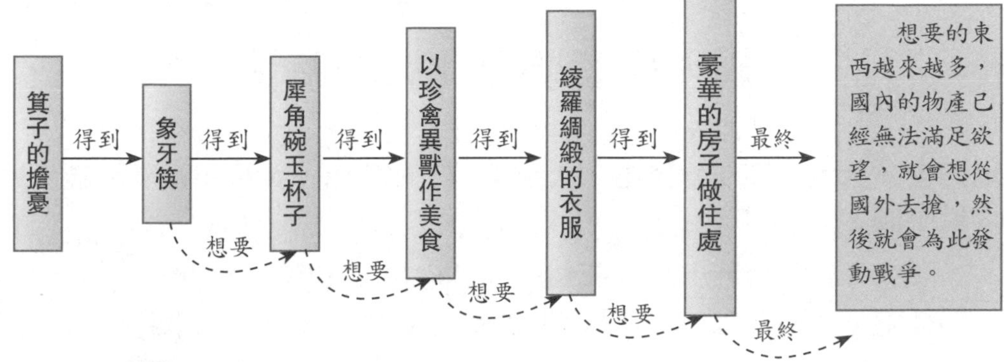

箕子，文丁的兒子，帝乙的弟弟，紂王的叔父，官太師，封於箕（今山西太谷、榆社一帶），名胥餘。作為中華第一哲人，在商周政權交替與歷史大動蕩的時代中，因其道之不得行，其志之不得遂，「違衰殷之運，走之朝鮮」，建立東方君子國，其流風遺韻，至今猶存。

千里之堤潰於蟻穴

千里長堤看似十分牢固，卻會因為一個小小蟻穴而崩潰。警示世人，事情的發展是一個由小到大的過程，當存在微小的安全隱患時，如果不給予足夠的重視和及時正確的處理，就會留下無窮的後患。所以，我們要從小事做起，及時處理不安全因素，避免事故或災難的發生。

棋傳向四面八方。

後來當周武王知道箕子遠避東方時，便派人到朝鮮封箕子做朝鮮的國君，並邀請箕子回鄉探望。箕子做朝鮮國君兩年後，回到國都朝見天子。在途經商故都時，他悲吟道：「麥秀漸漸兮，禾黍油油。彼狡童兮，不與我好兮！不與我好兮！」

成大事者要有開闊的胸懷

地薄者，大物不產；水淺者，大魚不游；樹禿者，大禽不棲；林疏者，大獸不居。

【注曰】此四者，以明人之淺則無道德；國之淺則無忠賢也。

【王氏曰】地不肥厚，不能生長萬物；溝渠淺窄，難以游於鯨鰲。君王量窄，不容正直忠良；不遇明主，豈肯盡心於朝。高鳥相林而棲，避害求安；賢臣擇主而佐，立事成名。樹無枝葉，大鳥難巢；林若稀疏，虎狼不居。君王心志不寬，仁義不廣，智謀之人，必不相助。

【譯文】貧瘠的土地，不會長出高大的植物；低淺的窪地，不可能有大魚游弋其中；枝葉稀疏的樹上，不會有大鵬鷹隼這樣的鳥類棲息；樹木稀疏的林子，猛虎也不會徜徉其中。

【釋評】身為領導者，最重要的是具有大度的胸懷。如果領導者胸襟狹窄，嫉賢妒能，一旦遇到比自己強的下屬則會打壓排斥，以捍衛自己的地位。

經典故事賞析

橫行不法魚朝恩

唐朝中後期，宦官專權愈演愈烈。其中深受唐代宗寵幸的魚朝恩便是典型一例。

由於皇帝的寵幸，在平時上朝議事時，魚朝恩常常自恃功高，專橫跋扈，擺出一副唯我獨尊的架子，動輒訓斥文武。

宰相元載及其他大臣無不屏息靜聽，默不作聲。

魚朝恩在所統領的神策軍中私設監獄，暗中唆使一些惡少隨意抓捕富人，抄其家、判其刑，把抄沒的家產攫為己有。後來甚至對進京趕考的讀書人也不

橫行不法魚朝恩

權勢可以使人腐化，權勢到手確實令人興奮，但稍有不慎又會讓人大禍臨頭，最後淪落到不如普通的老百姓的地步。盛極必衰，因而對於權勢不可過貪。

魚朝恩

魚朝恩（722-770年），肅宗乾元元年（758年）任觀軍容宣慰處置使等職，負責監領九個節度使的數十萬大軍。唐軍收復洛陽後，魚朝恩被封為馮翊郡公，開府儀同三司。代宗廣德元年（763年），吐蕃兵進犯，代宗出逃陝州（今河南三門峽西）。魚朝恩以保駕有功，被拜為天下觀軍容宣慰處置使，並統率京師神策軍。後領國子監事，兼鴻臚、禮賓等使，掌握朝廷大權。干預政事，懾服百官，不把皇帝放眼裏，貪賄勒索。置獄北軍，人稱地牢，迫害無辜。宰相元載知道代宗對其不滿，於是與皇帝謀劃除掉他。大曆五年（770年）三月癸酉寒食節，唐代宗乘宮中宴會後召見之機，捕殺魚朝恩。

人在得勢的時候，就算是上天都有梯子；等一失勢，就會一落千丈。早上還欣欣向榮，晚上就衰落了，變化就在一個反轉手掌的瞬間。火勢再大也會熄滅，雷聲再響也會停止。

放過，只要探明哪個人帶有大量錢物進城，就從旅店中將其抓來嚴刑拷打，定成死罪將錢財沒收。

一時間京城之中人人畏懼。朝野上下，高官百姓都對魚朝恩倚仗主寵飛揚跋扈的行徑深惡痛絕。鑑於魚朝恩的專橫不法對皇權構成了威脅，唐代宗決心除去魚朝恩，在宰相元載協助下設計將魚朝恩抓獲。

魚朝恩不服罪，竟與代宗頂撞起來。唐代宗勃然大怒，處死了魚朝恩。

謙受益，滿招損

山峭者崩，澤滿者溢。

【注曰】此二者，明過高、過滿之戒也。

【王氏曰】山峰高嶮，根不堅固，必然崩倒。君王身居高位，掌立天下，不能修仁行政，無賢相助，後有敗國、亡身之患。池塘淺小，必無江海之量；溝渠窄狹，不能容於眾流。君王治國心量不寬，恩德不廣，難以成立大事。

【譯文】一座山太過直立高聳了，就容易崩塌；一個湖泊太滿了，水就會溢出來。

【釋評】謙虛無論是於身還是於國於家，都是有百利而無一弊的。虛心使人進步，驕傲使人落後。

經典故事賞析

放低姿態，可得真知

子曰：「三人行必有我師。」以孔子這樣的千古聖人尚能不恥下問，何況儕輩凡夫俗子。「滿招損，謙受益」，這是永遠顛撲不破的真理。

大海不擇細流，故能成其汪洋；泰山不擇塵土，故能成其崔嵬。

有位丹青愛好者千里迢迢來到法門寺向住持釋圓和尚訴說：「我一心一意要學丹青，但至今沒有找到一個滿意的師傅，許多人都是徒有虛名，有的畫技甚至還不如我。」

釋圓和尚聽了淡淡一笑，要求其現場作畫給他看。繪畫者問畫什麼，釋圓說：「老僧平素最大的嗜好就是品茗，施主就為我畫一把茶壺一個茶杯吧！」年輕人寥寥幾筆就畫完了，一把傾斜的茶壺正徐徐吐出一脈茶水來，源源不斷地注入到茶杯中，畫得栩栩如生。沒想到和尚說：「施主你畫錯了，應該把杯子置於在茶壺之上才是。」年輕人說：「沒有錯啊，大師糊塗了嗎，哪有杯子比茶壺擺得高的，茶杯高於茶壺，如何倒得進去水呢？」釋圓哈哈大笑：「原來你懂得這個道理啊！你渴望自己的杯子裏能夠注入那些丹青高手的香茗，但你總是將自己的杯子放得比那些茶壺還要高，香茗怎麼注入你的杯子裏？」釋圓和尚是想告訴年輕人，只有放低姿態，才可得到一脈流水，人只有把自己放低，才能學習別人的智慧和經驗。年輕人聽後恍然大悟，拜謝離去。

謙受益，滿招損

常言道：「滿招損，謙受益。」就是告誡人們做人要抱著「致虛守靜」的態度。只知進而不知退，善爭不善讓，會招致災難。滿之忍就是提倡謙虛、謹慎的美德。

●滿之忍

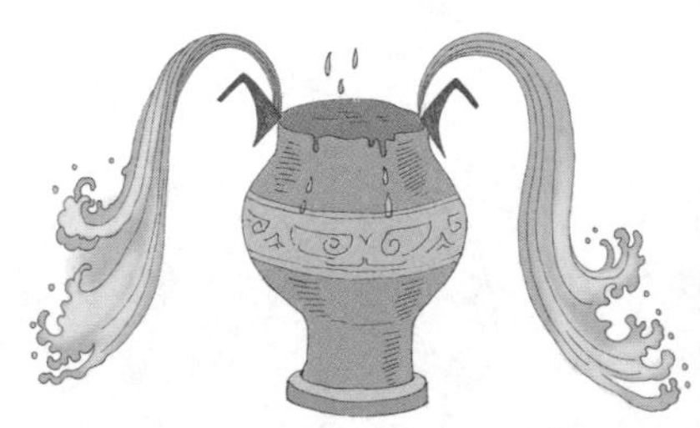

滿之忍，就是忍自負、驕傲、自滿的情緒，謙虛好學，小心謹慎。謙虛往往能得到友善的對待，對社交、學習都有益處。

●古人警言

不自重者取辱，不自畏者招禍。不自滿者受益，不自是者博聞。謙虛謹慎自矜其智非智也，謙讓之智斯為大智；自矜其勇非勇也，謙讓之勇斯為大勇。

——《弟子箴言·崇禮讓》

有一分謙退，便有一分受益處；有一分矜張，便有一分挫折來。——《弟子箴言·崇禮讓》

器滿則益，人滿則喪。——林逋

讓名者名歸之，讓利者利歸之。——《弟子箴言·崇禮讓》

謙虛日久人人愛，驕傲日久成孤人。——諺語

戰國時期，魏昭王求賢，郭隗是這樣建議的：你把別人當作老師，那麼比自己強百倍的人就會到來；你把別人當成朋友，那麼比自己強十倍的人就會到來；你把別人當成部屬，那麼和自己能力差不多的人就會到來；如果頤指氣使，怒吼呵斥，那麼招來的只能是廝役和奴隸。

慧眼識人

棄玉取石者盲。

【注曰】有目與無目同。

【王氏曰】雖有重寶之心，不能分揀玉石；然有用人之志，無智別辨賢愚。商人探寶，棄美玉而取頑石，空廢其力，不富於家。君王求士，遠賢良而用讒佞；枉費其祿，不利於國。賢愚不辨，玉石不分；雖然有眼，則如盲暗。

【譯文】丟棄寶玉而將石頭抱回家的人與瞎子沒有什麼兩樣。

【釋評】金無足赤，再優秀的人才，若得不到發掘都是未經雕琢的璞玉。唯具有慧眼的伯樂才能識別出其美玉的潛質。

經典故事賞析

卞和泣玉

戰國時期，楚國有一個樵夫，名叫卞和，他年輕力壯，還有著高超的識玉眼力。一天，卞和在荊山打柴時，發現了一塊璞玉。他想：國庫裏缺少寶玉，整個國家就空然如洗，我何不把這塊璞玉獻給社稷？

他第一次將那塊璞玉敬獻國君楚厲王。誰知楚厲王有眼無珠，非但不獎賞卞和，還說卞和以石充玉欺騙君王，當即命人砍下卞和的一隻腳。

楚厲王死後，楚武王繼位，卞和再次進殿獻寶，誰知，由於鑑玉官從中作梗，二次獻寶又沒成功，卞和又被砍掉了另一隻腳。

儘管如此，卞和獻寶之心仍未泯滅。武王死後，楚文王繼位，卞和因失去雙足難以進京獻寶，便抱著璞玉在荊山腳下哭了三天三夜，眼淚流乾了，淌下滴滴鮮血來。

卞和的獻寶之心，感動了文王，派人把他接到都城。楚文王是位明君，獨具慧眼，當卞和獻上璞玉後，他一眼便認定那是塊珍寶，經人略加琢磨，便寶

卞和

卞和，又作和氏，春秋楚國人。《韓非子．和氏》記載，卞和於荊山上伐薪偶爾得一璞玉，先後獻於楚厲王、楚武王，卻遭楚厲王、楚武王分別砍去左右腳，後「泣玉」於荊山之下，始得楚文王識寶，琢成舉世聞名的「和氏璧」。

●卞和泣玉

戰國時期，樵夫卞和在荊山打柴時，發現了一塊璞玉。於是他決定將這塊璞玉獻給國君楚厲王。

楚厲王卻以「爛石充玉欺君」之罪，砍掉卞和一隻腳。楚厲王死後，卞和再次獻寶，無奈獻寶不成，卻又失去另一隻腳。

後來楚文王繼位，卞和因失去雙足難以進京獻寶，便抱著璞玉在荊山腳下哭了三天三夜，眼淚流乾了，淌下滴滴鮮血來。

當明君楚文王看到璞玉後，便認定是塊珍寶。後經人略加琢磨，便寶光四射。為表彰卞和，楚文王將這塊珍寶命名為「和氏之璧」。

光四射，美妙無比。

楚文王為了表彰卞和三番兩次冒死獻寶的壯舉，遂將這塊珍寶命名為「和氏之璧」。後來，這塊「和氏之璧」幾經流傳，落到了趙惠文王手裏。秦昭襄王也想要這塊「和氏之璧」，願以十五座城池來換取和氏璧。這樣，和氏璧「價值連城」的聲名就傳開了。

買櫝還珠

一個楚國人，他有一顆漂亮的珍珠，他打算把這顆珍珠賣出去。為了賣個好價錢，他便動腦筋要將珍珠好好包裝一下，他覺得有了高貴的包裝，那麼珍珠的「價值」就自然會高起來。

這個楚國人找來名貴的木蘭，又請來手藝高超的匠人，為珍珠做了一個盒子（即櫝），用桂椒香料把盒子薰得香氣撲鼻。然後，在盒子的外面精雕細刻了許多好看的花紋，還鑲上漂亮的金屬花邊，看上去，閃閃發亮，實在是一件精致美觀的工藝品。這樣，楚人將珍珠小心翼翼地放進盒子裏，拿到市場上去賣。

到市場上不久，很多人圍上來欣賞楚人的盒子。一個鄭國人將盒子拿在手裏看了半天，愛不釋手，最後出高價將楚人的盒子買了下來。鄭人交過錢後，便拿著盒子往回走。可是沒走幾步他又回來了。楚人以為鄭人後悔了要退貨，沒等楚人想明白，鄭人已走到楚人跟前。只見鄭人手捧著打開的盒子，將裏面的珍珠取出來交給楚人說：「先生，您將一顆珍珠忘放在盒子裏了，我特意回來還珠子的。」於是鄭人將珍珠交給了楚人，然後低著頭一邊欣賞著木盒子，一邊往回走。

楚人拿著被退回的珍珠，十分尷尬地站在那裏。

虛有其表者終將原形畢露

羊質虎皮者柔。

【注曰】有表無裏，與無表同。

【王氏曰】羊披大蟲之皮，假做虎的威勢，遇草卻食；然似虎之形，不改羊之性。人倚官府之勢，施威於民；見利卻貪，雖妝君子模樣，不改小人非

不分主次，取捨不當

做事要有眼光，不要不分主次，買櫝還珠。同樣，做事之前要思考仔細，儘量去粗取精！

為。羊食其草，忘披虎皮之威。人貪其利，廢亂官府之法，識破所行譎詐，返受其殃，必招損己、辱身之禍。

【譯文】倚恃權勢、狐假虎威而自身沒有本事的人，本質是虛弱的、不堪一擊的。

【釋評】成就大事者往往低調做人，而那些狐假虎威者往往愛虛張聲勢。虛有其表者往往經不住誘惑和磨難的考驗。正如披上虎皮的羊，看到青草就狂喜，一旦豺狼靠近則顫抖不已。這就是牠們的本質。

經典故事賞析

狐假虎威

戰國時代，楚國最強盛的時候，當時北方各國都懼怕楚宣王手下的大將昭奚恤，楚宣王感到奇怪，便問朝中大臣，這究竟是為什麼。當時，有一位名叫江乙的大臣，向他敘述了下面這段故事：

「從前在一個山洞中有一隻老虎，因為肚子餓了，便跑到外面尋覓食物。當牠走到一片茂密的森林時，忽然看到前面有隻狐狸正在散步。牠覺得這正是個千載難逢的好機會，於是身子一躍撲過去，毫不費力地將狐狸擒住。可是當牠張開嘴巴，正準備把那只狐狸吃進肚子裏的時候，狡猾的狐狸突然說話了：『哼！你不要以為自己是百獸之王，便敢將我吞食掉；你要知道，天帝已經命令我為王中之王，無論誰吃了我，都將遭到天帝極嚴厲的制裁與懲罰。』老虎聽了狐狸的話，半信半疑，可是，當牠斜過頭去，看到狐狸那副傲慢鎮定的樣子，心裏不覺一驚。原先那股囂張的氣焰和盛氣凌人的態勢不覺消失了大半。雖然如此，牠心中仍然在想：「我是百獸之王，所以天底下任何野獸見了我都會害怕。而牠，竟然是奉天帝之命來統治我們的！」這時，狐狸見老虎遲疑著不敢吃牠，知道老虎對自己的那一番說辭已經有幾分相信了，於是神氣十足地挺起胸膛，指著老虎的鼻子說：『怎麼，難道你不相信我說的話嗎？那麼你現在就跟我來，走在我後面，看看所有野獸見了我，是不是都嚇得魂不附體，四處逃竄。』老虎覺得這個主意不錯，便照著去做了。於是，狐狸大模大樣地在前面開路，老虎則小心翼翼地在後面跟著。沒走多久，隱約看見森林的深處，有許多小動物正在那兒爭相覓食。當牠們發現走在狐狸後面的老虎時，不禁大驚失色，狂奔四散。這時，狐狸得意地掉過頭去看看老虎。老虎目睹這種情形，也嚇得心驚膽戰，牠並不知道野獸怕的是自己，而以為牠們真是怕狐狸呢！狡狐之計得逞了，牠假借老虎的威勢去威脅群獸，而那可憐的老虎被愚弄了，卻還不自知呢！因此，北方人民之所以畏懼昭奚恤，完全是因為大王的兵權掌握在他的手裏，那也就是說，他們畏懼的其實是大王的權勢呀！」

從上面這個故事，我們可以知道，凡是藉著權威的勢力欺壓別人，或藉著

有表無裏，與無表同

倚恃權勢、狐假虎威而自身沒有本事的人，本質是虛弱的、不堪一擊的。

●江乙對楚宣王

楚宣王時期，當時北方各國都懼怕他的手下大將昭奚恤，楚宣王感到奇怪。於是朝中大臣江乙為他講了一個「狐假虎威」的故事。

職務上的權力作威作福的，都可以用「狐假虎威」來形容。

成大事要把握關鍵

衣不舉領者倒。

【注曰】當上而下。

【王氏曰】衣無領袖，舉不能齊；國無紀綱，法不能正。衣服不提領袖，倒亂難穿；君王不任大臣，紀綱不立，法度不行，何以治國安民？

【譯文】提起一件衣服，不去抓它的衣領，自然會把衣服拿倒。

【釋評】射人先射馬，擒賊先擒王。做事善抓關鍵者往往能有大成。

經典故事賞析

周亞夫善抓關鍵

周亞夫是周勃的兒子，被文帝封為條侯，接續絳侯的爵位。

西元前158年，匈奴大舉入侵邊境。為了防備匈奴，文帝任命宗正劉禮為將軍，駐軍霸上；任命祝茲侯徐厲為將軍，駐軍棘門；任命河內郡守周亞夫為將軍，駐軍細柳。

有一次，皇帝親自去慰勞軍隊。到了霸上和棘門的軍營，一路奔馳進入，從將軍到下屬官兵都騎馬迎送。最後到達細柳軍營，軍中官兵都身披鎧甲，弓弦拉滿。天子的前導來到軍營，卻被擋在外面。

前導說：「天子就要到了！」

軍門都尉說：「我們將軍命令說『在軍中只能聽將軍的命令，不聽天子的詔令』。」

不久，皇帝到了，守門的士官仍然不讓進入。

於是皇帝派使者手持符節下詔令給將軍：「我要進去慰勞軍隊。」亞夫這才命令打開軍營大門。

營門的守衛士官對皇帝的車馬隨從說：「將軍有規定，軍營裏不准驅馬奔馳。」

於是天子就拉緊轡繩緩緩行進。到了營中，周亞夫手拿武器拱手行禮說：「穿戴盔甲的將士不能跪拜，請允許我以軍禮參見皇上。」天子為之感

父子兩代功臣

周勃與周亞夫父子對漢朝初年的國家穩定貢獻很大，都被封侯，成為繼「漢初三傑」之後功勞最大的人。

●周氏父子

周勃

周亞夫

誅呂安劉

周勃隨劉邦起兵反秦，以軍功拜為將軍，他屢建戰功，於漢高祖六年（前201年），受封絳侯。劉邦死前預言「安劉氏天下者必勃也」。呂后死後，周勃與陳平等合謀智奪呂祿軍權，一舉謀滅呂氏諸王，擁立文帝。

爵位：絳侯

平定「七國之亂」

漢景帝時，吳、楚等諸侯起兵叛亂，漢景帝派周亞夫率軍平叛。他統率漢軍，三個月就平定了叛軍。「七王之亂」的平定，維護了西漢王朝的統一，加強了中央集權。

爵位：條侯

細柳閱兵揚英名

漢文帝時，匈奴進犯北部邊境，文帝急忙調邊將鎮守防禦。他任命宗正劉禮為將軍，駐軍霸上；任命祝茲侯徐厲為將軍，駐軍棘門；任命河內郡守周亞夫為將軍，駐軍細柳。

文帝有一次前去視察，見周亞夫治軍有方，不禁感嘆道：「這才是真正的將軍呀！之前在霸上和棘門軍營看到的，簡直就像兒戲一般，他們的將軍如此就可能受襲擊而被敵兵俘虜。至於亞夫，敵人怎麼能去侵犯他呢！」他告訴當時還是太子的漢景帝，以後關鍵時刻可以用周亞夫，所以後來才有周亞夫平定「七國之亂」之功。

動，面容馬上變得莊重起來。勞軍的禮儀結束之後，一出營門，群臣都露出驚怪之色。

文帝非常稱讚亞夫說：「這才是真正的將軍呀！之前在霸上和棘門軍營看到的，簡直就像兒戲一般，他們的將軍如此就可能受襲擊而被敵兵俘虜。至於亞夫，敵人怎麼敢去侵犯他呢！」

邁開腳步要看路

走不視地者顛。

【注曰】當下而上。

【王氏曰】舉步先觀其地，為事先詳其理。行走之時，不看田地高低，必然難行；處事不料理上順與不順、事之合與不合，逞自恃之性而為，必有差錯之過。

【譯文】走路不看地面，一定會摔倒。

【釋評】一個人在行走時，要清楚辨認前方的道路是對還是錯，不要把方向弄錯了。一個人在做事時，看清形勢再做正確的決定。千萬不要只顧低頭走路、埋頭苦幹，等到自己摔個大跤才仔細看看地面，為時晚矣。

經典故事賞析

張賓運籌帷幄安國邦

西元300年邢臺大地上有一個叫張賓的人，他幫助羯族人石勒在襄國（河北邢臺）建立了後趙（319—352年），得以成為開國功勳，將自己的名字刻在了青史上。

張賓飽讀史書，活學活用，不拘泥於章句，從中汲取了諸多經驗。他評價自己的謀略不在張良之下，只是沒有遇到像漢高祖劉邦這樣的君主，因而抱負得不到施展。

西晉八王之亂時，石勒是劉淵的輔漢將軍，與諸將攻占山東。當張賓見到石勒，一番觀察之後他對自己親近的人說：「我看過的將領很多，只認為這個胡人將軍可以和他共謀大事。」於是張賓提著自己的寶劍來到石勒的軍門前，大呼求見。張賓投到石勒門下，但石勒並沒有馬上器重他。直到張賓有機會顯

張賓與石勒

張賓為石勒運籌帷幄，「算無遺策」。石勒吞併王彌、智取王浚、放棄江漢在襄國建立根據地等，都是採納張賓計策取得的成果。石勒建立後趙政權後，其治國方略也是主要由張賓制定的。

●張賓運籌帷幄安國邦

石勒是羯人，剛參加起義時其重要力量也主要是羯人。自投奔劉淵後，他刻意發展自己的實力，注意網羅和重用漢族士人。他把漢族士人集中起來，編為「君子營」，讓他們為自己出謀劃策。

趙郡人張賓後來成為他最得力的謀士

示他如張良、諸葛亮般的智謀「算無遺策」，石勒這才開始倚重他，把張賓當成自己的倚靠對他言聽計從，且稱他為「右侯」。

永昌元年（322年），張賓去世。石勒追贈張賓為散騎常侍、右光祿大夫、儀同三司，謚曰景，配享丞相同等待遇。下葬時，石勒送於正陽門，望之流淚，回顧左右說：「難道上天不想成就我的事業嗎？為什麼要如此之早奪走我的右侯呢？」

張賓死後，石勒與程遐等議事，常常會有不合他心意的事發生。石勒這時候自然就想起了張賓，他感嘆說：「右侯捨我而去，讓我和這樣的人共事，真是一件痛苦的事情啊！」

張賓不僅是東晉一流的謀士，也是中國歷史上謀士的傑出代表，史書稱其一生「機不虛發，算無遺策，成勒之基業，皆賓之勳也」。

《晉書‧石勒載記‧張賓》記載：「封濮陽侯，任遇優顯，寵冠當時，而謙虛敬慎，開襟下士。」成語「謙虛敬慎」就來源於張賓的事跡。

好領導者還需好幫手

柱弱者屋壞，輔弱者國傾。

【注曰】才不勝任謂之弱。

【王氏曰】屋無堅柱，房宇歪斜；朝無賢相，其國危亡。梁柱朽爛，房屋崩倒；賢臣疏遠，家國傾亂。

【譯文】支撐房屋的柱子不堅固，房子就會倒塌；輔佐國君的大臣不勝任，國家就會衰敗。

【釋評】以柱弱房倒來比喻輔佐朝政的大臣如果軟弱無能，國家必將傾覆。稱霸春秋的齊桓公其實並不是一個十分賢德的明君，只是由於管仲的才幹和謀略才使他得以「一匡天下」。管仲一死，齊國大亂，桓公橫屍數月，蛆蟲滿地都無人安葬；伍子胥輔吳，吳國滅越敗楚，威震中原，子胥一死，吳國亦亡。這又從反面證明，將相乃君王之左膀右臂，將相強則國亦強，將相無能，國家怎麼可能強大呢？

經典故事賞析

唐太宗治國

唐太宗李世民在位時期，非常器重正直的魏徵，任命他做諫議大夫。

有一年，唐太宗派人徵兵。有個大臣建議，不滿十八歲的男子，只要身材高大，也可以徵用。唐太宗同意了。但是詔書被魏徵扣住不發。唐太宗催了幾次，魏徵還是扣住不發。唐太宗大發雷霆。魏徵不慌不忙地說：「我聽說，把湖水弄乾捉魚，雖能得到魚，但是到明年湖中就無魚可撈了；把樹林燒光捉

任人唯賢，平治天下

齊家、治國、平天下是每個帝王或者聖人去做的事情，如何平天下，是要天下的人、事、物都能夠得其平。

●太宗納諫

我好比山中的一塊礦石，礦石在深山是一塊廢物，但經過匠人的鍛煉，就成了寶貝。魏徵就是我的匠人！

隋煬帝就是因為常常責怪百姓不獻食物，或者嫌進獻的食物不精美，遭到百姓反對而滅亡了。陛下應該從中吸取教訓，兢兢業業，小心謹慎。

若不是你，我就聽不到這樣中肯的話了。

魏徵一生對唐太宗勸諫無數，使得唐太宗時期出現盛世，唐太宗對魏徵的評價很高。

野獸，也會捉到野獸，但是到明年就無獸可捉了。如果把那些身強力壯、不到十八歲的男子都徵來當兵，以後還從哪裏徵兵呢？國家的租稅雜役，又由誰來負擔呢？」良久，唐太宗說道：「我的過錯很大啊！」於是重新下了一道詔書，免徵不到十八歲的男子。

一次，唐太宗從長安到洛陽，中途在昭仁宮休息，因為對他的用膳安排不周到而大發脾氣。魏徵當面批評唐太宗說：「隋煬帝就是因為常常責怪百姓不獻食物，或者嫌進獻的食物不精美，遭到百姓反對，滅亡了。陛下應該從中吸取教訓，兢兢業業，小心謹慎。如能知足，今天這樣的食物陛下就應該滿足了，如果貪得無厭，即使食物好一萬倍，也不會滿足。」唐太宗聽後不覺一驚，說：「若不是你，我就聽不到這樣中肯的話了。」

唐太宗曾說：「我好比山中的一塊礦石，礦石在深山是一塊廢物，但經過匠人的鍛煉，就成了寶貝。魏徵就是我的匠人！」

保存元氣的重要性

足寒傷心，人怨傷國。

【注曰】夫沖和之氣，生於足，而流於四肢，而心為之君，氣和則天君樂，氣乖則天君傷矣。

【王氏曰】寒食之災皆起於下。若人足冷，必傷於心；心傷於寒，後有喪身之患。民為邦本，本固邦寧；百姓安樂，各居本業，國無危困之難。差役頻繁，民失其所；人生怨離之心，必傷其國。

【譯文】腳冷了易傷及心臟，百姓有怨離之心就會傷害國本。

【釋評】百姓乃一國之本，根固則國強，根搖則國衰。每個朝代，凡政治清明、貪官斂跡之時，必定國富民強。反之，則國破民亡。

經典故事賞析

文帝之治

漢文帝即位後，繼續執行與民休息的政策。文帝十分重視農業生產，他曾兩次「除田租稅之半」，即租率減為三十稅一，前十三年還全部免去田租。他多次下詔勸課農桑，按戶口比例設置三老、孝悌、力田若干員，經常給予他們

保存元氣的重要性

百姓乃一國之本，根固則國強，根搖則國衰。每個朝代，凡政治清明、貪官斂跡之時，必定國富民強。反之，則國破民亡。

●根固則國強

漢初統治者，漢文帝堅持「清靜無為」、「躬修節儉」，實行輕徭薄賦的政策，結果減少了人力物力的浪費，解決了秦過分剝削農民、破壞合理的權利和界限的根本問題，這樣，就開創了一個「吏安其官，民樂其業」的良好社會環境。

賞賜，以鼓勵人民發展生產，還透過各種稅收優惠政策鼓勵人民開荒種地。在工商業方面，文帝開放本來歸國家所有的山林川澤，大大促進了農牧業和與國計民生有重大關係的鹽鐵業發展。這種種政策，減輕了農民的負擔，使工商業得到發展，國家的儲備也充足了。文帝知人善任，虛心納諫，開創了文景盛世的繁榮局面。

周厲王止謗

周厲王是有名的暴君，國都裏的人公開指責他。召公報告厲王說：「百姓不能忍受君王的命令了！」周厲王大怒，於是找到衛國的巫者，派他前去監視公開指責自己的人。巫者將這些人報告給厲王，厲王就將他們一個個都殺掉。國都裏的人因為怕遭殺害所以都不敢說話，路上遇見彼此也只是用眼睛互相望一望而已。厲王高興了，告訴召公說：「我能止住謗言了，大家終於不敢說話了。」召公說：「這是堵他們的口。堵住百姓的口，比堵住河水更厲害。河水堵塞而沖破堤壩，傷害的人一定很多，百姓的口也像河水一樣。所以，治理河水的人，要疏通它，使它暢通；治理百姓的人，要放任他們，讓他們講話。因此，天子治理政事，命令公、卿以至列士獻詩，樂官獻曲，史官獻書，少師獻箴言，瞍者朗誦詩歌，矇者背誦典籍，各類工匠在工作中規諫，百姓請人傳話，近臣盡心規勸，親戚彌補監察，太師、太史進行教誨，元老大臣整理闡明，然後君王考慮施行。所以，政事得到推行而不違背事理。百姓有口，好像土地有高山河流一樣，財富就從這裏出來；好像土地有高原、窪地、平原和灌溉過的田野一樣，衣食就從這裏產生。口用來發表言論，政事的好壞就建立在這上面。施行好的而防止壞的，這是衣食富足的基礎。百姓心裏考慮的，口裏就公開講出來，天子要成全他們，將他們的意見付諸施行，怎麼能堵住呢？如果堵住百姓的口，將能維持多久？」厲王不聽。於是國都裏的人再不敢講話。三年以後，國都的人們一起造反，周厲王逃到了彘地，並死在那裏。

豚尹諫莊王伐晉

楚莊王準備攻打晉國，派大夫豚尹前去打探實情。豚尹回報說：「大王，根據晉國目前的形勢，攻打晉國對我們不利。晉國在上位者憂慮國政，百姓也都安居樂業；而且晉國的大夫沈駒，乃賢明之臣，一心一意輔佐君主。所以，現在攻打晉國有些早，對我們十分不利。」

楚莊王仔細分析了豚尹的話，於是將攻打晉國的計劃先放下來。

轉眼幾年過去了，楚莊王再次派豚尹出使晉國，以打探晉國的虛實。這次，豚尹回來報告說：「現在正是攻打晉國的好時機。沈駒已經死了，而晉國身邊的人大都是一些諂媚逢迎的小人。加之晉國的國君輕視禮法而重視聲色，如今百姓生活痛苦不堪。現在晉國君臣離心離德，時局混亂。如果我們現在發兵攻打晉國，晉國的百姓一定會率先發動內亂。」

楚莊王聽了豚尹的分析後，立即出兵攻打晉國，很快便將晉國擊敗。

不言之教

老子藉助自然界的變化來闡述實施不言之教的重要意義，告誡人們只有和「道」、「德」相一致，順應自然，才能夠得到好的發展。

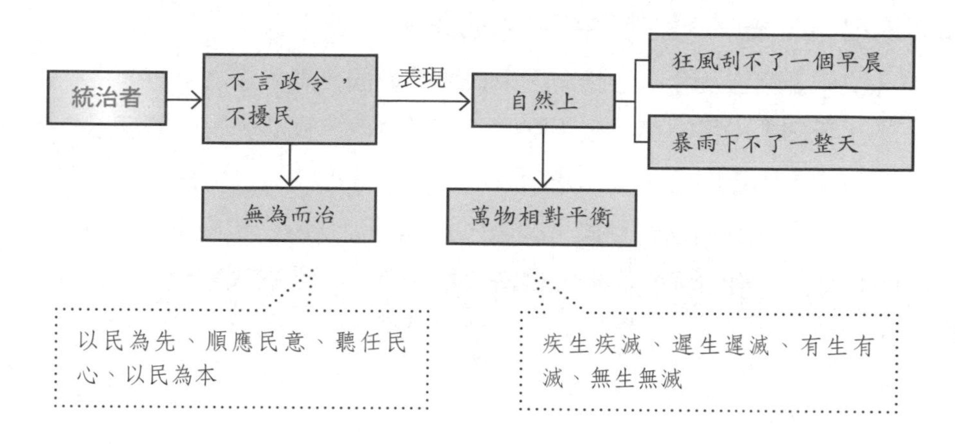

●周厲王止謗

「防民之口甚於防川」，周厲王為了不讓百姓說自己的壞話，於是施行強力鎮壓，結果本地的居民不再說話，三年之後卻將周厲王趕出國都。

周厲王是有名的暴君，百姓對於他的所作所為十分痛恨，於是背地裏對他總是指指點點。召公告訴厲王百姓們的反應後，厲王不但不知悔改，反而下令捕殺那些說話的人，他封住了百姓的口，同時也封住了自己的耳朵。三年後，百姓起義，推翻了他的統治。

強根固本，成就大業

山將崩者，下先隳；國將衰者，人先弊。

【注曰】自古及今，生齒富庶人民康樂而國衰者，未之有也。

【王氏曰】山將崩倒，根不堅固；國將衰敗，民必先弊，國隨以亡。

【譯文】山要崩塌，首先是山腳崩塌；國家即將衰亡，民生最先凋敝。

【釋評】一個國家一旦民生凋敝，這個國家離滅亡也就不遠了。民生問題關係國家興衰。用山陵崩塌是因根基毀壞來進一步曉喻國家衰亡是因民生凋蔽的道理。

經典故事賞析

水則載舟，水則覆舟

戰國時，邯鄲籍著名思想家荀況，在他的不朽著作《荀子・王制》篇中說：「君者，舟也；庶人者，水也；水則載舟，水則覆舟。」意思是說，統治者像是一條船，而廣大的民眾猶如河水，水既可以把船載負起來，也可以將船淹沒掉。

唐貞觀後期，魏徵在著名的〈諫太宗十思疏〉中說：「怨不在大，可畏惟人。載舟覆舟，所宜深慎。」意思是說，怨恨不在於大小，可怕的只在人心背離。水能載船也能翻船，所以應該高度謹慎。

唐太宗對荀子和魏徵的這一觀點十分欣賞，在與君臣討論國家的治理問題時，多次引用並發揮了這一觀點。他在〈論政體〉一文中說：「君，舟也；人，水也；水能載舟亦能覆舟。」

荀子、魏徵和唐太宗，都深深懂得人民的力量是極其偉大的，強調了依靠人民力量的重要性。他們的這一光輝思想，為歷代統治者所接受，對其尊重民情民意，執政為民，發揮了促進作用。

事上敬謹，待下寬仁

人生在世，一定要懂得尊重他人，無論對方是德高望重的人還是貧民百姓，都要懷著敬畏的心，這樣才能讓自己成長。

●懷有敬畏

荀子、魏徵和唐太宗，都深深懂得人民的力量是極其偉大的，強調了人民是水，君王是舟，水可以載舟也可以把舟淹沒的道理。

●古人思想

荀子

魏徵

唐太宗

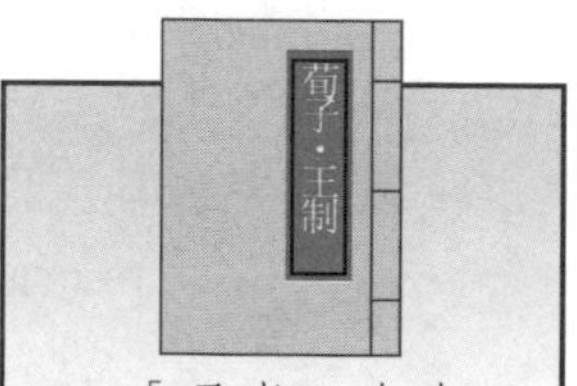

「君者，舟也；庶人者，水也；水則載舟，水則覆舟。」

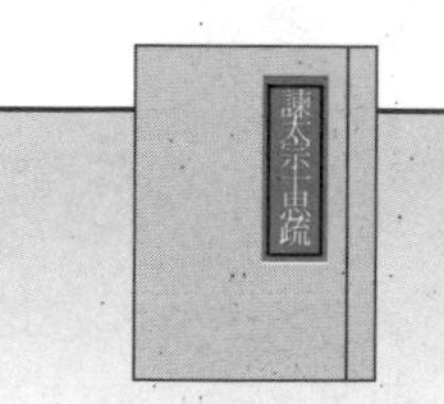

「怨不在大，可畏惟人。載舟覆舟，所宜深慎。」

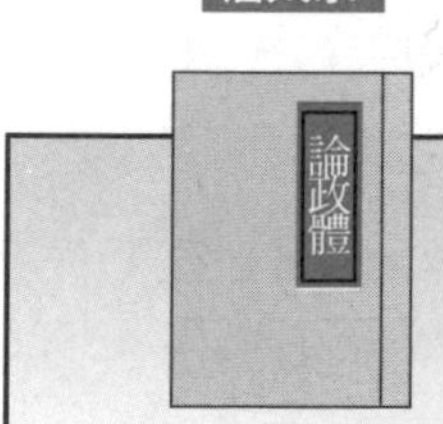

「君，舟也；人，水也；水能載舟亦能覆舟。」

損害根本等於自掘墳墓

根枯枝朽，人困國殘。

【注曰】長城之役興，而秦國殘矣！汴渠之役興，而隋國殘矣！

【王氏曰】樹榮枝茂，其根必深。民安家業，其國必正。土淺根爛，枝葉必枯。民役頻繁，百姓生怨。種養失時，經營失利，不問收與不收，威勢相逼徵；要似如此行，必損百姓，定有凋殘之患。

【譯文】秦、隋王朝之所以被推翻，只因築長城、開運河榨盡了全國的民力、財力。鑑古知今，人民生活富裕，康樂安居，國家自然繁榮富強。

【釋評】人無腳不立，國無民不成。足為人之根，民為國之本。可惜人們往往尊貴其頭面，輕慢其手足，就像昏君尊貴其權勢，輕慢其臣民一樣。鑑於此，才有「得人心者得天下」的古訓。

經典故事賞析

青樓天子——宋徽宗

趙佶生活窮奢極侈，和六賊濫增捐稅，大肆搜刮民脂民膏，大興土木：修建華陽宮等宮殿園林。他派朱勔設立蘇杭應奉局，搜刮江南民間的奇花異石，稱「花石綱」，運送汴京，修築「豐亨豫大」（即豐盛、亨通、安樂、闊氣的意思）的園林，名為「艮嶽」，將北宋政府歷年積蓄的財富很快揮霍一空。「花石綱」又害得許多百姓傾家蕩產，家破人亡。誰家只要有一花一石被看中，朱勔就帶領差役闖入民戶，用黃紙一蓋，表明這是皇上所愛之物，不得損壞，然後拆門毀牆地搬運花石，用船隊運送汴京。有一次船運一塊四丈高的太湖石，一路上強徵了幾千民夫搖船拉縴，遇到橋梁太低或城牆水門太小，朱勔就下令拆橋毀門。有的花石體積太大，河道不能運，朱勔就下令由海道運送，常常船翻人亡。人民在此殘害之下，痛苦不堪，爆發了方臘、宋江等起義，趙佶又派兵進行血腥鎮壓。

西元1125年十月，金軍大舉南侵，金軍統帥宗望統領的東路軍在北宋叛將郭藥師引導下，直取汴京。趙佶接報，連忙下令取消花石綱，下「罪己詔」，承認了自己的一些過錯，想以此挽回民心。金兵長驅直入，逼近汴京。徽宗又怕又急，他伸手要紙和筆，寫了「傳位於皇太子」幾個字。十二月，他

青樓天子

宋徽宗，名趙佶（1082-1135年），神宗第十一子，哲宗弟。哲宗病死，太后立他為帝。在位二十五年，國亡被俘受折磨而死，終年五十四歲，葬於永祐陵（今浙江省紹興縣）。趙佶先後被封為遂寧王、端王，哲宗於西元1100年正月病死時無子，向皇后於同月立他為帝。第二年改年號為「建中靖國」。

●靖康之變

靖康之恥是指中國歷史上的一次著名事件，發生於北宋皇帝宋欽宗靖康年間（1126-1127年）。靖康二年四月金軍攻破東京（今河南開封），在城內搜刮數日，擄徽宗、欽宗二帝和后妃、皇子、宗室、貴卿等數千人後北撤，東京城中公私積蓄為之擄掠一空。北宋滅亡。又稱靖康之難、靖康之禍和靖康之變。

宣布退位，自稱「太上皇」，讓位於太子趙桓（欽宗），帶著蔡京、童貫等賊臣，藉口燒香倉皇逃往安徽亳州蒙城（今安徽省蒙城）。第二年四月，圍攻汴京的金兵被李綱擊退北返，趙佶才回到汴京。

西元1126年閏十一月底，金兵再次南下。十二月十五日攻破汴京，金帝廢趙佶與子趙桓為庶人。西元1127年三月底，金帝將徽、欽二帝，連同后妃、宗室，百官數千人，以及教坊樂工、技藝工匠、法駕、儀仗、冠服、禮器、天文儀器、珍寶玩物、皇家藏書、天下州府地圖等押送北方，汴京中公私積蓄被擄掠一空，北宋滅亡。因此事發生在靖康年間，史稱「靖康之變」。

前車之鑑，後車之覆

與覆車同軌者傾，與亡國同事者滅。

【注曰】漢武欲為秦皇之事，幾至於傾，而能有終者，末年哀痛自悔也。桀紂以女色亡，而幽王之褒姒同之。漢之閹官亡，而唐之中尉同之。

【王氏曰】前車傾倒，後車改轍；若不擇路而行，亦有傾覆之患。如吳王夫差寵西施，子胥諫不聽，自刎於姑蘇臺下。子胥死後，越王興兵破吳，越國自平吳之後，迷於聲色，不治國事；范蠡歸湖，文種見殺。越國無賢，卻被齊國所滅。與覆車同往，與亡國同事，必有傾覆之患。

【譯文】前面的車子翻了，後面的車還沿著這輛車的軌跡行走，結果還會翻車；一個國家延續前一個國家的亡國之路，結果還會滅亡。

【釋評】漢武帝不記取秦始皇因求仙而死於途中的教訓，幾乎使國家遭殃，幸虧他在晚年有所悔悟；唐昭宗不以漢末宦官專權為鑑，同樣導致了唐王朝的滅亡和五代十國的混亂局面。

經典故事賞析

官渡大敗

東漢末年，軍閥混戰，袁紹占據黃河以北的廣大地區，兵強馬壯，欲與曹操爭奪天下。袁紹欲興兵伐曹，其帳下主要謀士田豐勸袁紹說：「我們連年對外作戰，老百姓都已疲憊不堪，倉庫裏一點積蓄都沒有，不能再興兵作戰了。我們應該派人向天子報捷，假如此路不通，就上表稱曹操阻擋我們盡忠朝廷，然後再屯大兵於黎陽。增加河內的戰船，修繕兵器，然後分路派出精兵，屯守邊境。若是這樣，三年之內，大事可定。」袁紹不聽，出兵伐曹，結果損兵折將，沒有討得絲毫便宜。

曹操興兵討伐徐州劉備，劉備不敵，就向袁紹求救。田豐立即向袁紹建議：「曹操東征劉備，許昌空虛。假如我們乘虛而入，對上可以保天子，下可以護萬民。這個機會非常難得，主公萬萬不可失去。」

袁紹卻因為自己最寵愛的小兒子生病而不願進兵。田豐氣得以杖擊地，說：「在這樣關鍵的時刻，卻要因為一個小孩子的病而放棄大好時機！唉！大事不成，讓人心痛啊！」說完，跺腳長嘆離去。

第二年開春，袁紹又要發兵進攻曹操，田豐勸諫：「上一次曹操進攻徐州，許都空虛，那時正是進兵的好時機，我們卻沒有動。現在曹操已經攻下徐州，兵勢強盛，不能輕敵啊！不如我們長久地與他相持，拖著他，等有機會再趁機進兵。」袁紹問計於劉備，劉備說：「曹操欺君罔上。明公您要是不討伐他，就要對天下人失去信義了。」一句話讓袁紹熱血沸騰。

袁紹堅持發兵，田豐又苦苦勸諫。袁紹大怒：「你們這些文人，舞文弄墨而輕視武備，想讓我失大義於天下嗎？」田豐叩頭勸諫：「主公不能聽我良言，必將出師不利。」袁紹一氣之下，要殺掉田豐。劉備趕緊說情，袁紹就將田豐關進大牢。

袁紹興起大兵朝官渡進發，大軍出發前，田豐在獄中上書給袁紹：「我們現在要耐心等待良機，不可輕易興起大兵，否則，會招致失敗。」袁紹手下的另一主要謀士逢紀向來與田豐不和，就在袁紹面前進讒言說：「主公您興的是仁義之師，田豐怎麼能說這麼不吉利的話？」袁紹聽後大怒，要殺掉田豐。百官趕緊為田豐求情，袁紹狠狠地說道：「等我打敗曹操，再來治你的罪！」

官渡一戰，袁紹被曹操打得大敗，精銳盡失，袁紹慌亂中率領八百騎兵逃回黎陽。袁紹派人召集散兵，準備回軍冀州，圖謀東山再起。在回軍的路上，袁紹聽到帳外遠遠有哭聲，就去偷聽。一聽這才明白，原來是敗兵相聚，正在訴說自己的敗亡之苦。

袁紹後悔自己當初沒有聽進田豐的忠言。這時逢紀又趁機向袁紹進讒言，說：「田豐在獄中，聽說主公兵敗，撫掌大笑。」袁紹大怒，說：「這個臭書生膽敢嘲笑我，我一定要殺了他！」

隨後立即派使者賜死田豐。田豐死後，知道的人沒有不替他惋惜的。袁紹得知田豐死了，才回到冀州。這時，他剩下的精兵、良將、謀臣已經不多。他的志氣漸漸消沉，聲勢也一天不如一天了。

趙染兵敗

趙染為劉聰的大將，曾率軍配合劉漢大司馬劉曜，進攻苟延殘喘的晉愍帝司馬鄴。趙染率軍駐紮在新豐，晉愍帝派大將索綝討伐趙染。趙染因為屢戰屢勝，根本不把索綝放在眼裏。趙染的長史魯徽勸告他：「現在司馬鄴君臣看到形勢緊迫，必定會拚死抵抗。將軍應該整頓軍隊全力進攻，不應該輕視敵人啊。困獸猶鬥，況且一個國家呢！」趙染不以為然，說：「過去司馬模（西晉

袁紹敗跡

●戰官渡

袁紹決定出兵進攻曹操。就令張郃、高覽、韓猛、淳于瓊等為大將，徵集了十多萬人馬。正要起行，忽然田豐從獄中託人送了信來。袁紹打開一看，只見上面寫著：目前暫宜靜守，以待天時，不可妄興大兵，恐有不利。這寥寥數語，引起袁紹的大不快。

官渡一戰，袁紹被曹操打得大敗。袁紹派人召集散兵，準備回軍冀州，圖謀東山再起。在回軍路上，袁紹聽到帳外遠遠有哭聲，上前一聽，原來是敗兵相聚，正在訴說自己的敗亡之苦。袁紹後悔自己當初沒有聽進田豐的忠言。

袁紹得知田豐死了，才回到冀州。這時，他剩下的精兵、良將、謀臣已經不多。他的志氣漸漸消沉，聲勢也一天不如一天了。

的南陽王）何其強盛，現在我打敗索綝輕而易舉，何須小心翼翼？我在吃早飯前就能活捉他。」

第二天一早，趙染就率領幾百精銳騎兵沖進索綝大軍之中，雙方在城西展開激戰，趙染大敗而歸。趙染後悔沒聽魯徽的勸告，說：「不聽魯徽的建議，才有這樣的失敗，我真是無臉見他了！」說完就把魯徽殺了。

魯徽在臨死前對趙染說：「將軍你剛愎自用，不聽良言，這才招致失敗。而你不但不悔改，還要誅殺忠良來發洩內心的羞憤，袁紹以前這樣做，將軍又緊隨其後，失敗滅亡，大概離你不遠了。可惜我死前不能見大司馬一面。死者要是沒有知覺也就罷了，要是還有知覺，我一定要在黃泉之下拜田豐為師，控訴將軍的暴行，讓你不得好死。」

後來趙染進攻北地，一天夜裏，忽然夢見魯徽正在發怒，拉弓要射殺自己。趙染從夢中驚醒，第二天攻城時，趙染果然中箭而死。

將災禍消滅在萌芽狀態

見已生者，慎將生；惡其跡者，須避之。

【注曰】已生者，見而去之也；將生者，慎而消之也。惡其跡者，急履而惡潛，不若廢履而無行。妄動而惡知，不若絀動而無為。

【王氏曰】聖德明君，賢能之相，治國有道，天下安寧。昏亂之主，不修王道，便可尋思平日所行之事，善惡誠恐敗了家國，速即宜先慎避。

【譯文】知道已經發生的不幸事故，發現類似情況有重演的可能，就應當慎重地防止它，使之消滅在萌芽狀態。

【釋評】厭惡前人有過的劣行，就應當盡力避免重蹈覆轍。又要那樣做，又想不犯前人的過失，這是不可能的；而應該根本就不起心動念，根本就不去做。

經典故事賞析

盤庚遷殷

商湯建立商朝的時候，最早的國都在亳（今河南商丘）。在以後三百年當中，都城一共搬遷了五次。這是因為王族內部經常爭奪王位，發生內亂，再加上黃河下游常常鬧水災。有一次發大水，把都城全淹了，於是不得不遷都。盤

盤庚遷殷扭危機

盤庚，名旬，生卒年不詳。祖丁子，陽甲弟。陽甲死後繼位。商代第二十位國王，是一位很有作為的國王。他為了改變當時社會不安定的局面，決心再一次遷都，搬遷到殷（今河南安陽小屯村）。在那裏整頓商朝的政治，使衰落的商朝出現了復興的局面。

商朝（約西元前16世紀-西元前21世紀）從湯開始，到紂滅亡，共傳十七代三十一王，近六百年。商朝歷史上有一個特殊的現象，就是都城屢遷。湯最初建都於亳（今河南商丘市）。其後五遷：中丁遷都於隞（今河南滎陽北敖山南）；河亶甲遷都於相（今河南安陽市西），祖乙遷都於邢（今河南溫縣東）；南庚遷都於奄（今山東曲阜舊城東），盤庚遷都於殷（今河南安陽西北）。盤庚遷殷，在商朝歷史上具有劃時代的意義。在此之前，從湯至陽甲，傳十代十九王，約三百年，為商朝前期。在此之後，從盤庚至紂，傳八代十二王，凡二百七十三年，為商朝後期。「都城屢遷」，確切地說，應該是指商朝前期。

庚派人考察到殷地的土地比較肥沃，更利於發展農業生產，自然環境和當時的都城「奄」比起來，更適合於建設都城。

遷都以後，王室、貴族特權將會受到削弱，階級衝突就可以得到緩和。同時可避開周邊叛亂勢力的攻擊，有利於鞏固統治地位，於是盤庚決定把都城遷到殷。可是，大多數貴族貪圖安逸，都不願意搬遷。一部分有勢力的貴族還煽動平民起來反對。

盤庚面對強大的反對勢力，並沒有動搖遷都的決心。當他得知北蒙（今河南省安陽市）一帶土肥水美，山林有虎、熊等獸，水裏有大量魚蝦時，就決心遷都到此。盤庚為了能夠儘快遷都，特地把王公貴族召集在一起商量，但貴族們竭力反對，盤庚就發布文告，嚴厲命令他們服從。終於，在盤庚嚴厲的命令下，貴族們陸續率領家眷西渡黃河，來到安陽，史稱「盤庚遷殷」。

盤庚恰逢商朝「亂世」，是一位富有憂患意識的商王，他敏銳地看到了民眾的疾苦，並設法加以消除。盤庚自覺吸收先王的治國經驗，他認為商之先王都是把民眾的需求放在第一位，遵從民眾的意願。盤庚認為統治好民眾，就是要與其共享歡樂與康寧，他還要求貴戚舊族摒棄私心，給人民施以實惠。選拔與任用官吏，盤庚也以能否養護民眾為取捨標準。對於那些聚斂財寶的人，一概斥用，而對於愛護民眾之人，則予以重用。

防微杜漸

東漢和帝時，竇太后親臨朝政，並由太后的兄長竇憲掌握大權，官員們爭著逢迎巴結，因此政局混亂不堪。竇氏家族仗勢橫行鄉里，魚肉百姓，沒有人敢揭發他們的惡行。

當時的司徒（相當於丞相）丁鴻藉著日蝕出現的機會，向和帝密奏說：「太陽是君王的象徵，月光是代表臣子的。日蝕出現，寓意做臣子的侵奪君王的權力，陛下千萬要小心。歷史上記載，日蝕出現了三十六次，國君被臣子殺死的有三十二人，都是因為臣子的權力太大了！」他控訴竇憲仗著太后的權勢，包攬朝政，獨斷專行，連皇帝也不放在眼裏。接著他又說：「日蝕的出現，是上天在警誡我們，我們就應該注意危害國家的災禍發生。穿破岩石的水，一開始都是涓涓細流；參天大樹，也是由剛露芽的小樹長成的。人們常忽略微小的事情，而造成禍患。如果陛下能親自處理朝政，從小地方著手，在禍患還在萌芽的時候消除它，這樣就能夠安定漢室王朝，使國泰民安。」

漢和帝聽從丁鴻的建議，革掉竇憲的官職，消滅竇氏家族的勢力。朝廷除去了隱患，國勢漸漸有了好轉。

千里之堤，毀於蟻穴

所謂「千里之堤，毀於蟻穴」，說的是很多大事的發生都是由一些小事積累而成的。所以，做人做事務必小心謹慎，而身處困境時更不可頹廢喪志。

●大處著眼

如果陛下能親自處理朝政，從小地方著手，在禍患還在萌芽的時候消除它，這樣就能夠安定漢室王朝，使國泰民安。

漢和帝聽從丁鴻的建議，革掉竇憲的官職，消滅竇氏家族的勢力。朝廷除去了隱患，國勢漸漸有了好轉。

如果忽略了微小的事情，就會造成大的禍患。

❶ **日蝕出現**　日蝕的出現是上天在警誡我們，據歷史記載，日蝕出現了三十六次，國君被臣子殺死的有三十二人，都是因為臣子的權力太大了！

❷ **穿岩之水**　穿破岩石的水，一開始都是涓涓細流。

❸ **露芽小樹**　參天大樹，也是由剛露芽的小樹長成的。

❹ **千里之堤，毀於蟻穴**　一個小小的螞蟻洞，可以使千里長堤毀於一旦。

任何事情的變化都是由小事積累而成的，做事一定要小心謹慎。

做人做事務必小心謹慎，而身處困境時更不可頹廢喪志。

居安思危

畏危者安，畏亡者存。

【王氏曰】得寵思辱，必無傷身之患；居安慮危，豈有累己之災。恐家國危亡，重用忠良之士；疏遠邪惡之徒，正法治亂，其國必存。

【譯文】害怕禍患滅亡的人，總是會時時刻刻提醒自己，任何時候都對凶險的事物保持警覺，反而會生存得更為長久。

【釋評】有危機感，時時警策自己的人，就平安無事；畏懼國破家亡的，就會積善除惡，福壽常存。

經典故事賞析

唐太宗居安思危

唐太宗對親近的大臣們說：「治國就像治病一樣，即使病好了，也應當休養護理，倘若馬上就自我放縱，一旦舊病復發，就沒有辦法解救了。現在國家很幸運地得到和平安寧，四方的少數民族都歸順服從，這真是自古以來所罕有的，但是我一天比一天小心，只害怕這種情況不能維護久遠，所以我很希望多次聽到你們的進諫爭辯啊！」

魏徵回答說：「國內國外治理安寧，臣不認為這是值得喜慶的，只對陛下居安思危感到喜悅。」

符合天道，自然福氣

夫人之所行：有道則吉，無道則凶。吉者，百福所歸；凶者，百禍所攻；非其神聖，自然所鍾。

【注曰】有道者，非己求福，而福自歸之；無道者，畏禍愈甚，而禍愈攻之。豈有神聖為之主宰？乃自然之理也。

【王氏曰】行善者，無行於己；為惡者，必傷其身。正心修身，誠信養德，謂之有道，萬事吉昌。心無善政，身行其惡；不近忠良，親讒喜佞，謂之無道，必有凶危之患。為善從政，自然吉慶；為非行惡，必有危亡。禍福無門，人自所召；非為神聖所降，皆在人之善惡。

【譯文】一個人的行為只要合乎道義，就會吉祥喜慶，否則凶險莫測。有道德的人，無心求福，福報自來；多行不義的人，有心避禍，禍從天降。只要所作所為上合天道，下合人道，自然百福眷顧，吉祥長隨。反之，百禍齊攻，百凶繞身。這裏並沒有神靈主宰，實為自然之理，因果之律。所以說，成敗在謀，安危在道，禍福無門，唯人自招。只有居安思危，處逸思勞，心存善念，行遠惡源，便見大道如砥，無往而不適。

【釋評】人的行為若順應天道，就會吉利，違背天道，則會凶險。吉利就會享受各種福運，凶險則會遭受各種禍患。這些變化並非出自神仙的意志，不過是自然的因果關係罷了。

經典故事賞析

武丁中興

武丁，商代第二十三位國王，盤庚的侄子，在位五十九年。武丁的父親小乙排行第四，他從來沒有想到自己能做國王，並且把王位傳給兒子。盤庚去世時，兒子年幼，王位相繼傳給了弟弟小辛和小乙。武丁年幼時，父親不讓他留在王室裏，而是讓他到民間遊歷，廣泛接觸社會生活。武丁隱瞞了自己的王室身份，不僅學會了各種技藝，更重要的是深刻地了解了民間的疾苦。相傳他即位時「三年不語」，每天上朝，只聽大臣們議論朝政，自己則很少說話，大臣們一個個都很害怕。其實，他意在擺脫左右佞臣，尋找適當的機會，恢復大商帝國的繁榮。後來，他設一妙計：一天上朝時他突然睡著了，還發出輕微的鼾聲，大臣們誰也不敢叫醒他。一會兒，他伸個懶腰揉揉眼睛說：先王成湯託夢給他，說上天將派遣重臣輔佐他。他讓畫師按照他描述的樣子畫出像來，到各地去尋找。最終，找到了他在民間結識、奴隸出身的宰相傅說。

此後，商王朝達到鼎盛時期，史稱「武丁中興」。內政鞏固之後，武丁開始大舉興兵。首先迫使周邊時而反叛時而服從的小邦完全臣服，接著攻打今山西南部、河南西部一帶的甫、銜、讓等小國，擴大了版圖。這時西北的少數民族鬼方、羌方和土方日益強大起來，成為中原王朝的心腹之患，也成為武丁對外用兵的重點，其中對鬼方的戰爭就持續了三年。經過多年的戰爭，終於打敗了這些國家，解除了威脅。武丁還征服了南疆荊楚地區的夷方、巴方、虎方等地。到武丁末年，商朝已成為西起甘肅，東到海濱，北及大漠，南逾江漢，包

武丁中興

武丁是歷史上一代名君，武丁之道指賢明的政治。盤庚遷殷以後，商朝的國勢一直處於上升狀態。到了武丁統治時期，政治、經濟、文化都得到空前發展，是商朝的鼎盛時期，史稱「武丁中興」。

●重用賢臣

武丁

武丁年幼時，曾在外行役，與「小人」一起工作，因而較了解「稼穡之艱難」。他即位後，提拔傅說輔政。傅說原為刑徒，被武丁發現，加以重用，使商朝再度興旺。

傅說

●武丁夢得聖賢

傅說是殷商時期的政治家、軍事家、思想家及建築科學家，輔佐殷商高宗武丁安邦治國，形成了歷史上有名「武丁中興」的輝煌盛世。

一日，武丁自稱夢見一位聖人，並讓畫師畫出聖人的模樣，讓百官張貼榜文去尋找。原來這位聖人名叫傅說。

含眾多部族的泱泱大國。為了控制廣大被征服的地區，武丁把自己的妻兒、功臣以及臣服的少數民族首領分封在外地，被分封者稱為侯或伯，開創了周代分封制的先河。

思慮周密，做事周全

務善策者，無惡事；無遠慮者，有近憂。

【王氏曰】行善從政，必無惡事所侵；遠慮深謀，豈有憂心之患。為善之人，肯行公正，不遭凶險之患。凡百事務思慮、遠行，無惡親近於身。心意契合，然與共謀；志氣相同，方能成名立事。如劉先主與關羽、張飛，心契相同，拒吳、敵魏，有定天下之心；漢滅三分，後為蜀川之主。

【譯文】善於鑽研對策之人不會有壞事發生，無遠慮者必有近憂。

【釋評】人生在世，立身為本，處世為用。立身要以仁德為根基，處事要以謀慮為手段。以仁德為出發點，同時又善用權謀，有了機遇，可保成功；如若時運不至，亦可謀身自保，不至於有什麼險惡的事發生。只圖眼前利益，沒有長遠謀慮的人，就連眼前的憂患也無法避免。俗語雲：「人無遠慮，必有近憂；但行好事，莫問前程。」說的也正是這個意思。

經典故事賞析

曹操深謀遠慮，甘願讓「賢」

興平二年（195年）十月，漢獻帝下詔書任命曹操為兗州牧。曹操於同年十二月，攻破了雍丘。曹操依漢法滅了張邈三族。

這時候又傳來消息，長安城李傕和郭汜混戰，漢獻帝恐慌萬狀，寫信給呂布，希望呂布來迎接他。呂布告知漢獻帝：等我把曹操宰了，奪回糧草，就馬上來接皇上。此時，漢獻帝已經好幾天沒有吃飽飯了，看到呂布的回信，很感動，於是下令任呂布為平東將軍和平陶侯。然而令漢獻帝沒想到的是，當使者抵達山陽時，呂布已經潰敗。

使者只好將呂布慘敗的消息告訴了漢獻帝，同時對曹操的實力渲染了一番，告訴漢獻帝，曹操之所以被征討，是因為反抗董卓當年橫徵暴斂、殘酷不仁的專制統治。這麼一來，漢獻帝認為曹操是個大忠臣，應該為曹操平反昭雪。於是讓使者為曹操送去平反詔書。使者長途跋涉一去就是數月。直至第二年正月這位使者帶來了曹操的表章書——願意為漢獻帝效犬馬之勞。漢獻帝決定在適當的時候向群臣公布：拜曹操為建德將軍，讓他來接自己。

曹操接到任命書後，和手下文臣武將商議，如何處理這件事。夏侯惇和許褚等人強烈反對，荀彧和程昱等人主張堅決迎接。程昱悄悄把曹操拉出營帳，並告訴曹操，機不可失，時不再來！如果皇帝被他人所擒，「挾天子以令諸侯」，到時大好機會已喪失……曹操聽完程昱的一番話，順勢點點頭。

經曹操救駕，漢獻帝來到許縣。此時，曹操不但沒有學董卓「劍履上朝，參拜不名」，面對漢獻帝時仍行三跪九拜之禮。漢獻帝看見曹操如此忠心耿耿，馬上加拜曹操為大將軍，封武平侯。誰曾想到這一封賞，卻為曹操帶來了麻煩。「大將軍」的封號高於「太尉」袁紹。袁紹成為曹操的部下，內心非常不滿，幾度躍躍欲試準備討伐曹操。曹操當時的實力不及袁紹強大，就息事寧人將「大將軍」一職讓給袁紹，自己只當司空和車騎將軍。曹操如此一來，還是掌握了錄尚書事，其實際權力很大，可以履行丞相甚至皇帝的某些權力。因為荀彧身為曹操的謀士，任職侍中，守尚書令。雖曹操離開了許都，但荀彧卻掌握了朝中大權。這樣一來，曹操失去的只是虛銜而已，真正的權力還是掌握在他手裏。

好人親近好人

同志相得，同仁相憂。

【注曰】舜有八元、八凱，湯則伊尹，孔子則顏回是也。文王之閎、散，微子之父師、少師，周旦之召公，管仲之鮑叔也。

【王氏曰】君子未進，賢相懷憂，讒佞當權，忠臣死諫。如衛靈公失政，其國昏亂，不納蘧伯玉苦諫，聽信彌子瑕讒言，伯玉退隱閒居。子瑕得寵於朝上大夫，史魚見子瑕讒佞而不能退，知伯玉忠良而不能進。君不從其諫，事不行其政，氣病歸家，遺子有言：「吾死之後，可將尸於偏舍，靈公若至，必問其故，你可拜奏其言。」靈公果至，問何故停尸於此？其子奏曰：「先人遺言：見賢而不能進，如讒而不能退，何為人臣？生不能正其君，死不成其喪禮！」靈公聞言悔省，退子瑕，而用伯玉。此是同仁相憂，舉善薦賢，匡君正國之道。

【譯文】唐舜時（應分別為高辛氏和高陽氏）有號稱「八元」、「八凱」之臣，個個都忠肅賢惠，明正篤誠；成湯見伊尹而拜之為相；顏回仁而固窮，孔子引為得意門生。文王因有閎夭、散宜生，才日見強盛；當紂王的太師與少師見紂王無道，國將滅亡時，便與微子結伴而去；周公、召公同心同德輔佐周室，才使周王朝得享八百年天下；管仲、鮑叔牙都是大仁大義的君子，所以才成就了齊桓公的霸業。

【釋評】理想志趣相同，自然會覺得情投意合，如魚得水。都有仁善情懷、俠義心腸的人，必定能患難與共，肝膽相照。

經典故事賞析

武王訪賢，共商伐紂大計

周文王去世後，其子姬發繼承王位，稱為武王。他拜姜尚為尚父，並請他的兄弟周公旦、召公奭、畢公高等做他的助手，繼續沿用文王富國強兵的政策，準備完成其父未竟的事業——討伐商紂王。

武王一面積極準備伐紂的事宜，一面派人打聽紂王的動向。得知殷商已是「讒惡進用、忠良遠黜」：王子比干被剖胸挖心；箕子裝瘋，被罰為奴；微子無望出走，隱居起來；百姓們不敢口出怨言了。武王覺得殷商已是分崩離析，眾叛親離，征伐紂王的時機已經成熟，便立即拜姜尚為帥，發兵五萬渡過黃河東進。大軍到了盟津，八百諸侯也率兵前來助戰，武王便在盟津舉行了誓師大會。武王列舉紂王荒淫無道、作惡多端的暴行，號召大家同心伐紂，不滅紂王，絕不退兵。

誓師大會結束後，武王便發動了滅商戰爭，雙方軍隊就在牧野附近擺開了陣勢進行決戰。紂王認為自己有軍馬七十萬，可是周軍只有五萬，這簡直是以卵擊石、飛蛾撲火。但他哪知武王的軍隊是經過嚴格訓練的精銳之師，作戰勇敢頑強，而他那七十萬大軍中，多半是臨時武裝起來的奴隸和從東夷捉來的俘虜，他們平日受盡了紂王的壓迫和虐待，對紂王恨之入骨，又有誰肯為他賣命？所以兩軍剛一交鋒，奴隸們就掉轉矛頭，紛紛倒戈投降，配合周軍攻打商軍，紂王所謂的七十萬大軍頃刻間土崩瓦解。姜尚便指揮周軍，乘勝追擊，一直追到朝歌。牧野戰敗之後，紂王逃回朝歌，感到已無回天之力，就命人將宮裏珍寶都搬到鹿臺，然後放起火來，自焚而亡。

牧野之戰

牧野之戰，就是商周之際周武王在太公望等人輔佐下，率軍直搗商都朝歌（今河南淇縣），在牧野（今淇縣以南衛河以北地區）大破商軍、滅亡商朝的一次戰略決戰。史稱「武王伐紂」。

壞人狼狽為奸

同惡相黨。

【注曰】商紂之臣億萬，盜蹠之徒九千是也。

【王氏曰】如漢獻帝昏懦，十常侍弄權，閉塞上下，以奸邪為心腹，用凶惡為朋黨。不用賢臣，謀害良相；天下凶荒，英雄並起。曹操奸雄董卓謀亂，後終敗亡。此是同惡為黨，昏亂家國，喪亡天下。

【譯文】為非作歹、陰謀不軌的黨徒肯定要勾結在一起；有相同愛好的人，自然會互相訪求。據說商紂王的奸臣惡黨數以萬計。春秋時期，盜蹠聚眾九千。

【釋評】具有相同邪惡心性的人喜歡朋比為奸，結黨營私。晉惠帝愛財，身邊全是一批巧取豪奪的貪官汙吏。秦武王好武，大力士任鄙、孟賁個個加官進爵。大凡有所癡愛的人，性情一般來說都比較偏激怪誕，這種人往往會情被物牽，智為欲迷。

經典故事賞析

奸臣當道

俗話說：一朝天子一朝臣。東漢後期專權的宦官，也是換了一批又一批。到了漢靈帝時期，宦官集團逐漸形成了一個小核心，這就是當時被人切齒痛恨的「十常侍」。

靈帝是個貪財的荒唐皇帝，他將朝廷的大量財政收入轄為私產，在宮中建立「黃金屋」以收藏財產。這個貪財皇帝對此還頗感自豪，曾說：「桓帝這個人呀，太不會持家。」糊塗皇帝「持家有方」，張讓等人自然「生財有道」了。

中平二年（185年），劉陶直諫，慘遭殺害。同年，南宮發生了一場大火災。張讓、趙忠自然不肯放過這發財良機，他們替靈帝出主意，頒令全國，每畝地增收十錢的田稅，用這筆錢來重修南宮。同時，還下令讓太原、河東、狄道各地往京城送木材、石料。州郡官員派人把材料送到京城時，張讓就帶上一群小太監前去驗收。小太監們故意橫生枝節，從中刁難，宣稱這些材料全不合格，強迫州郡把這批材料按原價的十分之一賣給他們。這讓張讓等大小太監們又憑空發了一筆橫財，老百姓卻額外增加了負擔。鉅鹿太守司馬直在上任途中，寫了一道奏章給皇帝，派人送往京城，痛斥「十常侍」亂政的種種罪行。奏章送走後，司馬直知道自己得罪了「十常侍」，遲早難逃一死，便喝毒藥自殺了。漢靈帝知道了這件事後，似乎受到了一點震動，才暫時停止了徵收修南宮的稅錢。

張讓等人除了慫恿靈帝之外，還奴役人民建造許多宮殿以及公開賣官鬻爵。當時公布的價碼是：二千石官二千萬錢，四百石官四百萬錢。對不同的買主可有不同的議價，廉價者收錢一半或三分之一。既收現款，也可賒欠，即「其富者則先入錢，貧者到官而後倍輸」。除了朝廷公開賣官外，漢靈帝和張讓他們還私下命令左右賣公卿要職，規定三公賣千萬，九卿五百萬。他們又下令，凡刺史和二千石官員以及茂才孝廉，這些人升官、調任都要捐錢，名義上是捐助軍費和修宮殿費用，每個大郡僅此一項收入就高達兩三千錢。為了能多賣官，多收錢，靈帝他們經常無故調換官吏，一個地方官，一個月內甚至可以調換幾個人，每調一次，皇上就可有一筆收入進帳。這樣，官場完全變成了市場。其實，張讓等人慫恿協助靈帝聚財，主要目的還是為了中飽私囊。他們用搜刮來的錢財在洛陽大造府第，其富麗堂皇都快趕上了皇帝的宮殿。漢靈帝平常喜歡登上永安宮的望臺，向四處眺望。宦官們擔心皇上會發現他們豪華的住宅，就欺騙靈帝說：「皇帝是上天的兒子，不應該登高。皇帝一登上高處，老百姓就要嚇得東躲西藏，這可是不祥的兆頭啊！」靈帝一聽，從此再也不敢登高遠眺了。

到漢靈帝晚年時，「十常侍」已鉗制了整個朝野，大臣中敢於與其抗爭者，已是鳳毛麟角。就上述寥寥數人，除皇甫嵩外，竟無人能倖免於難。由此可見，「十常侍」濁亂天下，已經到了何種程度。

上有所好，下必甚焉

同愛相求。

【注曰】愛利，則聚利之臣求之；愛武，則談兵之士求之。愛勇，則樂傷之士求之；愛仙，則方術之士求之；愛符瑞，則矯誣之士求之。凡有愛者，皆情之偏、性之蔽也。

十常侍

「十常侍」指中國古代東漢（25-220年）靈帝時操縱政權的張讓、趙忠、夏惲、郭勝、孫璋、畢嵐、栗嵩、段珪、高望、張恭、韓悝、宋典等宦官。他們都任職中常侍。

●漢靈帝時的宦官集團

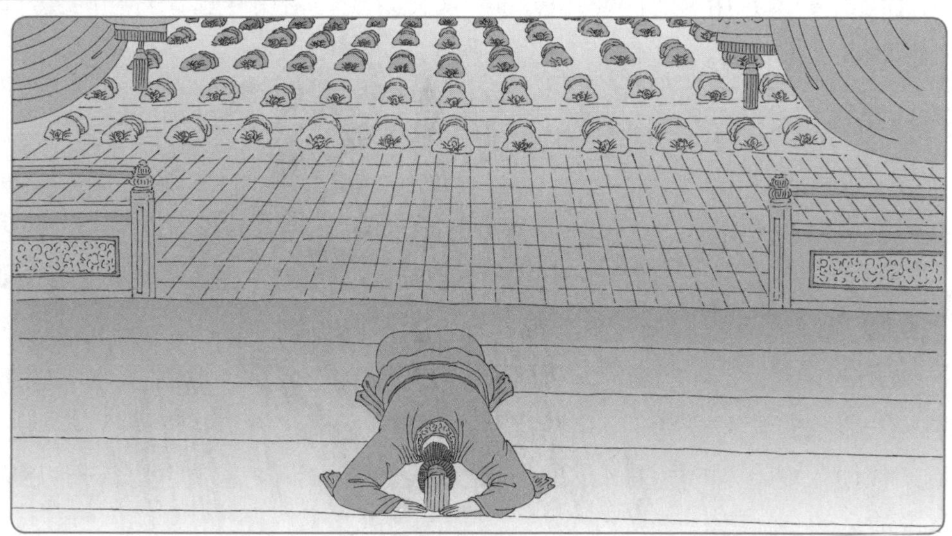

漢靈帝時的宦官集團，人稱「十常侍」，其首領是張讓和趙忠。他們玩弄皇帝於股掌之中，以致靈帝稱「張常侍是我父，趙常侍是我母」。「十常侍」橫徵暴斂，賣官鬻爵，他們的父兄子弟遍布天下，橫行鄉里，禍害百姓，無官敢管。人民不堪剝削、壓迫，紛紛起來反抗。導致大規模平民起義。

【王氏曰】如燕王好賢，築黃金臺，招聚英豪，用樂毅保全其國；隋煬帝愛色，建摘星樓寵蕭妃，而喪其身。上有所好，下必從之；信用忠良，國必有治；親近讒佞，敗國亡身。此是同愛相求，行善為惡，成敗必然之道。

【譯文】同愛於文者，必在文科上相探求；同愛於武者，定在武場上相切磋。

【釋評】為非作歹，陰謀不軌的黨徒肯定要勾結在一起；有相同愛好的人，自然會互相訪求。

經典故事賞析

上行下效

滕定公死的時候，太子派人向孟子請教怎麼辦理喪事，孟子建議他按照古制，實行三年的喪期，穿著粗布做的孝服，喝稀粥。

太子決定實行三年的喪禮，滕國的父老官吏都不願意，他們說：「我們的宗國——魯國的歷代君主沒有這樣實行過，歷代祖先也沒有這樣實行過，到了您這一代便改變祖先的做法，這是不應該的。」還強調史志上也認為一切喪禮祭儀一律依祖宗的規矩。

太子感到為難，便又去問孟子，孟子說：「要堅持這樣做，不可以改變。在上位的人有什麼喜好，下面的人一定就會喜好得更厲害。領導人的德行是風，老百姓的德行是草。草受風吹，必然隨風倒。所以，這件事完全取決於太子。」

太子說：「是啊，這件事確實取決於我。」

於是太子在喪廬中住了五個月，沒有頒布任何禁令。大小官吏和同族的人都很贊成，認為太子知禮。等到下葬的那一天，四面八方的人都來觀看，太子哭泣著，面容悲傷哀痛，前來弔喪的人都非常感動。

美人易相互嫉妒

同美相妒。

【注曰】女則武后、韋庶人、蕭良娣是也。男則趙高、李斯是也。

【譯文】漂亮的女人聚在一起會相互嫉妒。

去聲華名利，做正人君子

一個人的行為能夠影響到自己身邊的人，作為一個國家的君主，所作所為能給國民帶來很大影響。

●上行下效

是啊，這件事確實取決於我。

在上位的人有什麼喜好，下面的人一定就會喜好得更厲害。領導人的德行是風，老百姓的德行是草。草受風吹，必然隨風倒。所以，這件事完全取決於太子。

【釋評】同為傾城傾國之貌的佳麗，彼此總要爭風吃醋，相互嫉妒。男人之間也如此。

經典故事賞析

掩袖工饞

鄭袖是春秋時代楚懷王熊槐的寵姬，魏國為了討好楚國，送來了一個美女，容貌壓倒了鄭袖，喜新厭舊的楚懷王從此專寵專愛魏美人，不再理會鄭袖。鄭袖是個有心機的女人，她很清楚，在宮廷裏想高升，必須博得君王歡喜；但要想活，就必須博得後宮其他女人的歡喜。她先和魏美人打好關係，然後計劃著一步步奪回失寵的地位。有一天，鄭袖對魏美人說：「妹妹，你真漂亮，難怪大王喜歡你了，但美中不足的是你的鼻子，真叫人惋惜呀！」魏美人不知何意，慌忙用手摸摸鼻子。鄭袖接著說：「妹妹呀，我幫你想個法子吧！以後你再看見大王，應該用什麼東西將鼻子遮住，不要讓大王看見，這樣大王就更喜歡你了。」魏美人對鄭袖的指教感激不盡。此後，魏美人每次拜見楚懷王，總是用一束鮮花遮住鼻子，時間久了，楚懷王對魏美人的做法覺得非常奇怪。鄭袖欲言又止，激起了楚王的好奇心，最後鄭袖故意羞羞答答地說：「大王不要生氣，是魏美人不識抬舉，大王對她如此寵愛，她卻說大王身上有股臭味，她非常討厭。」楚懷王一聽，火冒三丈，立即下令把魏美人的鼻子割掉。鄭袖從此獨占專寵。

在中國歷史上，因美女而引起政權接替、王朝瓦解和國家覆亡的例子比比皆是。鄭袖為了鞏固自己受寵的地位，用陰險毒辣的手段殘害了魏美人。而鄭袖並沒有意識到自己的「私心膨脹」，更不知道這樣會對楚國基業產生怎樣的影響。鄭袖惑主讓楚王錯過了一次除掉謀略家張儀的機會，使張儀最終輔佐秦國完成大業。這不僅讓楚王背上了「懷王以不知忠臣之分，故內惑於鄭袖，外欺於張儀」的千古罵名，還讓自己的國家最終沒能逃脫滅亡的命運。

聰明人易相互算計

同智相謀。

【注曰】劉備、曹操，翟讓、李密是也。

嫉妒惑主的鄭袖

鄭袖是楚懷王的寵姬，但是自從魏美人來之後，鄭袖漸漸失寵了，為了奪回自己的地位，她便設法除掉自己的絆腳石。

●掩袖工饞

楚懷王

妒婦害美三部曲

鄭袖

第一步　贏得歡心

施計前順承楚王之意對美人百般照顧，騙取美人的信任，又讓楚王留下不嫉妒的印象，這樣就消除了美人和楚王對自己的任何戒備，為計策的順利進行做好了鋪墊。

第二步　離間雙方

當楚王向她追問魏美人掩鼻的緣由時，她故意遮遮掩掩，做出知而不答的姿態，引誘楚王一再逼問。當她假裝不得已回答楚王、誣陷美人時，楚王絲毫沒有意識到這是陷害，反而以為鄭袖的本意是要保護美人，不知不覺地墜入了鄭袖的圈套。

第三步　陰謀得逞

鄭袖挑撥楚王遷怒魏美人，當楚王將要懲罰魏美人時，她交待身邊人迅速執行王令，使楚王懲罰魏美人之令沒有糾正迴旋的餘地。割掉魏美人鼻子的命令一旦發出，楚王息怒之後想收回成命也來不及了。

鄭袖是害死屈原的間接劊子手

張儀先是做了秦國的奸細，而後又收買了王后鄭袖，他們兩人裏應外合，一起在楚懷王面前說屈原「六國聯盟」政策的錯誤。屈原雖忠於楚懷王，卻屢遭排擠，懷王死後又因頃襄王聽信讒言而被流放，最終投汨羅江而死。

【譯文】智略很高的人在一起會相互算計。

【釋評】才智同樣卓絕的人，雙方一定會先是一比高下，進而互相殘殺。各朝各代，對陣廝殺、智者火拚的悲劇實在是太多了。

經典故事賞析

孫臏與龐涓

孫臏是孫武的後代子孫，他曾經和龐涓一起學習兵法。龐涓當了魏惠王的將軍後，知道自己的才能比不上孫臏，就祕密地把孫臏找來，假借罪名挖去了他的兩足膝蓋骨，並且在他臉上刺了字，想讓他隱藏起來不敢拋頭露面。

後來齊國的使臣偷偷地用車把孫臏載回齊國。魏國攻打趙國，趙國向齊國求救。齊威王就任命田忌做主將，孫臏做軍師，坐在帶篷帳的車裏，暗中謀劃。田忌想要率領救兵直奔趙國，孫臏說：「如今魏趙兩國相互攻伐，魏國的老弱殘兵在國內疲憊不堪，你不如率領軍隊火速向大梁挺進，魏國肯定會放棄趙國而回兵自救。這樣我們一舉解救了趙國之圍，又可坐收魏國自行挫敗之利。」田忌聽從了孫臏的意見。魏軍果然離開邯鄲回師，在桂陵地方交戰，魏軍被打得大敗。

十三年後，魏國和趙國聯合攻打韓國，韓國向齊國求援。齊王派田忌率領軍隊前去救援，直接進軍大梁。魏將龐涓聽到這個消息，率師撤離韓國回魏。孫臏命令軍隊先砌十萬人做飯的灶，第二天砌五萬人做飯的灶，第三天砌三萬人做飯的灶。龐涓行軍三日，高興地說：「我本來就知道齊軍膽小怯懦，不過三天，逃亡的就超過了半數啊！」於是他放棄步兵，只帶輕裝精銳部隊，日夜兼程追擊齊軍。孫臏推測龐涓的行程，當晚可以趕到馬陵。馬陵的道路狹窄，兩旁又多峻隘險阻，適合軍隊埋伏。道旁有一棵大樹，孫臏就叫人砍去樹皮，露出白木，上寫：「龐涓死於此樹之下。」然後命令一萬名善於射箭的齊兵，埋伏在馬陵道兩邊，約定：晚上看見樹下火光亮起，就萬箭齊發。龐涓當晚果然趕到大樹下，看見白木上有字，就點火近前，字還沒讀完，齊軍伏兵萬箭齊發，魏軍大亂。龐涓自知敗成定局，就拔出寶劍，臨死前說：「倒成就了這小子的名聲！」齊軍乘勝追擊，把魏軍徹底擊潰，俘虜了魏國太子申回國。孫臏也因此名揚天下。

孫臏的故事

孫臏和龐涓是同門師兄弟，師從鬼谷子，學習兵法。後來，龐涓因為嫉妒孫臏，就設計陷害他。

❶ **龐涓得勢** 龐涓到了魏國，見到了魏惠王，並得到了魏惠王的賞識，被拜為將軍。隨後，龐涓指揮軍隊與衛國和宋國開戰，接連打了幾個勝仗，龐涓成了魏國上下皆知的人物，從此更得魏惠王的寵信。但是一想到孫臏，他心裏就有一種說不出來的滋味。如果自己履行諾言將孫臏推薦給魏惠王，他擔心孫臏的聲名威望會很快超過自己，不履行當初的諾言，孫臏一旦去了別的國家，才能得以施展，自己同樣不是對手。龐涓寢食不安，日夜思謀著對策。

❷ **孫臏來魏** 一天，正在山上攻讀兵書的孫臏，接到龐涓送來的密信。信上龐涓說：他向魏惠王極力推薦了師兄的蓋世才能，請師兄來魏國就任將軍之職。孫臏看了來信，想到自己有機會可以大顯身手了，立即隨同來人趕往魏國的都城大梁。孫臏來後，龐涓大擺筵席，盛情款待。幾天過去了，就是沒有魏惠王的消息，龐涓也不提此事。孫臏自然不便多問，只好耐心等待。

❸ **孫臏受刑** 這天，孫臏閒來無事，拿一本兵書來讀。忽然，屋外傳來一陣吵嚷聲，他還沒有弄清是怎麼回事，就被闖進屋子的兵士捆綁起來，帶到一個地方。為首的宣布孫臏犯有私通齊國之罪，奉魏惠王之命對其施以臏足、黥面之刑。士兵砍掉了孫臏的雙腳，並在他的臉上刺上犯罪的標誌。孫臏倒臥在血泊之中。

❹ **孫臏裝瘋** 後來孫臏知道原來是龐涓陷害自己，他決定先逃出魏國，再伺機報仇。不久之後，孫臏瘋了，他一會兒哭，一會兒笑。龐涓聽說了這些，便叫人把他扔到豬圈去，又偷偷派人觀察。孫臏披頭散髮地倒在豬圈裏，弄得滿身是豬糞，甚至把糞塞到嘴裏大嚼。龐涓認為孫臏是真瘋了，看管逐漸鬆懈下來。

❺ **逃回齊國** 孫臏一邊裝瘋，一邊暗中尋找逃離虎口的機會。他偷偷拜訪了齊國的使臣，那使臣看出他並非凡人，於是答應幫他逃走。這樣，孫臏便藏身於齊國使臣的車子裏，祕密地回到了齊國。

❻ **施展才能** 這個時候，正值齊、魏爭霸，交戰不斷。孫臏回齊國後，很快見到齊國的大將田忌。田忌十分賞識孫臏的才幹，便將他留在府中，以接待上賓的禮節殷勤款待。後推薦給齊王，孫臏的才能才得到施展。

齊國軍師——孫臏

孫臏輔佐齊國大將田忌兩次擊敗龐涓，取得了桂陵之戰和馬陵之戰的勝利，奠定了齊國霸業的根基。

●孫臏簡介

孫臏是孫武後代，曾與龐涓為同窗，師從鬼谷子學習兵法。後龐涓為魏惠王將軍，因嫉賢妒能，恐孫臏取代他的位置，騙孫臏到魏使用奸計，孫臏被處以臏刑。齊國使者偷偷將其救回齊國，被田忌善而客待。後透過田忌賽馬被引薦於齊威王，任為軍師。

桂陵之戰——大敗魏軍

馬陵之戰——計殺龐涓

孫臏

當天晚上，龐涓果然趕到大樹下，他隱隱看見白木上有字，就點火查看，字還沒讀完，齊軍伏兵萬箭齊發，魏軍大亂。龐涓自知敗成定局，於是拔劍自刎。齊軍乘勝追擊，一舉擊潰了魏軍，俘虜了魏國太子申回國。孫臏從此名揚天下。

權勢相當者，易相互傾軋

同貴相害。

【注曰】勢相軋也。

【王氏曰】同居官位，其掌朝綱，心志不和，遞相謀害。

【譯文】權勢相當的人在一起會相互傾軋。

【釋評】具有同等權勢地位的人，互相排擠，彼此傾軋，甚至不擇手段，以死相拚。

經典故事賞析

不得志的賈誼

賈誼是洛陽人，十八歲時就因誦讀詩書、會寫文章而聞名當地。後來河南郡守吳廷尉將賈誼推薦給漢文帝，漢文帝讓他擔任博士之職。

當時賈誼二十有餘，在博士中最為年輕。文帝每次讓博士們討論一些問題，那些年長的老先生們都無話可說，而賈誼總是能對答如流，滔滔不絕。博士們都認為賈生才能傑出，無與倫比。漢文帝也非常欣賞他，一年之內破格提拔他為太中大夫。

從西漢建立到漢文帝時已有二十多年了，賈誼認為此時政局大體穩定，正是改正曆法、變易服色、訂立制度、改變官名、振興禮樂的時候，於是他草擬新的典章制度，崇尚黃色（服色），遵用五行之說，創設官名，完全改變了秦朝的舊法。當時漢文帝剛剛即位，他認為條件還不成熟，所以就沒有實行賈誼的主張。但此後各項法令的更改，以及諸侯必須到封地去上任等事，都是賈誼的主張。

於是漢文帝和大臣們商議，想提拔賈誼擔任公卿之職。而絳侯周勃以及灌嬰、馮敬這些人對賈誼心懷妒忌，就誹謗賈誼：「這個洛陽人，小小年紀，學識淺薄，一心想獨攬大權，把國家大事弄得一團糟。」漢文帝雖然愛惜賈誼的才能，但也不能違背權貴的意願而進一步提拔他，於是就疏遠了賈誼，將他貶為長沙王的太傅。

賈誼前往長沙赴任，在渡湘水的時候，寫下〈弔屈原賦〉來憑弔屈原。

一年以後，賈誼被召回京城拜見皇帝。文帝有感於鬼神之事，就向賈誼詢

賈誼

賈誼是西漢初年著名的政論家、文學家，十八歲即有才名。其著作主要有散文和辭賦兩類。散文如〈過秦論〉、〈論積貯疏〉、〈陳政事疏〉等都很有名，辭賦以〈弔屈原賦〉、〈鵩鳥賦〉最著名。

少有才名

文采斐然

少年有為

賈誼二十一歲的時候，漢文帝將他召到朝廷，任命為博士。文帝每次讓博士們討論一些問題，那些年長的老先生們都無話可說，而賈誼總是能對答如流。這使漢文帝非常高興，在一年之中就破格提拔他為太中大夫。

被貶長沙

賈誼被貶出京師，到長沙去當長沙王的太傅。他想到了愛國詩人屈原，也是遭到佞臣權貴的讒毀而被貶出楚國都城，最後投汨羅江而死。當他南行途經湘江時，望著滔滔的江水，思緒聯翩，就寫了一首〈弔屈原賦〉，表達對屈原的崇敬之心。

●推行儒家主張

在西漢初期真正將儒家學說推到政治舞臺的是漢文帝時的著名儒者——賈誼。他以清醒的歷史意識和敏銳的現實眼光，衝破文帝時甚囂塵上的道家、黃老之學的束縛，不顧當朝元老舊臣的誹謗與排擠，推行「行仁義、法先聖、制禮儀、別尊卑」的儒家主張，為漢家王朝制定了仁與禮相結合的政治藍圖。

問鬼神的本原。賈誼為文帝周詳地講述鬼神之事的種種情形。到半夜時分，文帝已聽得入神，不知不覺地移動坐席，往賈誼身邊靠近。事後，文帝感慨道：「我很久未見賈誼了，自認為學問能夠超過他，現在聽了他的談話，還是不及他啊。」隨後，文帝任命賈誼為梁懷王太傅。梁懷王是漢文帝的小兒子，受文帝寵愛，又喜歡讀書，因此才讓賈誼做他的老師。

為爭奪利益而互相拚殺

同利相忌。

【注曰】害相刑也。

【譯文】為爭奪利益，從而互相憎恨。

【釋評】具有同等權勢地位的人，往往在艱難困苦的時候，還可相安無事，扶持合作，一旦發了財、得了勢，就開始中傷誹謗，雙方變成了眼紅心黑的對頭冤家。

經典故事賞析

同利為仇敵

西元626年，天下已定，太子李建成、齊王李元吉與後宮的嬪妃一起，常常在高祖李淵面前毀謗李世民。對於李世民身邊的人，他們或是治罪關押，或是誣陷驅逐，或是任職外派，以此削弱李世民的力量。

後來，李元吉藉著出兵北伐的機會，得到了李世民的軍隊。他打算趁李世民為自己餞行的時機，埋伏士兵誅殺李世民。

李世民得知消息，便召來長孫無忌、尉遲敬德、房玄齡等人商量，決定發動事變，除掉李建成和李元吉。六月初三，李世民呈上密奏，稱李建成、李元吉與後宮嬪妃淫亂。李淵看了奏章，非常吃驚，讓李世民次日調查這件事。

初四，李世民率領長孫無忌等人入朝，暗中在玄武門埋伏下士兵。李建成得知李世民上書的內容，他叫來李元吉一起商量。李元吉說：「我們應該控制住東宮與齊王府的軍隊，以生病為藉口，不去上朝，以觀察形勢。」李建成說：「軍隊的防備非常周密，我們應該入朝參見，親自詢問消息。」於是二人入宮，一起向玄武門走去。

李建成與李元吉走到臨湖殿時，感到情形不對，立即掉轉馬頭想要返回。李世民從後面叫住他們，李元吉拉開弓想射李世民，拉了好幾次都沒能把弓拉滿。李世民一箭射殺李建成。不一會兒，尉遲敬德也將李元吉射殺。

此時，高祖李淵正在海池劃船。尉遲敬德身穿鎧甲，手握長矛，直接來到高祖面前。李淵大驚，問他：「你來這裏幹什麼？有誰在作亂？」尉遲敬德回答道：「太子和齊王作亂，秦王舉兵誅殺了他們。秦王擔心驚動了陛下，因此派臣來宿衛。」

李淵問大臣們如何是好，大臣們說：「建成與元吉本無功勞，還嫉妒秦王功高望重，一起策劃陰謀。如今秦王已經聲討誅殺了他們，陛下如果能將秦王立為太子，就不會再發生什麼事情了。」李淵說：「好！這也是我的心願啊。」初七，李淵立李世民為皇太子。八月初八，李淵下詔將皇位傳給李世民，次日李世民登基即位，是為唐太宗。

氣質相同，惺惺相惜

同聲相應，同氣相感。

【注曰】五行、五氣、五聲散於萬物，自然相感應也。

【譯文】天地間本質相同的聲、氣雖散之於萬物，仍然會相互感應。

【釋評】有共同語言自然易於溝通，願意彼此唱和。氣韻之旋律相同易發生共鳴。金、木、水、火、土五種自然元素和宮、商、角、徵、羽五種韻律，融合在自然界的各種物質中，有相同屬性的則相互感應。人情世故，治國經要，當然也背離不了這些自然規律。

經典故事賞析

高山流水覓知音

春秋時期，俞伯牙擅長彈奏琴弦，鍾子期擅長聽音辨意，但這二人一開始並不相識，且各居一方。

有一次，伯牙來到泰山遊覽，突然遇到了暴雨，滯留在岩石之下，便拿出隨身帶的古琴彈了起來。他的琴曲和著連綿大雨；接著，他又演奏了山崩似的樂音。鍾子期也正在附近躲雨，聽到伯牙彈琴，不覺心曠神怡，聽到高潮時便

同利為仇敵

玄武門之變是李世民在玄武門發動的一次流血政變，結果李世民殺死了自己的長兄李建成和四弟李元吉，得立為皇太子，並繼承皇帝位，是為唐太宗。

●玄武門之變

背景

617年五月，太原留守、唐國公李淵在晉陽起兵，在李世民支持下，十一月占領長安。後來，李淵篡隋稱帝，定國號為唐，並立長子李建成為太子。天下平定後，李世民功名日盛。李建成隨即聯合李元吉，排擠李世民。李淵的優柔寡斷，也使朝中政令相互衝突，加速了諸子的兵戎相見。

經過

李建成與李元吉入宮，一起向玄武門走去。他們走到臨湖殿時，感到情形不對，立即掉轉馬頭想要返回。李世民從後面叫住他們，李元吉拉開弓欲射李世民，拉了好幾次都沒能把弓拉滿。李世民一箭射殺李建成。尉遲敬德也將李元吉射殺了。李淵只好順勢而為，立李世民為太子。兩個月後，他又傳位給李世民，史稱唐太宗。

李世民稱帝

李世民在「玄武門政變」奪權稱帝後，積極聽取群臣意見，文治天下，成為傑出的政治家與一代明君。唐太宗開創了中國歷史上著名的「貞觀之治」，虛心納諫，消滅割據勢力，在國內厲行儉約，使百姓休養生息，各民族融洽相處，終於出現了國泰民安的社會局面，將中國傳統農業社會推向興盛，為後來的開元盛世奠定了基礎。

情不自禁地發出了由衷的讚賞：「好曲！真是好曲！」

俞伯牙趕緊起身和鍾子期打過招呼，又繼續彈了起來。伯牙凝神於高山，賦意在曲調之中，鍾子期在一旁聽後:「好啊，巍巍峨峨，真像是一座險峻無比的山啊！」伯牙沉思於流水，鍾子期又在一旁擊掌稱絕：「妙啊，浩浩蕩蕩，就如同江河奔流一樣！」伯牙每奏一支琴曲，鍾子期就能完全聽出它的意旨和情趣，這使得伯牙驚喜異常。他放下琴，歎息著說：「您的聽音、辨向、明義的功夫實在是太高明了，您所說的跟我心裏想的真是完全一樣，我的琴聲怎能逃過您的耳朵呢？」

二人於是結為知音，並約好第二年再相會論琴。第二年伯牙如約而至，鍾子期卻因病去世。俞伯牙痛惜傷感，於是摔破了自己的古琴，從此不再撫弦彈奏，以謝平生難得的知音。

多結識一些能讓自己進步的人

同類相依，同義相親。

【王氏曰】聖德明君，必用賢能良相；無道之主，親近諂佞讒臣；楚平王無道，信聽費無忌，家國危亂。唐太宗聖明，喜聞魏徵直諫，國治民安，君臣相和，其國無危，上下同心，其邦必正。

【譯文】同一類人相互依存；人品相近的人相互親近。

【釋評】境遇相同的人會惺惺相惜，因而相依為命；秉持共同道義的人心氣相同，會因此而相互親近。

經典故事賞析

死裏逃生

伍子胥是楚國人，他的父親叫伍奢，是太子建的太傅。楚平王曾奪太子建之妻，因此與太子產生衝突。伍奢直諫，楚平王聽信費無忌的讒言將伍奢囚禁起來。

費無忌對平王說：「伍奢有兩個兒子，都很賢能，不殺掉他們，將成為楚國的禍害。」平王於是派人召伍奢的兩個兒子，說：「來，我使你們的父親活命；不來，現在就殺死伍奢。」伍子胥的哥哥伍尚打算前往，伍子胥說：「楚王召我們兄弟，並不打算讓我們的父親活命，而是擔心我們逃跑，產生後患。

高山流水覓知音

交朋友就要交那些能夠給自己帶來好的影響的良師益友，俞伯牙和鍾子期可謂是歷史上朋友的絕配了。

●知音難覓

●摔琴謝知音

我們一到，就要和父親一塊處死。不如逃到別的國家去，藉助別國的力量洗雪父親的恥辱。」伍尚說：「我知道去了也不能保全父親的性命，但是如果我們不去，以後又不能洗雪恥辱，會被天下人恥笑。你逃走吧，你能報殺父之仇，我將就身去死。」伍尚接受逮捕後，使臣又要逮捕伍子胥，伍子胥拉滿了弓，箭對準使者，使者不敢上前，伍子胥就逃跑了。

伍子胥來到吳國後，先是幫公子光奪得君位，這就是吳王闔閭。吳王闔閭在伍子胥和孫武的幫助下，開始攻伐楚國。吳軍最終攻入楚都郢都。當時楚平王已死，其子楚昭王逃跑了。伍子胥到處搜尋昭王，沒有找到，就挖開楚平王的墳，拖出屍體，鞭打了三百下才停手。

伍子胥和申包胥是至交好友，申包胥派人去對伍子胥說：「您這樣報仇，太過分了！我聽說『人多可以勝天，天公降怒也能毀滅人』，您原來是平王的臣子，如今弄到侮辱死人的地步，這難道不是喪天害理到極點了嗎？」伍子胥對來人說：「你替我告訴申包胥，我就像快要落山的太陽，不知道何時便死了。所以，我要逆情背理地行動。」

後來申包胥到秦國去求救兵，在秦國的朝廷上痛哭七天七夜。秦哀公同情他，就派遣了五百輛戰車拯救楚國，加上吳國內亂，楚昭王最後打敗吳國，楚國才沒有亡國。

汲黯兩次抗旨

武帝的時候，任命汲黯做謁者之官。東越的閩越人和甌越人互相攻伐，皇上派汲黯前往視察。他還沒走到東越就返回京城，稟報武帝說：「東越人相攻，是因為當地的人民本來就好鬥，不值得煩勞天子的使臣去過問。」

河內郡發生了火災，大火綿延燒及一千餘戶人家，皇上又派汲黯去視察。他回來報告說：「那裏普通人家不慎失火，因為住房密集，火勢便蔓延開來，這完全是意外，不必憂慮。我路過河南郡的時候，看見當地貧民飽受水旱災害之苦，災民多達萬餘家，災害甚至嚴重到父子相食，我就憑藉所持的符節，假託天子的命令發放了河南郡官倉的儲糧，賑濟當地飢民。現在我交還符節，請您對我假傳聖旨的行為進行罪責。」皇上聽說後，不但赦免了他的罪，還嘉勉他做得對，並調任為滎陽縣令。汲黯認為當縣令恥辱，便稱病辭官還鄉。皇上知道後，召汲黯朝任中大夫。但是由於屢次向皇上直言諫諍，他最終還是被外放當了東海郡太守。汲黯崇信道家學說，治理官府和處理民事喜好清靜少事，

伍子胥

伍子胥（？-前484年），春秋末期吳國大夫，軍事謀略家。名員，字子胥。封於申地，故又稱申胥。他有兩件流傳千古的故事，即掘墓鞭屍和一夜白頭。

●伍子胥掘墓鞭屍

掘墓鞭屍

周景王二十三年（西元前522年），因遭楚太子少傅費無忌陷害，伍子胥的父親和哥哥均為楚平王所殺，伍子胥被迫出逃吳國，發誓要打垮楚國，以報仇雪恨。在幫助公子光殺死吳王僚後，實行一系列富國強兵的政策。西元前506年，孫武攻破楚國城池，伍子胥也尋得了報殺父兄之仇的機會。他到處搜尋昭王，沒有找到，就挖開楚平王的墳，拖出他的屍體，鞭打了三百下才停手。

●伍子胥一夜白頭

子胥從楚國逃走的時候，楚平王下令捉拿子胥。伍子胥先奔宋國，因宋國有亂，又投奔吳國，路過陳國，東行數日，便到昭關。昭關在兩山對峙之間，前面便是大江，形勢險要，並有重兵把守，要過關真是比登天還難。為了過昭關伍子胥一夜愁白了頭。後來他聽從東皋公的巧妙安排，更衣換裝，才矇混過了昭關，到了吳國。

伍子胥

把事情都交託給挑選出的得力郡丞和書史去辦。他治理郡務從不苛求小節，僅僅督查下屬按原則行事。一年以後，東海郡便清明太平，老百姓都稱讚他。皇上得知後，召汲黯回京任主爵都尉，比照九卿的待遇。

直言敢諫

汲黯與人相處很傲慢，與自己心性相投的，他就親近友善；與自己合不來的，就不願意相見。他平時居家，品行美好純正；在朝堂上，喜歡直言勸諫，屢次觸怒皇上。汲黯與灌夫、鄭當時和宗正劉棄交好。他們都因為多次直諫而不得久居官位。

皇上招攬博學之士，崇奉儒學的儒生，問臣子：「如何？」汲黯答道：「陛下心裏欲望很多，只是表面上施行仁義，怎麼能真正仿效唐堯虞舜的政績呢？」皇上非常憤怒，臉色一變就罷朝了。公卿大臣都為汲黯擔心。皇上退朝後，對身邊的近臣說：「汲黯太愚直，太過分了！」有的大臣責怪汲黯，汲黯說：「天子設置公卿百官這些輔佐之臣，難道是讓他們一味阿諛奉迎，屈從取容，將君主陷於違背正道的境地嗎？何況我已身居九卿之位，縱然要愛惜自己的生命，但要是損害了朝廷大事，那可怎麼辦！」

大將軍衛青因為征伐匈奴有功，地位日增，他的姐姐衛子夫又是皇后，所以在朝中的權勢很大。但是汲黯仍與他平起平坐。有人勸汲黯說：「大將軍如今受到皇帝的尊敬和器重，地位顯貴，天子也想讓群臣居於大將軍之下，你不可不行跪拜之禮。」汲黯答道：「大將軍有拱手行禮的客人，這反倒使他不受敬重了嗎？」大將軍聽到他這麼說，更加認為汲黯賢良，多次向他請教國家與朝中的疑難之事，看待他勝過平素所結交的人。

大難當頭，共患難皆為朋友

同難相濟。

【注曰】六國合縱而拒秦，諸葛通吳以敵魏。非有仁義存焉，時同難耳。

【王氏曰】強秦恃其威勇而吞六國，六國合兵，以拒強秦；暴魏仗其奸雄而併吳蜀，吳蜀同謀，以敵暴魏。此是同難相濟，遞互相應之道。

【譯文】面對共同的困境，人們往往會精誠一致，共渡難關。

汲黯耿直敢言

汲黯（？-前112年），西漢名臣，字長孺，濮陽（今河南濮陽）人。武帝時位列九卿。汲黯好直諫廷諍，武帝稱他為「社稷之臣」。

●汲黯

汲黯

漢武帝

漢武帝招攬博學之士，崇奉儒學的儒生，問臣子：「如何？」汲黯答道：「陛下心裏欲望很多，只是表面上施行仁義，怎麼能真正仿效唐堯虞舜的政績呢？」

衛青

大將軍衛青地位日增，在朝中的權勢很大。但是汲黯仍與他平起平坐。有人勸汲黯行跪拜之禮，汲黯說：「大將軍有拱手行禮的客人，這反倒使他不受敬重了嗎？」大將軍聽說後，更加認為汲黯賢良，看待他勝過平素所結交的人。

張湯

汲黯曾多次在皇上面前質問廷尉張湯，張湯辯論起來，總愛故意深究條文，苛求細節。汲黯則剛直嚴肅，志氣昂奮，不肯屈服，他怒不可遏地罵張湯說：「天下人都說絕不能讓刀筆之吏身居公卿之位，果真如此。如果非依張湯之法行事不可，必令天下人恐懼得雙足併攏站立而不敢邁步，眼睛也不敢正視了！」

●後來居上

汲黯是位老臣，官位一直沒有得到升遷，而他手下的人卻一個個不斷得到提拔，超過了他，這使汲黯很不舒服。有一次，他終於忍耐不住，對漢武帝說：「陛下用群臣，如積薪耳，後來者居上。」（你任用大臣的辦法，就像堆放柴禾一樣，越是後來的就越放在上面呀！）

「後來者居上」這句話經過演變，成了「後來居上」這句成語。人們用「後來居上」稱讚後起之秀超過前輩。

【釋評】類型相同的人互相依存，利益共同體中的各個方面，容易結為親密的團體。處在困難中的人們，很容易和衷共濟，互相援救，以期共渡難關。

蘇秦合縱

蘇秦是東周洛陽人，曾到齊國在鬼谷子門下學習。他外出遊歷多年，窮困潦倒地回到家裏。兄嫂、弟妹、妻妾都在私底下譏諷他說：「周國人都治理產業，努力追求更高的利潤。如今你丟掉本行而去做耍嘴皮子的事，窮困潦倒也是應該的。」蘇秦聽到這些話，暗自慚愧，就閉門不出，花了一整年的工夫把自己的藏書全部閱讀了一遍，以求找到與國君相合的門道。

後來，他求見並游說周顯王。可是顯王周圍的大臣都瞧不起他，所以周顯王也不信任他。於是，蘇秦來到秦國，游說惠王說：「秦國四面山關險固，渭水如帶橫流，東有關河，西有漢中，南有巴蜀，北有代馬，真是一個險要、肥沃、豐饒的天然府庫啊。憑著秦國眾多的百姓，訓練有素的士兵，足以吞併天下，建立帝業而統治四方。」秦惠王說：「鳥兒的羽毛尚未豐滿，不可能凌空飛翔；國家的政教尚未走上正軌，不可能兼併天下。」秦國剛處死商鞅，忌恨游說的人，因而不任用蘇秦。蘇秦又去燕國游說，燕文侯聽了他的見解，資助他到趙國講合縱之法。趙肅侯聽了他的合縱之法後，十分高興，讓他做了相國，賜了財物去聯絡各國。後來，蘇秦又到韓國、魏國和楚國游說。最後，六國合縱成功，蘇秦成為合縱聯盟的盟長，並擔任六國的國相。自此以後，秦國沒有侵犯六國達十五年之久。

志同道合，精誠合作

同道相成。

【注曰】漢承秦後，海內凋敝，蕭何以清靜涵養之。何將亡，念諸將俱喜功好動，不足以知治道。時，曹參在齊，嘗治蓋公、黃老之術，不務生事，故引參以代相。

【王氏曰】君臣一志，行王道以安天下；上下同心，施仁政以保其國。蕭何相漢鎮國，家給饋餉，使糧道不絕，漢之傑也。臥病將亡，漢帝親至病所，問卿亡之後誰可為相？蕭何曰：「諸將喜功好動俱不可，唯曹參一人而可。」蕭何死後，惠皇拜曹參為相，大治天下。此是同道相成，輔君行政之道。

縱橫家蘇秦

蘇秦（？-前317年），字季子，是與張儀齊名的縱橫家。可謂「一怒而諸侯懼，安居而天下熄」。蘇秦最為輝煌的時候是勸說六國國君聯合，堪稱辭令之精彩者。

●蘇秦刺股

蘇秦學習合縱與連橫的策略，他多次上疏秦王，秦王都沒有採納他的主張。因為資金缺乏，蘇秦就回家了。到了家，他的妻子不下織布機，嫂子不為他做飯，父母也不把他當作兒子。蘇秦於是嘆氣說：「這些都是我蘇秦的錯啊！」於是遍翻書箱，找到了姜太公的兵書，就埋頭誦讀，反覆研究。讀到昏昏欲睡時，就拿針刺自己的大腿，鮮血一直流到腳跟。他茅塞頓開，又結合自己周遊六國所得到的信息知識，仔細揣摩，不過一年，天下形勢已瞭如指掌。

六國為相

蘇秦再次告別父母去游說各國，曉之以理，動之以情，終於取得了六國的信任，接受了他的聯合主張。最後，他兼佩六國的相印，執金牌寶劍，總轄六國臣民。自此以後，秦國沒有侵犯六國達十五年之久。

當他衣錦還鄉時，家人對他的態度截然不同，他的兄弟、妻子、嫂子都非常恭敬地服侍他用飯。蘇秦笑著問嫂子為何前倨後恭，他的嫂子說：「因為我看到小叔您地位顯貴，錢財多啊。」

【譯文】志同道合者往往會想著成就自己的同志。

【釋評】國與國之間或同僚之間如果體制相同或政見一致就會互相成全，結為同盟。六國聯合起來抗秦，是因為都感覺到了同一敵人的威脅，劉備和孫權聯手抗曹，並不是吳蜀兩國真的那麼友好，真正的原因是同樣的利害和命運迫使他們不得不這樣做，而不是出於什麼仁義。

經典故事賞析

蕭規曹隨

天下平定後，劉邦任命曹參為長子劉肥的齊國相國，封為平陽侯。漢惠帝時，廢除了諸侯國設相國的法令，改命曹參為齊國丞相。

惠帝二年，蕭何去世。曹參聽到這個消息，就讓門客趕快整理行裝，說：「我將要入朝當相國去了。」沒過多久，朝廷果然派人來召曹參。

曹參接替蕭何做了漢朝的相國，做事情一概遵循蕭何制定的法令，沒有任何變更。曹參自己則整天飲酒作樂。卿大夫以下的官吏和賓客見曹參不理政事，就想上門勸誡曹參。可是這些人一到，曹參就拿出美酒招待他們，等他們想說些什麼，曹參又讓他們喝酒，直到喝醉後離去，始終沒能開口勸諫。

曹參的兒子曹窋做中大夫。漢惠帝責怪相國不理國事，他對曹窋說：「你回家後，試著私下問問你父親：『高帝剛剛駕崩，皇帝又很年輕，您身為相國，整天飲酒，遇事也不上奏皇帝，根據什麼來治理國家呢？』但這些話不要說是我告訴你的。」曹窋休息時回家，就把惠帝的意思變成自己的話規勸曹參。曹參聽後大怒，打了曹窋二百板子，說：「快一點入朝去侍奉皇上，國家大事不是你應該談論的。」到了上朝的時候，惠帝責備曹參說：「為什麼要處罰曹窋呢？上次是我讓他規勸您的。」曹參脫帽謝罪說：「請陛下仔細考慮一下，您和高皇帝哪一個更聖明英武呢？」惠帝說：「我怎麼敢與先帝相比呢！」曹參說：「陛下看我的能力和蕭何比，哪一個更強？」惠帝說：「您好像不如蕭何。」曹參說：「陛下說得很對。高帝與蕭何平定天下，法令已經明確，如今陛下垂衣拱手，我輩遵循原有的法度而不隨意更改，不就可以了嗎？」惠帝說：「好。您去休息吧！」

曹參做漢朝相國，前後有三年時間。他死了以後，被諡為懿侯。百姓們歌頌曹參的事跡說：「蕭何為法，講若畫一；曹參代之，守而勿失。載其清淨，民以寧一。」

漢朝第二位相國——曹參

秦二世元年（西元前209年），曹參跟隨劉邦在沛縣起兵反秦，他身經百戰，屢建戰功，攻下二國和一百二十二個縣。劉邦稱帝後，對有功之臣論功行賞，曹參功居第二。

●蕭規曹隨

惠帝二年，蕭何去世。曹參聽到這個消息，就讓門客趕快整理行裝，說：「我將要入朝當相國去了。」沒過多久，朝廷果然派人來召曹參。

曹參接替蕭何做了漢朝的相國後，整天飲酒作樂，做事情一概遵循蕭何制定的法令，沒有任何變更。

蕭何定法律，明白又整齊。
曹參接任後，遵守不偏離。
施政貴清靜，百姓心歡喜。

曹參在朝廷任丞相三年，極力主張清靜無為不擾民，遵照蕭何制定好的法規治理國家，使西漢政治穩定、經濟發展、人民生活日漸提高，史稱「蕭規曹隨」。

百姓遭受秦朝的酷政統治以後，曹參給予他們休養生息的時機，所以天下的人都稱頌他的美德。

同行是冤家

同藝相規。

【注曰】李醯之賊扁鵲，逢蒙之惡后羿是也。規者，非之也。

【王氏曰】同於藝業者，相觀其好歹；共於巧工者，以爭其高低。巧業相同，彼我不伏，以相爭勝。

【譯文】擁有相同技能的人會相互排斥。

【釋評】古時，后羿善射，逢蒙把他的技藝學到手後就殺了他；秦國的太醫令李醯本事不大，對扁鵲高明的醫道十分嫉妒，當扁鵲到秦國巡診時，派人刺殺了扁鵲。自古文人相輕，武夫相譏，這都是因為才能和技藝不相上下就不能相容。

經典故事賞析

諱疾忌醫

扁鵲到了齊國，齊桓侯把他當客人招待。他對桓侯說：「您的皮肉之間有小病，如果不治將會深入體內。」桓侯說：「我沒有病。」等扁鵲走後，桓侯對身邊的人說：「醫生喜愛功利，想把沒病的人說成是自己治療的功績。」過了五天，扁鵲又見到桓侯，說：「您的病已在血脈裏，不治恐怕會深入體內。」桓侯說：「我沒有病。」扁鵲出去後，桓侯心裏很不高興。又過了五天，扁鵲對桓侯說：「您的病已在腸胃間，不治將更深侵入體內。」桓侯不肯答話。五天過去了，扁鵲看見桓侯就急忙跑掉。桓侯派人問他跑掉的緣故。扁鵲說：「疾病在皮肉之間，用湯劑就能治好；疾病在血脈中，靠針刺和砭石的效力就能治好；疾病在腸胃中，用藥酒也可以治好；但是疾病進入骨髓，就算是掌管生命的神也無能為力。現在桓侯的病已進入骨髓，所以我不再要求為他治病了。」五天後，桓侯果然患了重病，派人去請扁鵲醫治，但此時扁鵲已逃離齊國。於是桓侯病死了。

扁鵲的醫術天下聞名。他會根據各地的習俗來調整自己的醫治範圍。他到邯鄲時，聽說當地人尊重婦女，就專治婦科疾病；他到洛陽，聽說周人敬愛老人，就專治耳聾眼花四肢痺痛的疾病；他到咸陽，聽說秦人喜歡孩子，就專治小孩的疾病。

神醫扁鵲

扁鵲，戰國時期的醫學家。學醫於長桑君。有豐富的醫療實踐經驗，反對巫術治病，總結前人經驗，創立望、聞、問、切的四診法。他是中國傳統醫學的鼻祖，對中醫、中藥學的發展有著特殊的貢獻。

●四診法與六不治

望	聞	問	切
（看氣色）	（聽聲音）	（問病情）	（按脈搏）

六不治

依仗權勢、驕橫跋扈者	貪圖錢財、不顧性命者	暴飲暴食、飲食無常者
相信巫術、不相信醫道者	身體虛弱、不能服藥者	病深不早求醫者

秦國的太醫令李醯自知醫術不如扁鵲，就派人刺殺了扁鵲。到現在，天下談論診脈法的人，都遵從扁鵲的理論和實踐。

高手喜歡相互切磋

同巧相勝。（勝，不相下也，不相讓也。）

【注曰】公輸子九攻，墨子九拒是也。

【譯文】技藝都很高超的人會相互較勁，互不相讓。

【釋評】且不說墨子用九種守城的方法挫敗了魯班（即公輸子）九種新式攻城武器的進攻，就連西晉時的王愷和石崇，為了炫耀自家的奇珍異寶，也曾發生過一場令人咋舌的鬥富好戲。

經典故事賞析

墨子鬥公輸盤

西元前5世紀左右，中國還是一個由許多諸侯國組成的國家。其中楚國是一個大國，宋國是一個小國。

當時，一個著名的工匠公輸盤，為楚國製造了雲梯這種器械，用於攻打敵國的牆門。雲梯造成後，楚國就準備攻打宋國了。

墨子聽到這個消息後，走了十天十夜，趕到楚國國都郢都，去拜見公輸盤，希望能夠阻止這場戰爭。墨子見到公輸盤後說：「北方有一個人欺侮我，我希望借你的力量殺死他。」公輸盤不知是計，聽了很不高興。墨子接著說：「我可以給您很多錢，作為您殺人的報酬。」公輸盤回答說：「我是講道義的，不會因為報酬去殺人」。墨子說：「楚國是大國，人口不多而土地遼闊，可是它卻準備攻打弱小的宋國，宋國有什麼罪？你口頭上說不殺人，可是一旦發生戰爭，有多少無辜的平民會因為你的新器械而死去，這跟你親手殺人有什麼區別呢？」

公輸盤被問得啞口無言，推諉說攻打宋國的計劃是楚王的決定，於是墨子和公輸盤去見楚王。

見了楚王，墨子並沒有先說戰爭。他對楚王說：「現在有人放著自己漂亮的車子不要，卻想偷鄰居的破車，捨棄自己的漂亮華貴衣服不要，卻想偷鄰居

墨子止楚攻宋

墨子救宋的故事，是墨子憑藉勇敢與智慧成功制止大國進犯小國的著名案例之一，是墨家學派「兼愛，非攻」思想主張的具體實踐，也體現了孫子「不戰而屈人之兵」的軍事思想。

●墨子其人

墨子是墨家創始人。墨家學派的主要思想為兼愛、非攻、尚賢、尚同、節用、節葬、非樂、天志、明鬼、非命等項，以兼愛為核心，以節用、尚賢為支點。墨子精通手工技藝，可與當時的巧匠公輸盤相比。墨子擅長防守城池，據說他製作守城器械的本領比公輸盤還要高明。墨子一生的活動主要在兩方面：一是廣收弟子，積極宣傳自己的學說；二是不遺餘力地反對兼併戰爭。

公輸盤是春秋時期的能工巧匠，他發明了專門用於攻城的雲梯，楚王想藉助它來攻打宋國。墨子來到楚國，先說得楚王理屈詞窮，然後和公輸盤模擬攻守。公輸盤組織了九次進攻，結果九次被墨子擊破。公輸盤攻城器械用盡，墨子守城器械還有剩餘。最終，墨子憑智謀制止了一場以強凌弱的戰爭。

雲梯是中國古代戰爭中用以攀登城牆的攻城器械。《淮南子·兵略訓》許慎注說：「雲梯可依雲而立，所以瞰敵之城中。」故登高偵察敵情，是雲梯的另一功用。通常認為，雲梯的發明者是春秋時期的魯國巧匠公輸盤。

的舊衣服，這是怎樣一種人啊？」楚王不知是計，馬上說：「這人一定是有偷竊的毛病。」墨子抓住時機說：「楚國有廣闊的土地，而宋國只是一個小小的國家，這就如同一輛漂亮的車與一輛破車相比；楚國物產豐富，而宋國物產貧乏，這如同漂亮衣服和舊衣服相比，所以我認為楚國攻打宋國，跟那個犯了偷竊病的人正是一類人。」

楚王說：「你說得好，但是公輸盤已經為我造好了雲梯，我是一定要攻打宋國的。」墨子不慌不忙地說：「雲梯並沒有想像的那樣厲害，不信我可以與公輸盤模擬作戰。」

楚王於是為他們準備了道具，包括城牆，守城的器械，雲梯及其他攻城的兵器。公輸盤模擬攻打宋國的城牆，結果任由他多次改變攻城的戰術，都被墨子抵擋住了，公輸盤攻城的器械用完了，墨子守城的方法還有餘。

公輸盤不甘心失敗，對墨子說：「我知道怎麼來對付你，我不說。」墨子也說：「我也知道如何對付你，我也不說。」楚王問墨子其中的原因，墨子說：「公輸盤的意圖，不過是殺了我。他以為殺了我，宋國就沒有人來防守楚國的攻打了。可是，我已經把我的方法教給了我的徒弟，即使殺了我，也不能攻入宋國的城門。」

楚王見大勢已去，迫不得已地說：「我決定不攻打宋國了。」就這樣，墨子憑自己的機智和勇敢解除了宋國的一場災難。

尊重事物的規律

此乃數之所得，不可與理違。

【注曰】自志同下皆所行，所可預知。智者，知其如此，順理則行之，逆理則違之。

【王氏曰】齊家治國之理，綱常禮樂之道，可於賢明之前請問其禮；聽問之後，常記於心，思慮而行。離道者非聖，違理者不賢。

【譯文】上述種種現象都是自然的安排，為人做事應順應事理，不能與自然的規律相違。

【釋評】上述種種，實乃事物發展變化的客觀規律，或因形勢所逼，或因人性使然，都是不以人的主觀意願為轉移。然而，智慧的人不應藉口是客觀

存在而隨波逐流，與世沉浮，而應遵循真理的標準，凡符合人道的，就順而擴之，宏而廣之；凡逆天道民心的，就教而化之，疏而導之；倘若都做不到，則應全身而退，待時而動；如果連這也做不到，則不妨尋求寂寞田園，自甘清貧，立德立言，名垂千古。

經典故事賞析

牧野之戰

殷商末年，君主紂剝削殘酷，刑罰苛重。商朝西方的周族在西伯（周文王）的治理下，國勢強盛起來。紂王怕西伯起來造反，把他囚禁了七年之久，並害死了他的長子。西伯假裝忠順老實，向紂王獻出許多珍寶，才獲得釋放。

文王死後，姬發繼位，史稱周武王。武王調兵遣將，籌備糧草，置辦武

牧野之戰

誓師大會結束後，武王便發動了滅商戰爭，雙方軍隊就在牧野附近擺開了陣勢進行決戰。姜尚便指揮周軍，乘勝追擊，一直追到朝歌。牧野戰敗之後，紂王逃回朝歌，自焚而亡。

器，準備向東進軍，攻滅殷商。

誓師大會結束後，武王便發動了滅商戰爭，雙方軍隊就在牧野附近擺開了陣勢進行決戰。紂王認為自己有軍馬七十萬，可是周軍只有五萬，這簡直是以卵擊石、飛蛾撲火。但他哪知武王的軍隊是經過嚴格訓練的精銳之師，作戰勇敢頑強，而他那七十萬大軍中，一多半是臨時武裝起來的奴隸和從東夷捉來的俘虜，他們平日受盡了紂王的壓迫和虐待，對紂王恨之入骨，又有誰肯為他賣命？所以兩軍剛一交鋒，奴隸們就掉轉矛頭，紛紛倒戈投降，配合周軍攻打商軍，紂王所謂的七十萬大軍頃刻間土崩瓦解。姜尚便指揮周軍，乘勝追擊，一直追到朝歌。牧野戰敗之後，紂王逃回朝歌，感到已沒有回天之力，就命人將宮裏珍寶都搬到鹿臺，然後放起火來，自焚而亡。

領導要以身作則

釋己而教人者逆，正己而化人者順。

【注曰】教者以言，化者以道。老子曰：「法令滋彰，盜賊多有。」教之逆者也。我無為，而民自化；我無欲，而民自樸。化之順者也。

【王氏曰】心量不寬，見責人之小過；身不能修，不知己之非為，自己不能修政，教人行政，人心不伏。誠心養道，正己修德。然後可以教人為善，自然理順事明，必能成名立事。

【譯文】寬宥自己而教訓別人者逆理，格正自己而感化別人者順理。

【釋評】自己心存邪僻，處事橫暴，有過錯輕忽，不加自責，或文過飾非，反而對別人尚言教，施法令，予以苛責。這樣在事理上是逆而不通的。逆而不通則難教，難教則亂。如果自己持身正大，處事端方，必可理直氣壯，事事順利。不必多尚言教。少施法令，而民可在德馨中自然潛移默化。

經典故事賞析

張飛以禮勸馬超

馬超投靠劉備後，劉備對其委以重任，任命他為平西將軍，封都亭侯。馬超看到劉備如此厚待自己，甚為得意，常常不注意臣子對主上的禮節，動輒對劉備直呼其名。

張飛以禮勸馬超

馬超投靠劉備後，劉備對其委以重任，任命他為平西將軍，封都亭侯。馬超看到劉備如此厚待自己，甚為得意，常常不注意臣子對主上的禮節，動輒對劉備直呼其名。

第二天，劉備召集諸將議事，馬超看到關羽、張飛都全副武裝，恭敬地站在劉備身旁，於是大吃一驚。此後，馬超再也不敢疏忽臣子的禮節了。

關羽看到馬超對劉備如此不恭，就請求劉備殺掉馬超，劉備不肯。張飛說：「大概是馬超看到我們和大哥平時隨便慣了，所以才這樣。我們只能躬身示範，助其改正。」

第二天，劉備召集諸將議事，關羽、張飛都全副武裝，恭敬地站在劉備身旁。馬超到來後，開始只顧就座，但看到關羽、張飛都侍立在劉備的兩側，畢恭畢敬，於是大吃一驚。從此以後，馬超再也不敢疏忽臣子的禮節了。

晏嬰以身作則，力倡節儉

春秋戰國時期，貴族憑藉其世卿世祿的特權，生活極端腐朽墮落，奢侈之風盛行。晏嬰身為齊國輔相，大力倡導儉樸節約，並且身體力行，「食不重肉，妾不衣帛」，以清廉節儉為齊人所稱道。在文獻中，有多處關於晏嬰的記載，無論是在衣、食、住、行等方面，晏嬰都十分注意節儉。

晏嬰平時穿的是粗布衣服，即便祭祀祖先也不過把衣服和帽子洗乾淨穿上而已。一件狐皮大衣，也只是在出使他國或參加盛典時穿，並且一直穿了三十多年。每日粗茶淡飯，正餐也不過是糙米飯，只有一葷一素兩個菜。

據記載：一天，晏嬰正要吃午飯，齊景公派人來見他。晏嬰因為對方是君王派來的人，所以給以特殊款待，當場把自己的飯菜分成兩份，請來人共進午餐。景公知道這件事後，三次命人為晏嬰送去黃金千兩，以供他接待客人，但晏嬰堅辭不受。

晏嬰的相府地處鬧市，且陰暗狹窄。齊景公要為他修造僻靜寬敞的新宅院，也被晏嬰婉言拒絕了。於是齊景公趁晏嬰出使他國之際，為他新建了一處豪華的相國府。晏嬰回京之後，馬上從新相府搬回了原來低矮狹小的住處，同時將新相府加以改造，分配給了原來住在那兒的人。

晏嬰平時上朝，總是乘坐一輛劣馬拉的破舊車子，有時甚至步行著去。景公知道後，便派人送去新車駿馬，可是使者連續送了兩趟，都被晏嬰回絕了。景公覺得晏嬰乘坐的車馬與他的身份太不相稱了，於是第三次派人去送，但還是被晏嬰拒絕了。景公非常不高興，責問他為何不收，晏嬰說：「您讓我管理全國的官吏，我深感責任重大。平時，我反對奢侈浪費，要求他們厲行節儉，以減輕百姓的負擔。我若乘坐好車好馬，百官們便會上行下效，奢侈之風就會流毒四方。假如真的到了那個時候，恐怕就再也無法禁止了。」

晏嬰以身作則，力倡節儉

在文獻中，有多處關於晏嬰的記載，無論是在衣、食、住、行等方面，晏嬰都十分注意節儉。

●晏子拒賞

一天，晏嬰正要吃午飯，齊景公派人來見他。晏嬰立即把飯菜分成兩份，請來人共進午餐。景公知道後，三次命人給晏嬰送去黃金千兩，以供他接待客人，但晏嬰堅辭不受。

晏嬰平時上朝，總乘坐一輛劣馬拉的破舊車子，有時甚至步行。景公知道後便派人送去新車駿馬，使者連續送了三趟，都被晏嬰回絕了。

聰明人善於利用規律

逆者難從，順者易行；難從則亂；易行則理。

【注曰】天地之道，簡易而已；聖人之道，簡易而已。順日月，而晝夜之；順陰陽，而生殺之；順山川，而高下之；此天地之簡易也。順夷狄而外之，順中國而內之；順君子而爵之，順小人而役之；順善惡而賞罰之。順九土之宜，而賦斂之；順人倫，而序之；此聖人之簡易也。夫烏獲非不力也，執牛之尾而使之卻行，則終日不能步尋丈；及以環桑之枝貫其鼻，三尺之綯繫其頸，童子服之，風於大澤，無所不至者，蓋其勢順也。

【王氏曰】治國安民，理順則易行；掌法從權，事逆則難就。理事順便，處事易行；法度相逆，不能成就。

【譯文】行為逆的人，別人都不會服從他，而行為順的人，人們都會擁護他；不服從就容易發生禍亂，擁護則會同心戮力，取得成功。

【釋評】權力和財富一樣，是一柄雙刃劍，既可為善，亦可為惡，而且一旦揮之舞之，必是大善大惡。居高位者，如欲造福蒼生，流芳千古，本身就應當是至善至真的化身，並能嚴己以寬人，正己以化人。因為身正則不令而行，身不正雖令不從。以德懷人則順，以力取人則逆。能把握這一治國之大要的，就會德流四海，恩澤九州。倘若為一己私利，視天下為己有，視百姓為僕役，那麼他必將放縱自己，苛虐臣民，這就叫逆天而行。如此者，古往今來，沒有不亡國喪身、遺臭萬年的。

經典故事賞析

白圭擅賈

戰國時期的白圭喜歡觀察市場行情和年景豐歉的變化，所以當貨物過剩低價拋售時，他就收購；當貨物不足高價索求時，他就出售。在穀物成熟的時候，他買進糧食，出售絲、漆；在蠶繭結成時，他買進絹帛綿絮，出售糧食。他知道，每逢太歲在卯位之年，農業就會豐收，但是第二年年景必然不好。太歲在午宮的年份，就會發生旱災，但是第二年會是豐收之年。太歲在酉位的年份，五穀豐收，轉年年景又會變壞。太歲在子位的年份，天下會大旱，轉年雨水偏多，收成會很好。這樣，太歲又回到卯位時，他囤積貨物，大概每年能使

白圭的經歷

《漢書》中說白圭是經營貿易生產發展的理論鼻祖。他提出貿易致富的理論，主張根據豐收歉收的具體情況來實行「人棄我取，人取我與」的經商方法。

●白圭

早年為官

據說白圭曾經在魏惠王初期擔任魏國的相。那時，魏國都城大梁靠近黃河，經常遭受洪水之災。白圭施展治水才能，解除了大梁的水患。魏國的政治越來越腐敗，白圭看到這一情形，毅然離開了魏國，到中山國和齊國遊歷。後來他來到西方的秦國，當時正值商鞅變法，白圭反對商鞅重農抑商的政策，於是沒有在秦國做官。經過一番遊歷之後，白圭對各諸侯國的政治局勢看得更加透徹，也對政治產生了很深的厭惡，於是他放棄從政，轉而走上經商之路。

人棄我取

人取我與

吾治生產，猶伊尹、呂尚之謀，孫、吳用兵，商鞅行法是也。是故其智不足與權變，勇不足以決斷，仁不能以取予，疆不能有所守，雖欲學吾術，終不告之矣。

——白圭

棄政從商

戰國時期的商人大都喜歡經營珠寶生意，呂不韋的父親就曾經說，經營珠玉可以獲利百倍。白圭卻另闢蹊徑，開闢了農業副產品貿易這一新行業。白圭才智出眾，獨具慧眼，他看到當時農業生產迅速發展，提出「欲長錢，取下穀」的經營策略。白圭認為，「下穀」等生活必需品，雖然利潤較低，但是消費彈性小，成交量大，以多取勝，一樣可以獲取大利。於是他毅然選擇農產品、手工業原料和產品的大宗貿易為主要經營方向。

財產增加一倍。要增長錢財收入，他便收購下等的穀物；要增長擁有糧食的數量，他便去收購上等的穀物。

白圭不講究飲食，穿的衣服也很簡樸，常常與奴僕一起工作。他捕捉賺錢的時機就像野禽猛獸捕捉食物那樣迅捷，所以他說：「我經營產業，就像伊尹、呂尚實施計謀，孫子、吳起用兵作戰，商鞅推行變法一樣。因此，如果一個人的智慧不足以隨機應變，勇氣不足以果敢決斷，仁德不足以正確取捨，意志不足以堅守操守，那麼即使他想學習我的經商致富之術，我也不會教給他。」當時，天下人談論經商致富之道的人都效法白圭。白圭試驗過自己的經營之術，經過試驗而能有所成就，這說明成功不是隨隨便便就能取得的啊！

唯有遵循大道，才能成就大業

如此，理身、理家、理國可也。

【注曰】小大不同，其理則一。

【王氏曰】詳明時務得失，當隱則隱；體察事理逆順，可行則行；理明得失，必知去就之道。數審成敗，能識進退之機；從理為政，身無禍患。體學賢明，保終吉矣。

【譯文】明白了這些道理，努力加以踐行，如此，修身、齊家、治國、平天下都能取得成功。

【釋評】上述這些道理，雖然展現於大大小小各種不同的事物中，但其根本原理是相同的，只要用心體會並且身體力行，無論是修身、齊家、治國、平天下，沒有不成功的。